普通高等学校智能建造类"新工科新形态"系列教材

总主编 陈湘生 中国工程院院士

Intelligent Construction

Python程序设计与智能建造实例

刘祥鑫 肖源杰 王晓健
燕 飞 裴尧尧 黎 翔 编著

中南大学出版社
www.csupress.com.cn

·长沙·

图书在版编目(CIP)数据

Python 程序设计与智能建造实例 / 刘祥鑫等编著. --长沙：
中南大学出版社, 2025.5. --(普通高等学校智能建造类"新工科
新形态"系列教材 / 陈湘生总主编). --ISBN 978-7-5487-6285-0

Ⅰ. TP312.8

中国国家版本馆 CIP 数据核字第 2025HA5324 号

Python 程序设计与智能建造实例
Python CHENGXU SHEJI YU ZHINENG JIANZAO SHILI

刘祥鑫　肖源杰　王晓健　编著
燕　飞　裴尧尧　黎　翔

□出 版 人　林绵优
□策划编辑　刘颖维　刘锦伟
□责任编辑　刘锦伟
□责任印制　唐　曦
□出版发行　中南大学出版社

　　　　　　社址：长沙市麓山南路　　　邮编：410083
　　　　　　发行科电话：0731-88876770　　传真：0731-88710482

□印　　装　长沙印通印刷有限公司

□开　　本　787 mm×1092 mm 1/16　□印张 15.75　□字数 402 千字
□互联网+图书　二维码内容　视频 48 分钟　字数 48 千字
□版　　次　2025 年 5 月第 1 版　　　□印次 2025 年 5 月第 1 次印刷
□书　　号　ISBN 978-7-5487-6285-0
□定　　价　58.00 元

合中国式现代化人才培养规律的教学资源生态新形态教材特色模块，全面反映了智能建造专业基础理论、工程应用技术和科技发展前沿，旨在为智能建造领域提供一批引领专业发展、创新人才培养模式的精品教育资源，助力新时代智能建造人才的培养与行业进步。

根据土木工程专业升级需求，关注智能建造核心内容，重点围绕理论建模与智能算法、感知融合与数字平台、工具平台与系统开发与土木工程专业课程的智能化升级四大知识集群编著本套教材。本套教材第一期共 14 种：《土木工程与智能建造导论》《智能建造基础理论》《智能感知与数字孪生》《深度学习算法与应用》《智能控制与工程机器人技术》《智能建造工程材料》《Python 程序设计与智能建造实例》《传感器与物联网概论》《BIM 技术基础及应用》《工程测量与智能勘测》《土木工程智能施工》《基础设施智能检测监测与评价》《3D 打印混凝土建造技术》《智能建造专业英语》。

本套教材将教学改革、教学研究的成果与教材建设相结合。遵循"重基础、宽口径、强能力、强应用"的原则，全套教材统一规划，各系列教材之间紧密配合、有机联系，突出教材的科学性、系统性、适应性、时代性、创新性。同时，体现智能建造领域新知识、新技术、新工艺、新方法、新成果，使智能建造教学跟上科技发展的步伐。

本套教材的组织出版，以自愿、热爱和能力为基础，汇聚志同道合者，共同致力于编写高质量的教材，编写时力求做到概念准确、叙述精练、案例典型、深入浅出、篇幅恰当、辞章规范，采用最新的国家标准及技术规范。

本套教材适用于高等院校智能建造、土木工程、建筑工程、工程管理等专业的本科生、专科生，也可作为其他专业学生、教师、科研工作者、工程技术人员的参考书，还可用作创新竞赛和训练计划项目等大学生创新实践活动的指导用书。对于对智能建造感兴趣的跨领域学习者，本套教材也可作为入门参考，帮助其了解智能建造的基本概念、技术框架及其与其他学科的交叉应用实例。

中南大学出版社

2025 年 4 月

出版说明

PUBLICATION NOTE

在国家大力推动人工智能发展的大背景下，土木工程领域正经历着深刻的变革，将通过数字化、人工智能、各类感知、物联网、区块链以及相关学科交叉融合，打造数智大土木工程学科。智能建造作为土木工程与新兴技术深度融合的产物，正逐渐成为行业发展的新趋势。它不仅为土木工程的设计、施工、运维等各个环节带来了创新的理念和方法，也为解决传统土木工程面临的诸多挑战提供了新的思路和途径。智能建造作为建筑业数字化、智能化、绿色化发展的核心驱动力，深度融合了土木工程、计算机科学、机械工程等多学科知识，是推动建筑业高质量发展、助力国家"新工科"战略实施的关键领域。高校开设智能建造专业，不仅顺应了行业发展趋势，更为国家"新工科"战略提供了强有力的人才支撑，是培养高素质复合型人才、推动建筑业转型升级的重要举措。

随着全国开设智能建造专业高校数量的增加，智能建造专业学生规模持续扩大。为满足专业发展和高质量人才培养的需求，优质教材的编写与出版成为当务之急。为此，陈湘生院士与中南大学出版社携手，联合全国近30所高校(中南大学、西南交通大学、湖南大学、东南大学、山东大学、同济大学、深圳大学、济南大学、中国矿业大学、香港理工大学、沈阳建筑大学、福建农林大学、长沙理工大学、华南理工大学、湖南城市学院、湖南工业大学、湖南科技大学、湖北工业大学、浙江工业大学、浙大宁波理工学院、苏州科技大学、安徽理工大学、江西理工大学、南京工程学院、新疆工程学院、宿迁学院、苏州城市学院、常州工学院等)和3家国家经济战略层面的特大型综合性建筑产业集团(中国中铁股份有限公司、中国交通建设股份有限公司、中国建筑集团有限公司)，依托国家"新工科"战略导向，以全国教育大会精神为根本遵循，紧扣新时代教育"政治属性、人民属性、战略属性"核心要义，落实《教育强国建设规划纲要(2024—2035年)》关于教材建设的要求，组建了以院士、杰青、长江学者、优青、高被引学者、一线骨干教师为核心的高水平师资队伍，制定了服务"科技强国"战略需求的专业教材体系，创建了符

编委会

EDITORIAL COMMITTEE

序

PREFACE

随着新一轮科技革命与产业变革的深入演进，以人工智能、大数据、物联网为代表的新一代信息技术与传统土木工程行业的深度融合，正深刻重构土木工程行业的生态格局。智能建造作为推动专业转型升级的核心引擎，如何培养兼具工程实践能力与数字创新思维的高素质人才，已成为我国高等教育亟待破解的课题。

在此时代使命的召唤下，由全国近30所高校和3家代表性企业组成的跨区域教研联盟，历时三年协同攻坚，共同编撰完成"普通高等学校智能建造类'新工科新形态'系列教材"。本套教材注重服务国家战略、对接产业发展需求，适应国家高等教育教学改革要求，符合教情学情，以学生为中心，注重培养学生综合素质和实践能力；强化教材的育人功能，将课程逻辑、人类命运共同体逻辑融为一体，并将课程思政内容有机融入工程实际的每个过程，注重潜移默化地引导学生树立科技报国、工程造福社会的职业使命感。

新形态教材体系贯彻落实《中国教育现代化2035》提出的"发展中国特色世界先进水平的优质教育"战略目标，响应《教育信息化2.0行动计划》关于"构建智慧学习支持环境"的要求，对接《关于深化高等学校创新创业教育改革的实施意见》中"强化实践"的指导意见，通过四大模块形成完整学习闭环：首先借助思维导图建立知识网络框架，将碎片化的信息转化为可视化的逻辑体系；继而通过AI数字人微课对核心知识点进行深度解析，以智能化方式激活学生高阶思维；认知拓展模块通过学生参与教材内容建设，激励学生参与知识补充与创新表达；实践创新模块以真实项目为载体，既强化问题解决能力，又通过代际知识传承机制使教材成为动态生长的智慧载体。四个维度环环相扣，既融合先进技术赋能思维可视化与深度学习，又通过参与式创作和项目实践培育创新素养，最终形成框架建构、思维深化、认知迭代、实践创新的立体化学习生态，使教材从静态知识载体转型为连接师生智慧、贯通理论实践、促进代际对话的动态教育平台。

本套教材的编撰，汇聚了全国多所高校的学科优势，以及院校在地方特色方面的实践经验。智能建造的发展浪潮方兴未艾，教材的出版并非终点，而是深化教育教学改革的起点。期待本系列教材能成为高校智能建造专业的"基石之作"，未来通过持续迭代升级，逐步拓展至建筑产业互联网、低碳智慧城市等新兴领域。数字化、智能化（包括人工智能）属于青年人，尤其是 35 岁以下的青年学子。希望青年学子以此为舟楫，在掌握 Python 编程、深度学习、智能装备操控以及人工智能技术等"硬技能"的同时，涵养"以技术赋能未来人居文明"的"软情怀"，成为引领中国建造迈向"中国智造"的时代开拓者！

当建筑被赋予感知与思考的能力，当钢筋混凝土的肌理流淌着数据的脉搏，智能建造正以颠覆性的力量重塑人类构筑文明的范式。从深埋地下的城市综合管廊到高耸入云的摩天大楼，从装配式构件的毫米级拼装到数字孪生城市的全域推演，这场变革不仅需要硬核技术的突破，更需要教育链与产业链的同频共振。让我们共同期待，这套凝聚着中国工程教育界集体智慧的教材，能为智能建造人才培养注入强劲动能，为中国建造的数字化未来书写崭新篇章！

陈湘生　中国工程院院士

2025 年 5 月 20 日

前 言
FOREWORD

本教材立足"新工科"建设背景，以培养创新型、复合型智能建造人才为目标，致力于为专业教材建设提供科学依据与实践指导。本教材编写将秉持以下原则：①充分体现"新工科"建设要求，突出专业特色；②注重理论知识与实践应用的有机融合；③强化创新思维与前沿技术的渗透；④构建系统化、模块化的知识体系。通过打造具有创新性、实用性和前瞻性的高质量教材体系，切实提升智能建造专业人才培养质量，助力建筑业智能化转型升级。

本教材内容设计具有整体性和逻辑性，框架清晰、循序渐进、层次分明、模块设置合理；文字、图片、音视频等内容系统设计，有机结合；适应教育数字化要求，结构开放，内容可选择，配套资源丰富，满足弹性教学、分层教学等需要，充分应用数字技术，做到教材内容可更新。

本教材围绕计算机语言基础、Python 基础、工程数据处理、智能算法应用和行业实践展开，主要内容分为两大部分：第一部分(1~5章)主要讲述 Python 语言基础；第二部分(6~9章)主要讲述智能建造实例。具体内容包括：Python 概述，主要介绍计算机语言发展、Python 发展历程和优势、开发环境配置及面向对象编程；Python 基本语法，包括基本数据类型、变量与赋值语句、运算和表达式、注释和帮助；Python 进阶，包括多值数据类型、选择结构、循环结构、自定义函数；类和对象，主要讲述 Python 中的对象和类、类的继承、类的多态、综合实例-钢框架结构的建筑；常见的第三方库，包括 NumPy、Matplotlib、Pandas、SciPy 的应用；Python 在智能建造中的简单应用，包括项目资金净现值(NPV)求解、土体参数求解、梁截面内力求解；智能建造实例从智能建造的 3 个应用场景展开编写，分别为智能建造设计、施工和监测中的应用，对各个工况可能的计算、优化问题展开编写。

本教材核心特点：

（1）学科交叉创新融合。突破传统学科壁垒，将 Python 编程与土木工程、BIM 技术、物联网等交叉融合，设计覆盖建筑结构分析、施工进度模拟、工程数据可视化等领域的教学案例，建立"编程思维+工程应用"双核驱动的知识框架。

（2）前沿技术深度渗透，包含了 Scikit-learn、Openseespy、TensorFlow 等行业内领先的开源算法库，使学生能够在有限的课时内掌握 Python 在实际工程场景中的应用方法。

（3）实战导向案例体系。精选工程级实践案例，包括基于遗传算法的桁架结构优化、基于 OpenCV 的颗粒级配智能识别、矿山井壁裂缝识别等，每个案例配备可拓展的代码模板和工程文档规范，强化解决复杂工程问题的能力。

由于编写水平有限，书中难免有不妥和错误之处，望广大读者批评指正。最后，感谢所有为本书编写和出版付出辛勤努力的老师们，也感谢广大读者对本书的关注和支持。我们期待在未来的日子里，能够继续与大家一起探索智能建造领域的无限可能。

作者

2025 年 5 月

目　录

CONTENTS

第 1 章

Python 概述

AI微课

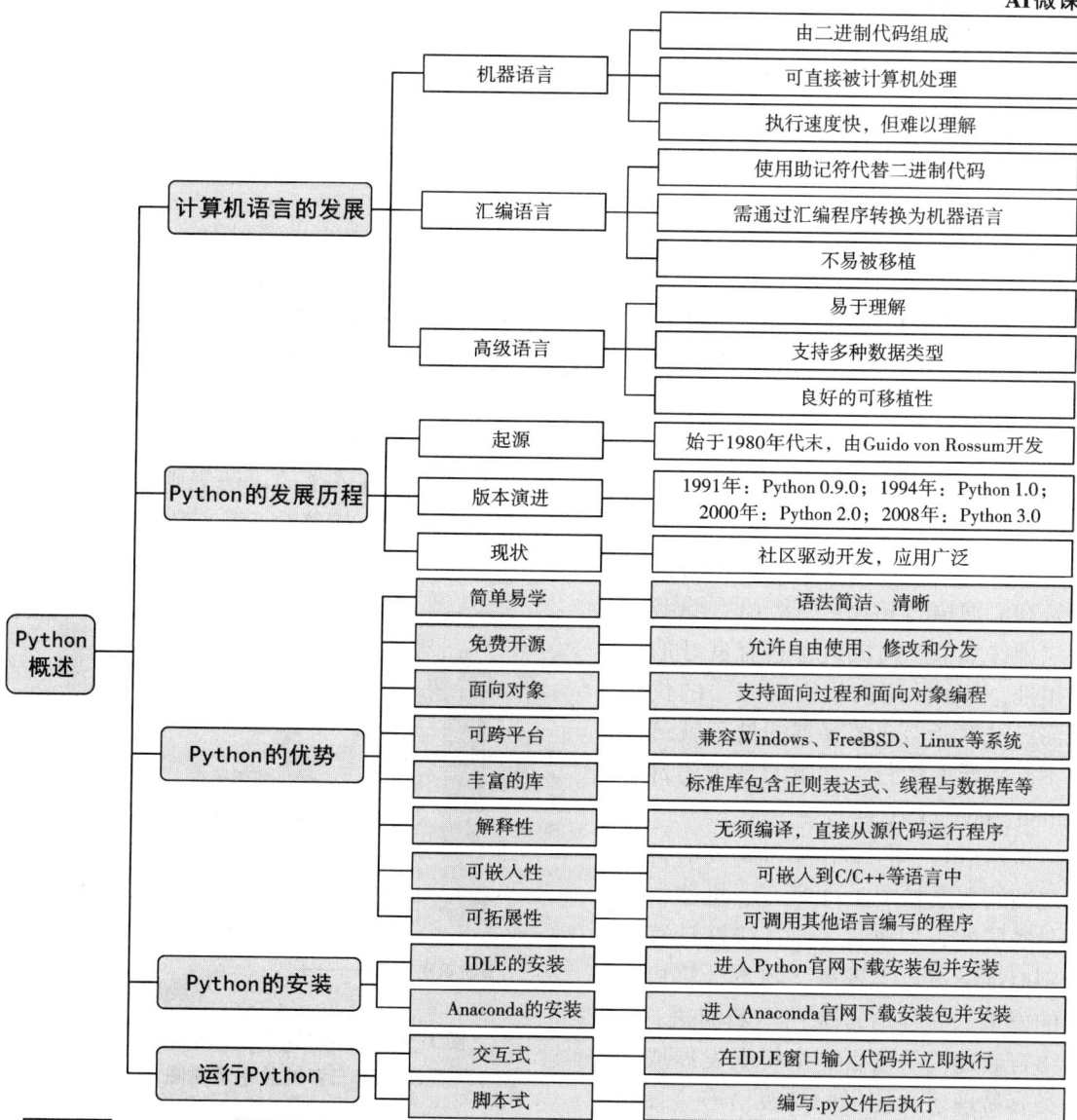

```
Python
概述
├── 计算机语言的发展
│   ├── 机器语言
│   │   ├── 由二进制代码组成
│   │   ├── 可直接被计算机处理
│   │   └── 执行速度快，但难以理解
│   ├── 汇编语言
│   │   ├── 使用助记符代替二进制代码
│   │   ├── 需通过汇编程序转换为机器语言
│   │   └── 不易被移植
│   └── 高级语言
│       ├── 易于理解
│       ├── 支持多种数据类型
│       └── 良好的可移植性
├── Python的发展历程
│   ├── 起源 —— 始于1980年代末，由Guido von Rossum开发
│   ├── 版本演进 —— 1991年：Python 0.9.0；1994年：Python 1.0；2000年：Python 2.0；2008年：Python 3.0
│   └── 现状 —— 社区驱动开发，应用广泛
├── Python的优势
│   ├── 简单易学 —— 语法简洁、清晰
│   ├── 免费开源 —— 允许自由使用、修改和分发
│   ├── 面向对象 —— 支持面向过程和面向对象编程
│   ├── 可跨平台 —— 兼容Windows、FreeBSD、Linux等系统
│   ├── 丰富的库 —— 标准库包含正则表达式、线程与数据库等
│   ├── 解释性 —— 无须编译，直接从源代码运行程序
│   ├── 可嵌入性 —— 可嵌入到C/C++等语言中
│   └── 可拓展性 —— 可调用其他语言编写的程序
├── Python的安装
│   ├── IDLE的安装 —— 进入Python官网下载安装包并安装
│   └── Anaconda的安装 —— 进入Anaconda官网下载安装包并安装
└── 运行Python
    ├── 交互式 —— 在IDLE窗口输入代码并立即执行
    └── 脚本式 —— 编写.py文件后执行
```

建议掌握　　建议了解

1.1 计算机语言的发展

　　计算机语言(computer language)是指用于人与计算机通信的语言,是人与计算机之间传递信息的媒介。

　　计算机语言的发展历程可以分为几个主要阶段,从早期的机器语言发展到汇编语言,再到现代的高级语言。

1. 机器语言

　　机器语言是计算机能够直接理解和执行的最低级别的编程语言,由一系列二进制代码(0和1)组成,表示计算机指令和数据。机器语言由多条机器指令组成,每种计算机架构都有其特定的机器语言指令集,定义了可以执行的操作(如加法、减法、数据移动等)。机器语言能直接被计算机处理,无须翻译或解释,因此执行速度极快。但由于机器语言是由二进制代码组成的,因此其对人类来说难以理解和使用。

2. 汇编语言

　　汇编语言是一种低级编程语言,使用助记符代替机器语言中的二进制代码。汇编语言需要通过汇编程序转换为机器语言,每种处理器架构都有其特定的汇编语言。汇编语言比机器语言具有更高的机器相关性,使程序员更容易编写和理解代码,同时保留了机器语言高速度和高效率的特点。但汇编语言仍是面向机器的语言,使用其编写的程序不易移植。

3. 高级语言

　　高级语言是一种与人类自然语言更接近的编程语言,具有清晰的语法规则和逻辑结构,使得编写和理解代码变得简单。高级语言支持多种数据类型,如整数、浮点数、字符串、数组和对象,方便处理复杂数据。与机器语言和汇编语言相比,高级语言隐藏了底层硬件细节。高级语言具有良好的可移植性,大多数用高级语言编写的代码只需经过编译器或解释器的处理就可以在不同平台上运行。常用的高级语言有Python、Java、C/C++等。

　　机器语言、汇编语言和高级语言三者之间的关系如图1-1所示,机器语言是最底层的编程语言,能直接被计算机识别但难以被人类理解。随着计算机技术的发展,编程语言也在不断演进,机器语言通过汇编语言这个桥梁发展成为人类容易理解和使用的高级语言。计算

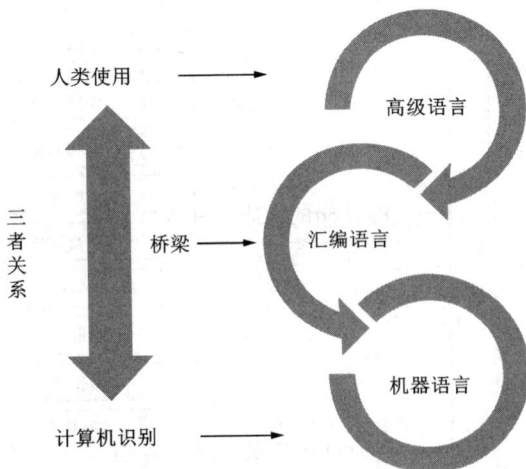

图1-1　机器语言、汇编语言和高级语言三者的关系示意图

机语言的发展历史是对技术和需求变化的响应，每一阶段的语言都有其特定的目标和应用场景。

1.2　Python 的发展历程

>>>

Python 的发展历程始于二十世纪八十年代末，其由荷兰人 Guido von Rossum(吉多·范罗苏姆)开发。Guido 生于 1956 年，从小对数学和编程充满兴趣。自 1982 年从阿姆斯特丹大学获得数学和计算机科学硕士学位后，Guido 开始在 CWI(Centrum voor Wiskunde en Informatica，荷兰数学和计算机科学中心)工作。

1989 年，Guido 开始开发一种新的语言，并因喜欢电视系列喜剧 *Monty Python's Flying Circus*(《蒙提·派森的飞行马戏团》)而将新语言命名为 Python。Guido 希望 Python 语言能避开 ABC(All Basic Code)语言的不足，具有易学、易用、可扩展和功能全面等特点。ABC 语言是 Guido 参与设计的面向教学的编程语言，具有易读、易用、易学的优点，但其可扩展性差、性能较低，因此在商业和工业界的使用非常有限。

1991 年，经过一年多的开发，Guido 发布了 Python 0.9.0，包含基本的数据类型和异常处理功能。1994 年，Python 1.0 正式发布，引入了函数和模块，支持更复杂的编程结构。2000 年，Python 2.0 发布，引入了垃圾回收、Unicode 支持和列表推导等功能，之后 Python 由个人开发转向社区开发。2008 年，Python 3.0 发布，进行了许多重大改进，不再兼容 2.x 版本，同时提供了一系列代码转换的兼容方案。

目前，Python 已经成为最受欢迎的程序设计语言之一。

1.3　Python 的优势

>>>

Python 语言能够流行起来并持续发展，得益于其有许多优点。

1. 简单易学

Python 是一种追求简单主义的语言，其语法简洁、清晰。一个结构良好的 Python 程序就像伪代码，类似普通的英语文章。Python 语言注重如何解决问题而不是语法结构，这使得用户能够专注于解决问题而不为烦琐的语法所困惑。这些特点让 Python 语言比较容易学习和掌握。

2. 免费开源

Python 是 FLOSS(free/libre and open source software，自由/开放源码软件)之一。用户不但可以自由使用，还可以查看、修改和分发其源代码。在开源社区中有许多优秀的专业人士维护、更新和改进 Python 语言。

3. 面向对象

Python 既支持面向过程的函数编程，也支持面向对象的抽象编程。这表明 Python 程序可以由过程或可重用代码的函数构建起来，也可以由表示数据的属性和表示特定功能的方法组合而成的类来构建。

4. 可跨平台

Python 具有良好的跨平台特性，可以在多个操作系统上运行，包括 Windows、FreeBSD、Linux、Macintosh 等。

5. 丰富的库

Python 拥有丰富的标准库，如正则表达式、单元测试、线程、数据库、网页浏览器、CGI、FTP、电子邮件、XML、HTML、WAV 文件、密码系统等，用户无须安装，可以直接调用。

6. 解释性

C/C++语言在执行时需要经过编译，生成机器码后才能执行。Python 是解释执行的，即 Python 代码不需要编译成二进制代码，可以直接从源代码运行。

7. 可嵌入性

Python 程序可嵌入到其他程序设计语言中，如可嵌入 C/C++程序，从而向用户提供脚本功能。

8. 可拓展性

Python 语言具有良好的可扩展性。Python 可以调用其他语言编写的程序，如 C/C++语言和 R 语言等。

1.4 Python 的安装

1.4.1 IDLE 的安装

用户可以进入 Python 官网（https：//www.python.org/），打开下载界面，根据所使用电脑的操作系统以及需要的 Python 版本，选择相匹配的软件进行下载。例如，如果用户需要在 64 位 Windows 操作系统上安装 Python 3.12.6，则可以点击"Windows installer (64-bit)"，下载名为 python-3.12.6-amd64.exe 的文件；如果是 32 位 Windows 操作系统，则点击"Windows installer (32-bit)"，下载名为 python-3.12.6.exe 的文件；如果是 MacOS 操作系统，则点击"macOS 64-bit universal2 installer"，下载名为 python-3.12.6-macos11.pkg 的文件。

下面以在 Windows 10 的 64 位操作系统上安装 Python 3.12.6 为例，简要介绍 Python 的安装过程，步骤如下：

（1）双击下载好的安装程序"python-3.12.6-amd64.exe"，出现如图 1-2 所示的 Python 安装界面。

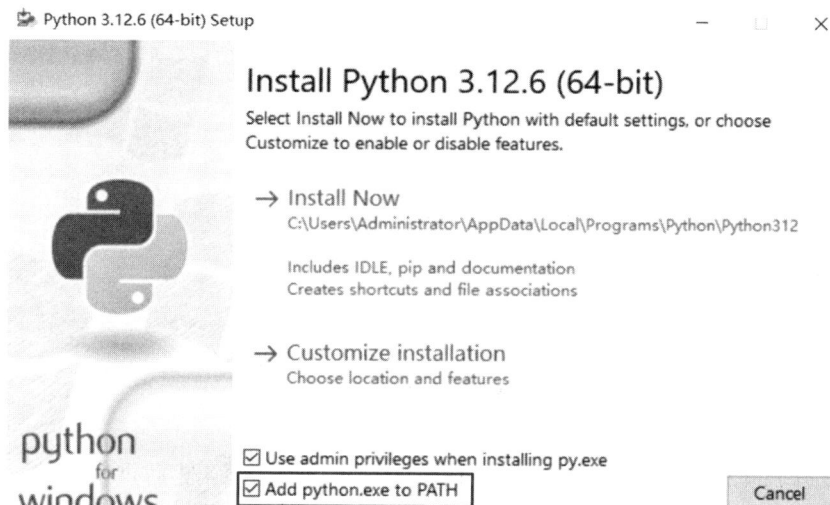

图 1-2　Python 安装步骤 1

（2）勾选图 1-2 中的"Use admin privileges when installing py.exe"和"Add python.exe to PATH"选项，然后点击"Customize installation"，出现如图 1-3 所示的界面。

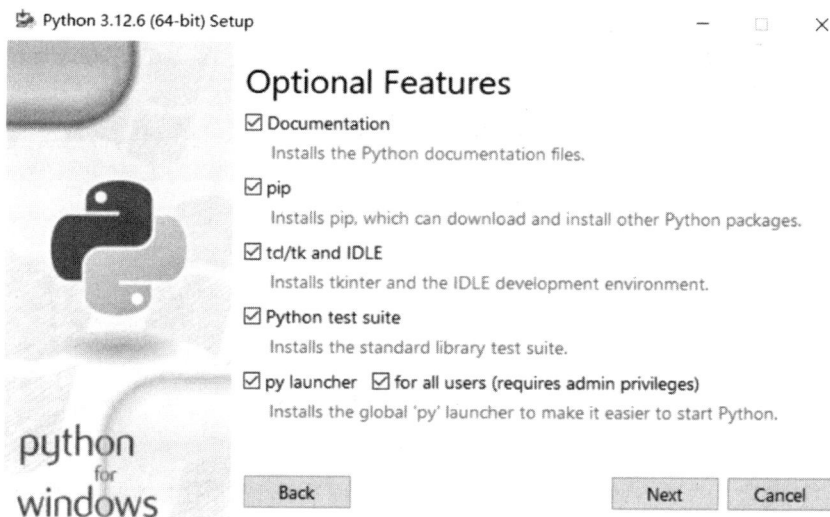

图 1-3　Python 安装步骤 2

（3）点击图 1-3 中的"Next"按钮，出现如图 1-4 所示的界面。

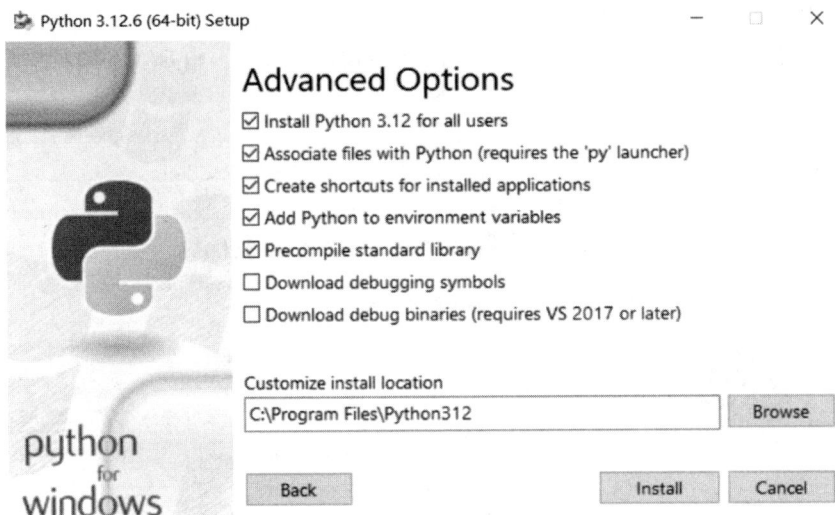

图 1-4　Python 安装步骤 3

(4) 勾选图 1-4 中的"Install Python 3.12 for all users"选项，然后点击"Browse"选择安装路径，或直接点击"Install"按钮进行安装，出现如图 1-5 所示的界面。

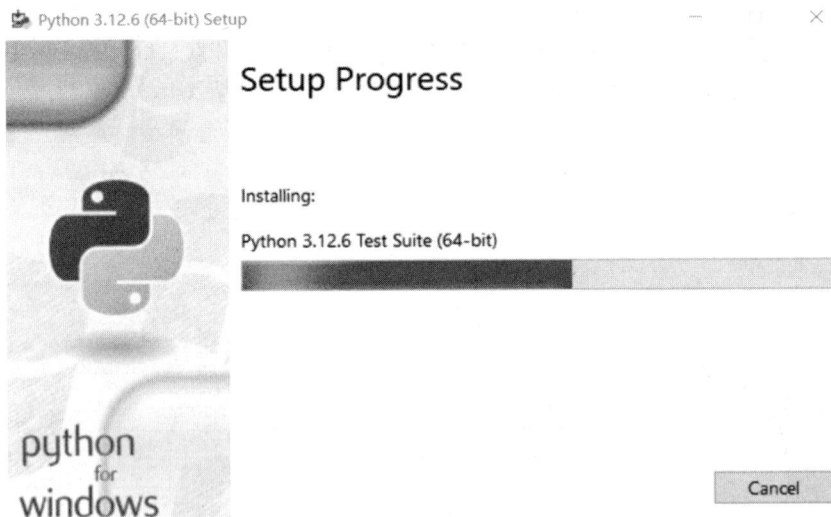

图 1-5　Python 安装步骤 4

(5) 安装完成后，图 1-5 所示界面会自动关闭，而后出现如图 1-6 所示的安装成功提示。

(6) 点击图 1-6 中的"Close"按钮，完成 Python 的安装。

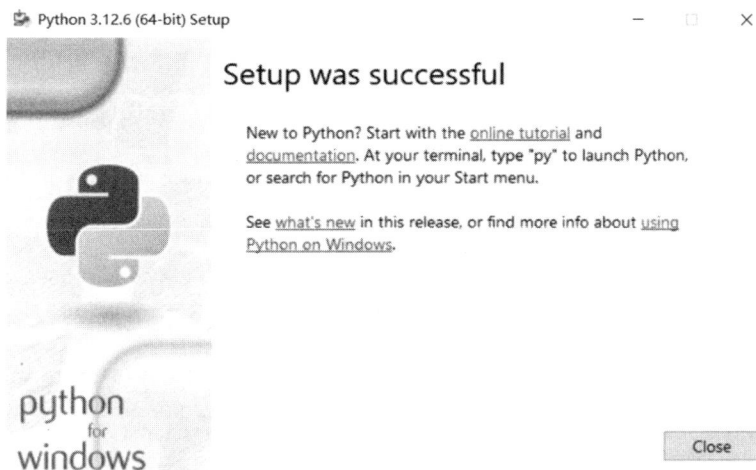

图 1-6　Python 安装步骤 5

1.4.2　Anaconda 的安装

Anaconda 是 Python 的一个开源发行版本，将 Python 的许多常用模块通过打包与安装直接使用。Anaconda 可以用于管理多个版本的 Python 环境，接下来介绍其下载及安装方法。

进入 Anaconda 官网(https：//www.anaconda.com/)，打开下载界面，根据所使用电脑的操作系统以及需要的 Anaconda 版本，选择相匹配的软件进行下载。下面以在 Windows 10 的 64 位操作系统上安装 Anaconda3-2024.06-1-Windows-x86_64 为例，简要介绍 Anaconda 的安装过程，步骤如下：

(1)点击"64-Bit Graphical Installer（912.3 M）"，下载名为 Anaconda3-2024.06-1-Windows-x86_64.exe 的文件。双击下载好的安装程序"Anaconda3-2024.06-1-Windows-x86_64.exe"，出现如图 1-7 所示的 Anaconda 安装界面。

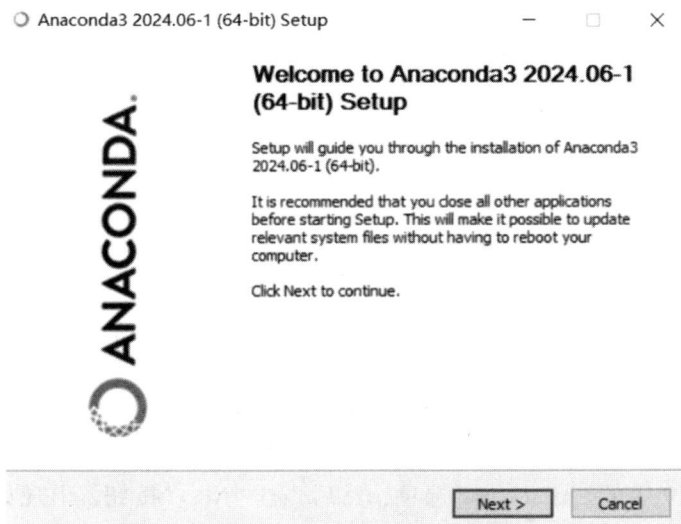

图 1-7　Anaconda 安装步骤 1

（2）点击图 1-7 中的"Next"按钮，出现如图 1-8 所示的界面。

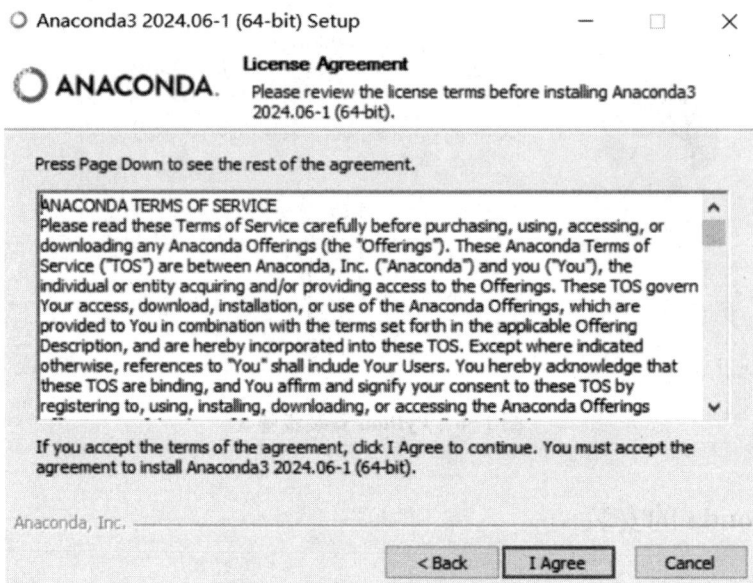

图 1-8　Anaconda 安装步骤 2

（3）点击图 1-8 中的"I Agree"按钮，出现如图 1-9 所示的界面。

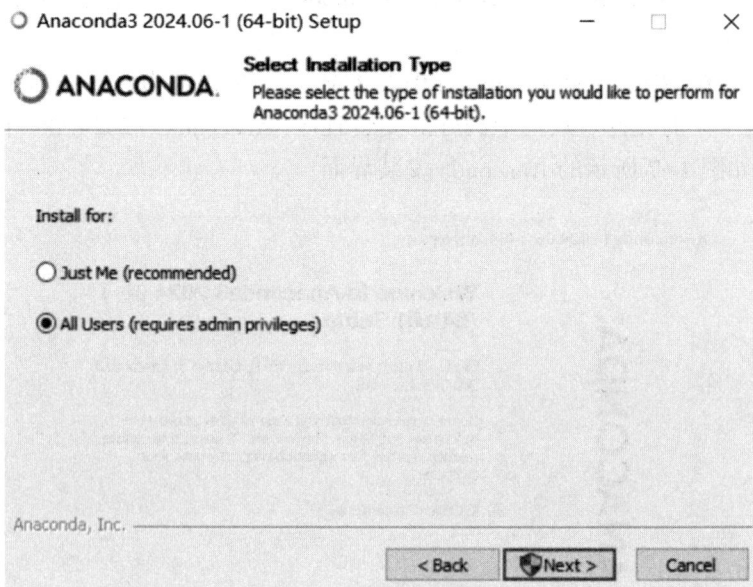

图 1-9　Anaconda 安装步骤 3

（4）勾选图 1-9 中的"All Users"选项，然后点击"Next"按钮，出现如图 1-10 所示的界面。

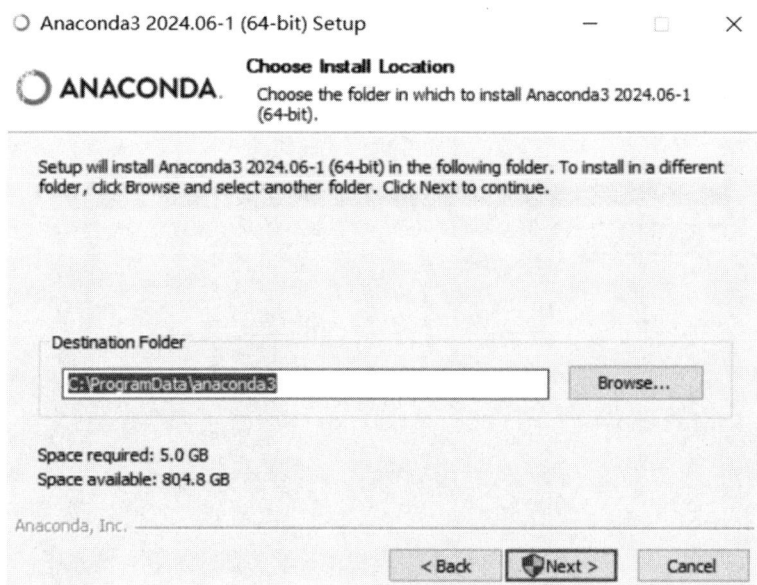

图 1-10　Anaconda 安装步骤 4

（5）点击图 1-10 中的"Browse"按钮选择安装路径，然后点击"Next"按钮，出现如图 1-11 所示的界面。

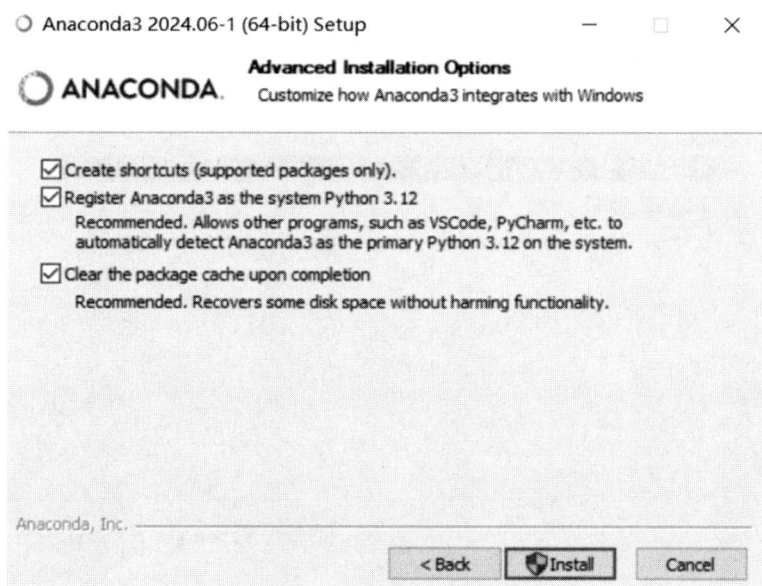

图 1-11　Anaconda 安装步骤 5

（6）勾选图 1-11 中的所有选项，然后点击"Install"按钮进行安装，出现如图 1-12 所示的界面。

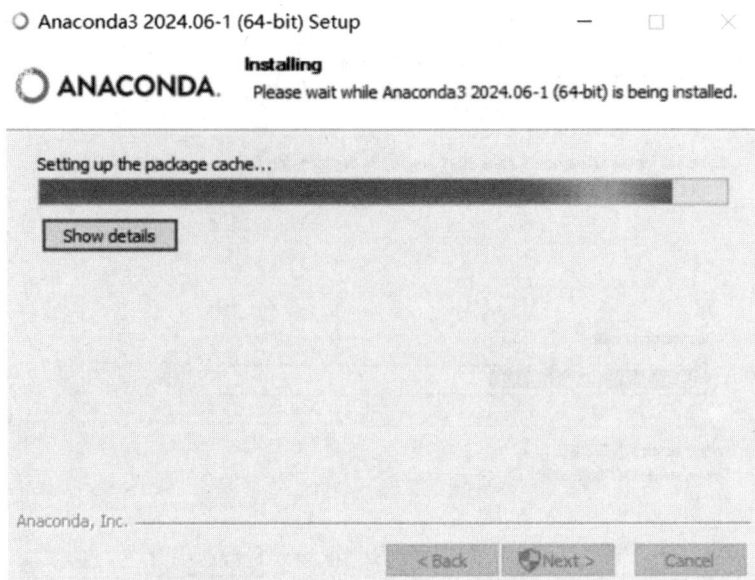

图 1-12　Anaconda 安装步骤 6

（7）等待加载完成，出现如图 1-13 所示的界面。

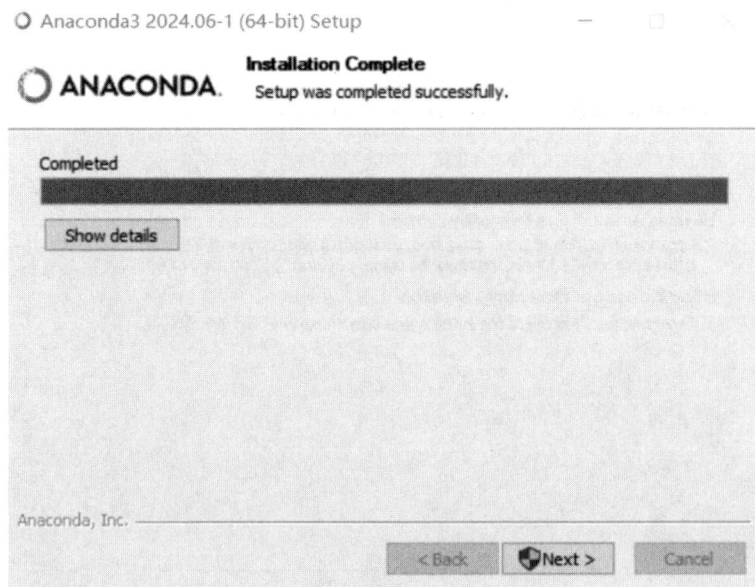

图 1-13　Anaconda 安装步骤 7

（8）点击图 1-13 中的"Next"按钮，出现如图 1-14 所示的界面。

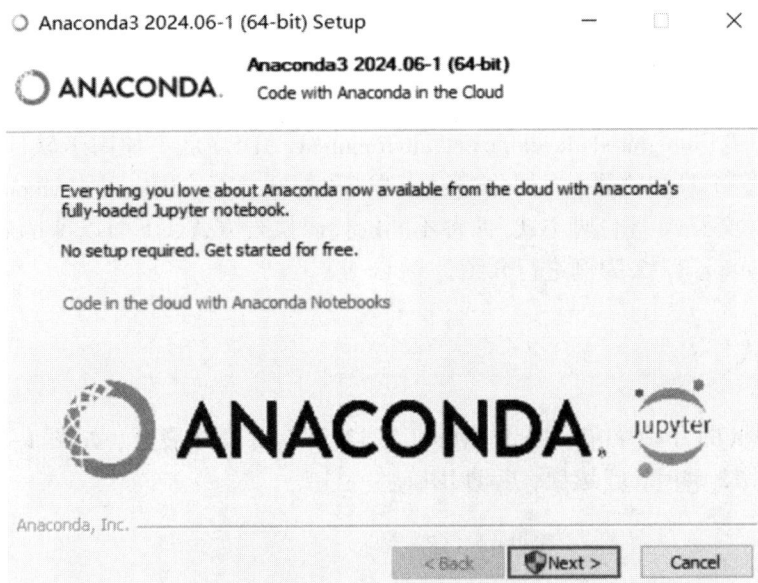

图 1-14　Anaconda 安装步骤 8

(9)点击图 1-14 中的"Next"按钮，出现如图 1-15 所示的界面。

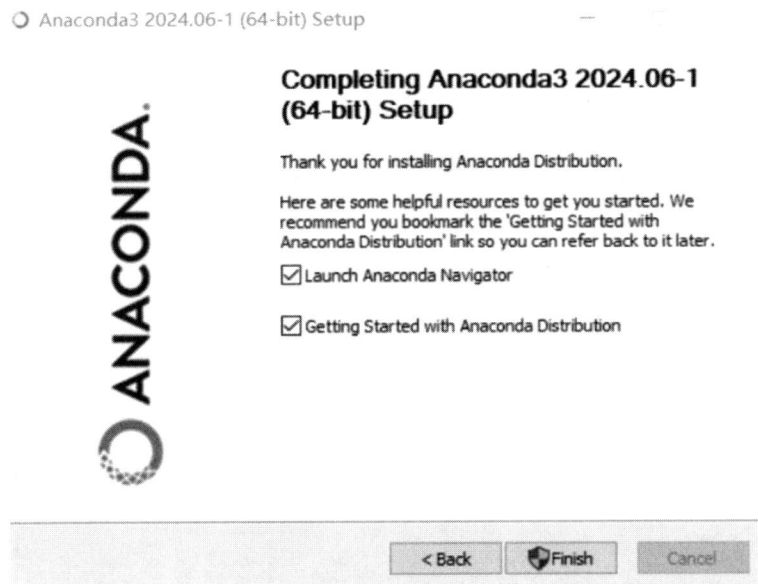

图 1-15　Anaconda 安装步骤 9

(10)点击图 1-15 中的"Finish"按钮，完成 Anaconda 的安装。

1.5　运行 Python

>>>

集成开发环境(integrated development environment, IDE)是一种用于软件开发的应用程序, 提供了一整套工具和功能, 以简化编码、调试和测试过程。IDLE 是 Python 内置的集成开发环境, 提供了"交互式"和"脚本式"两种不同的代码执行方式, 下面以 Windows 10 的 64 位操作系统上的 Python 3.12 为例进行介绍。

1.5.1　交互式

>>>

打开 Windows 的开始菜单, 找到 Python 3.12 菜单目录并展开, 如图 1-16 所示, 点击"IDLE(Python 3.12 64-bit)"选项, 启动 IDLE。

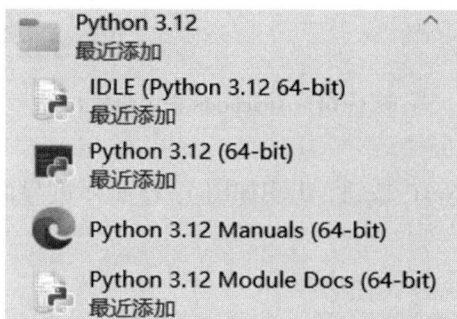

图 1-16　Python 3.12 菜单

在如图 1-17 所示的 IDLE 窗口中, 上方是菜单栏和 Python 语言解释器程序的版本信息, 下方"＞＞＞"是命令提示符。在命令提示符后输入 Python 语言代码, 然后按回车键, 系统就会立即执行这条代码, 这就是交互式的代码执行方式。

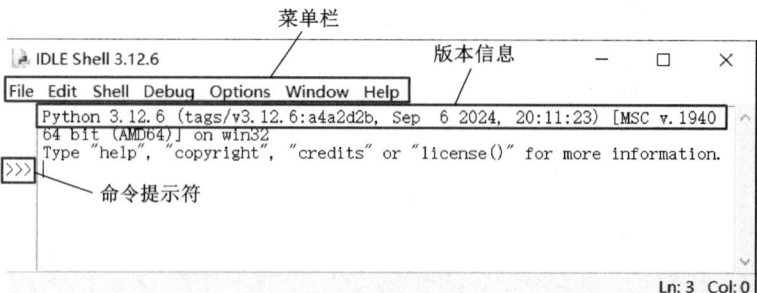

图 1-17　IDLE 窗口

例如在命令提示符后输入"print("Hello, world")", 然后按回车键, 将会出现如图 1-18 所示的输出界面。

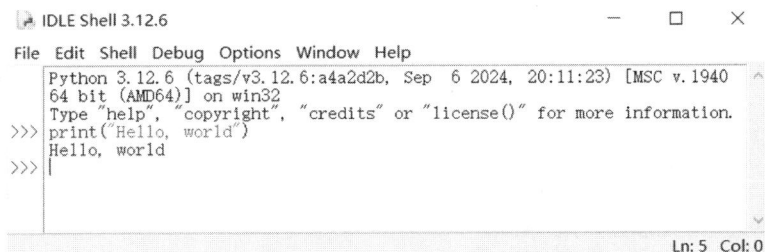

图 1-18 输出"Hello, world"

1.5.2 脚本式

脚本式运行方式是指将代码写入一个扩展名为".py"的文件中，然后通过 Python 解释器直接执行这个文件。脚本式运行方式通常用于编写较为复杂的程序，这种方式允许逐行解释和运行代码，而无须将其编译成机器语言，便于调试和维护。下面以输出"Hello, world"为例进行介绍。

在 IDLE 窗口的菜单栏中打开"File"菜单，如图 1-19 所示。然后点击"New File"，创建一个代码编辑窗口，如图 1-19 所示。

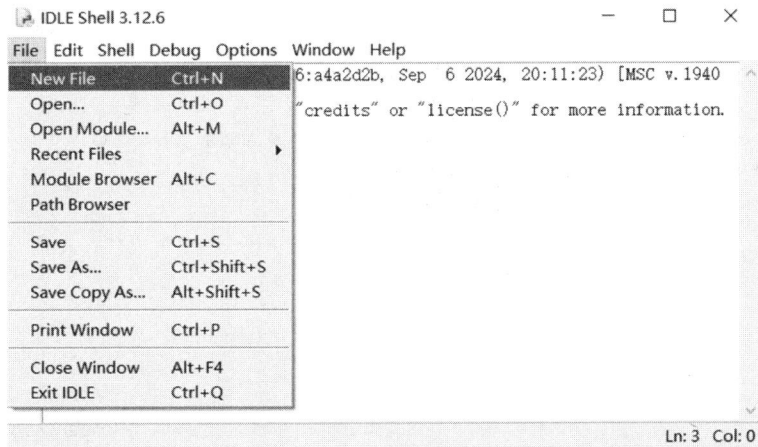

图 1-19 File 菜单

打开图 1-20 中的"File"菜单，点击"Save As"，将代码保存为一个".py"文件并命名为example1，这样就创建了一个 Python 的脚本文件。在窗口输入代码"print("Hello, world")"，如图 1-21 所示。

打开图 1-22 中的"Run"菜单，点击"Run Module"就会运行这个文件中的所有代码，并得到如图 1-23 所示的输出。

第1章

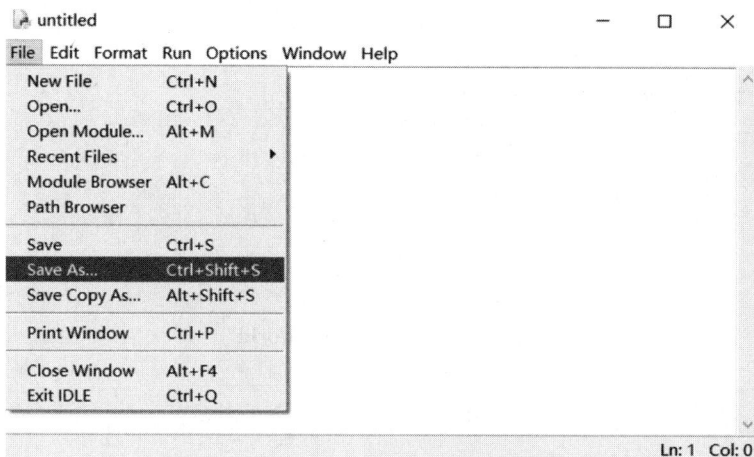

图 1-20　创建 Python 脚本文件

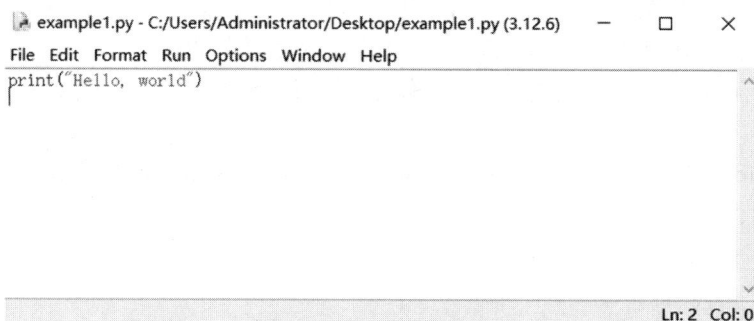

图 1-21　代码编辑窗口

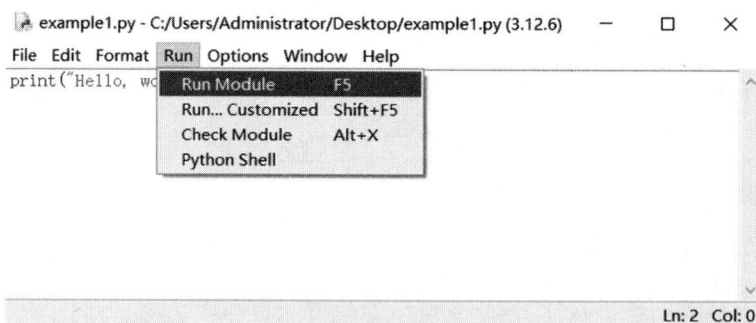

图 1-22　Run 菜单

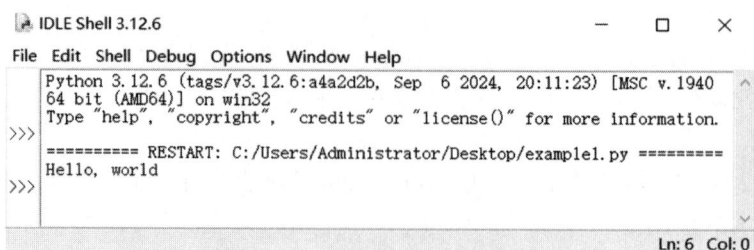

图 1-23　输出"Hello，world"

智慧启思

计算机发展历程中的中国崛起与爱国主义情怀

认知拓展

实践创新

思考题

参考答案

1. 简要说明 Python 语言的特点。

2. 根据本章所学知识完成 Python 的下载和安装。

3. 分别使用交互式和脚本式编写 Python 程序代码，输出 "Hello, world" 字符串。

第 2 章

Python 基本语法

本章思维导图

AI微课

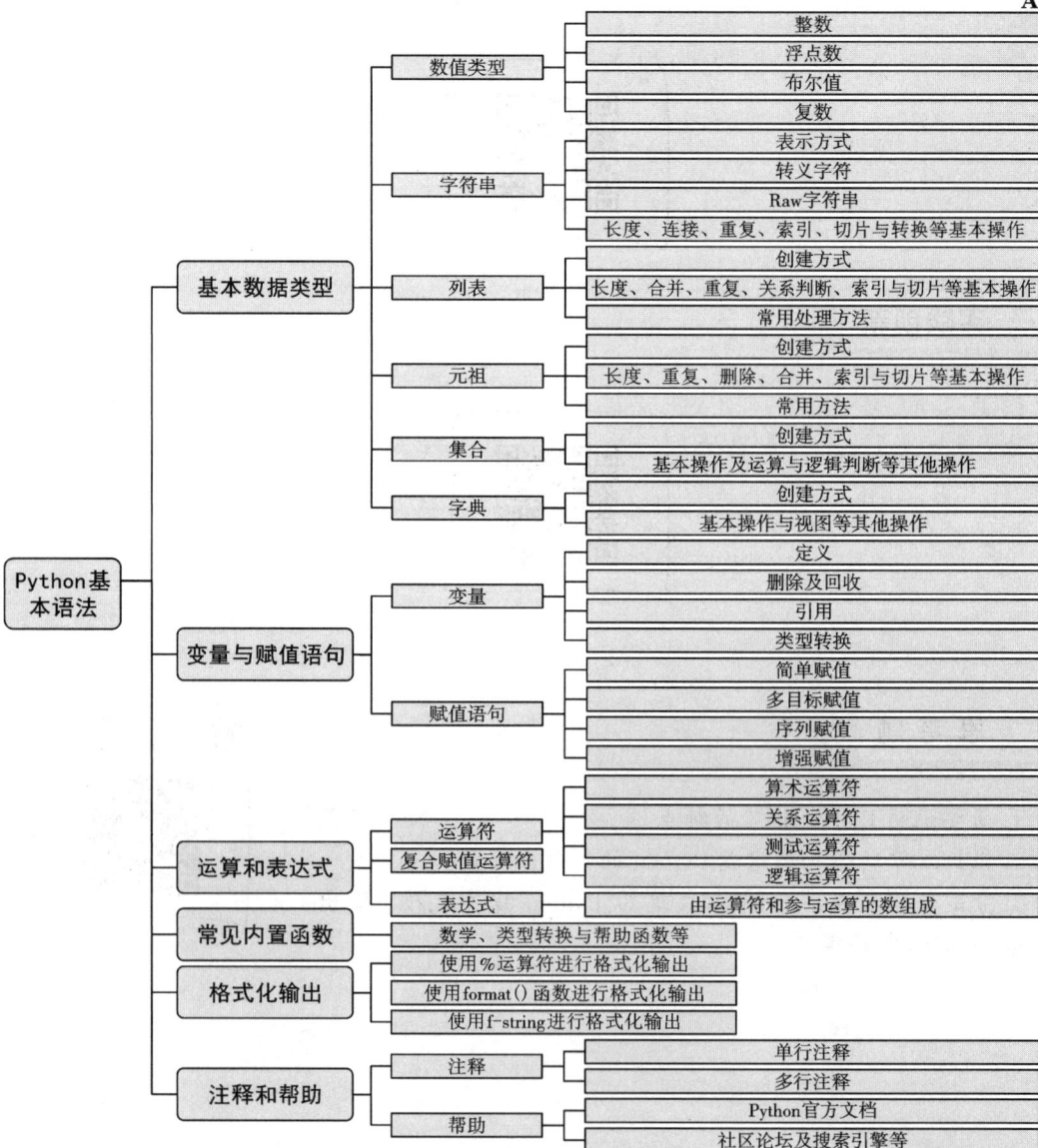

2.1　基本数据类型　　>>>

Python 语言中，其内置的数据类型主要包括数值类型和组合类型。其中数值类型包括整数(int)、浮点数(float)、布尔值(bool)、复数(complex)类型，组合数据类型包括字符串(string)、列表(list)、元组(tuple)、集合(set)和字典(dict)。数据类型可通过 type( ) 函数查看。

例如：

```
1.  >>>type(2)
2.  <class ' int' >
3.
4.  >>>type(' 2' )
5.  <class ' str' >
6.
7.  >>>type(2.0)
8.  <class ' float' >
```

下面介绍上述基本数据类型。

2.1.1　数值类型　　>>>

1. 整数(int)

整数，即不带小数点的常数，如 1、2、−12、10000 等。区别于其他版本，在 Python 3. x 中，不再区分整数和长整数。其中的整数，可以是无穷大，当然这要在计算机内存允许的条件下。

例如：

```
1.  输出 3 的 99 次方
2.  >>>3* * 99
3.  171792506910670443678820376588540424234035840667
4.
5.  输出 11 的 100 次方
6.  >>>11* * 100
7.  13780612339822270184118337172089636776264331200038466433146477552154985209552307676940115949
    7458526446001
```

在 Python 中，整数的书写有四种数制，即十进制、八进制、二进制和十六进制，常见的整数常量都是十进制的，而后三种数制需要特殊的前缀，分别是 0o、0b、0x，也可写作 0O、0B、0X。如：0b11、0o15、0x123 等。

在 Python 中，可以使用 int( ) 函数将一个字符串按照指定的进制转换成整数，int( ) 函数的基本格式如下，其中的 n 为进制数：

int("整数字符串", n)

例如：

```
8.   >>>int("111", 2)              #按照二进制转换
9.   7
10.
11.  >>>int("111", 8)              #按照八进制转换
12.  73
```

2. 浮点数 (float)

浮点数，即带小数点的数字，如 2. 、.4、3.20、1111.4、10.2e8 等。其中，2. 代表 2.0，.4 代表 0.4，10.2e8 是科学记数法，代表 10.2 的 8 次方。需要注意，浮点数与数学中的整数一样，有正负号的区别，同时浮点数只能用十进制的形式书写。

另外，与整数不同，浮点数存在上下限，当计算结果超出运算上限及下限时，会导致溢出报错。

例如：

```
1.   >>>100.0* * 10
2.   1e+20
3.
4.   >>>100.0* * 1000
5.   Traceback (most recent call last):
6.     File "C: \Users\65113\Desktop\1.py", line 1, in <module>
7.       x=100.0* * 1000
8.   OverflowError: (34, ' Result too large' )
```

3. 布尔值 (bool)

布尔值，即逻辑值，其值只有两种，即 True 和 False，分别代表"真"和"假"。在 Python 中，其值分别为 1 和 0，1 代表真，0 代表假，可以用于判断式子左右两值是否相等，也可直接与数字类型的值进行算术运算。

例如：

```
1.   >>> x=1, y=1
2.   >>> x= =y
3.   True
4.
5.   >>> z=' 1'              #该值为字符
6.   >>> x= =z
7.   False
```

4. 复数 (complex)

复数，其表示形式为"实数+虚数"，如 3+4j、−4j 等，其中 j 表示−1 的平方根。在 Python 中，可用 complex( ) 函数创建复数，如 complex(2, 3)，可得"2+3j"。或者直接输入"a+bj"这种形式。复数对象有两个属性，即 real 和 imag，分别用于查看复数的实部和虚部。

例如：

```
1.   >>>complex(2, 1)
```

```
2.  (2+j)
3.
4.  >>> (2+j).real          #查看复数的实部
5.  2.0
6.
7.  >>> (2+j).imag          #查看复数的虚部
8.  1.0
```

2.1.2　字符串（string）

字符串，即有序的字符集合，可用于表示文本数据。字符串中的字符可以有多种形式，可以是 ASCII 字符、Unicode 字符或其他符号。其和数值类型一样，都是不可变对象，即不可原地修改对象的内容。字符串中的字符具有位置顺序，支持索引、分片等操作。

1. 字符串常量的表示

Python 字符串常量的表示方法有多种形式，如下所示。

单引号：如' abc' ,' 23ab' ,' Hello World' ,' he says"what can i say"'。当字符串中包含双引号时，用单引号作为界定符更能区分。

双引号：如" abc" ," 23ab" ," Hello World" ," he is jack' s son"，当字符串中含有单引号时，最好用双引号作为界定符。

三引号：如''' peple''' ,''' lemon tree'''，其引号可以为三个单引号，也可以是三个双引号。三引号字符串通常用于多行字符串，例如文档字符串。

Raw 字符串：即带 r 或 R 的字符串，如 r' ab\12、R' ab\12。

Unicode 字符串：即带 u 或 U 的字符串，如 u' abc、U' abc。

2. 转义字符

转义字符是一些特殊的字符，可用于表示一些不能直接输入的字符。Python 常用的转义字符如表 2-1 所示。

表 2-1　转义字符

转义字符	说明
\\	反斜线
\'	单引号
\"	双引号
\a	响铃符
\b	退格符
\f	换页符
\n	换行符
\r	回车符
\t	水平制表符

续表 2-1

转义字符	说明
\v	垂直制表符
\0	Null，空字符串
\ooo	八进制值表示的 ASCII 码对应字符
\xhh	十六进制值表示的 ASCII 码对应字符
\other	其他的字符以普通格式输出

3. Raw 字符串

在 Raw 字符串中，Python 不会解析其中的转义字符，可用于表示字符串原来的意思，常用于表示 Windows 系统中的文件路径，如：

m=open(D：\tye\fate.nc，'r')

在这一段语句中，open 语句试图打开文件 fate. nc，但 Python 会将其中的 \t，\f 当成转义字符，从而导致执行命令失败。为了避免这种情况，可用 Raw 字符串来表示文件名字符串，如：

m=open(r' D：\tye\fate.nc，'r')

或将反斜线用正斜线表示，如：

m=open(D：/tye/fate.nc，'r')

4. 字符串基本操作

字符串的基本操作包括求字符串长度、连接、重复、索引、切片、转换等。

（1）字符串长度。

在 Python 中，使用 len()函数可确定字符串的长度。

例如：

```
1 .>>>len(' yyfyfy' )
2. 6
```

（2）字符串连接。

字符串之间可以通过加号进行连接，或使用空格让其自动合并。在字符串的连接中，不可用逗号分隔字符串，否则会创建出由字符串组成的元组。

例如：

```
1. >>> x=' 123'
2. >>> y=' 245'
3. >>> x+y
4. '123245'
```

（3）字符串重复。

运用" * "可以将一个字符串重复并合并。

例如：

```
1. >>> x=' 123'
```

```
2.  >>> x* 3 #重复三次列表
3.  '123123123'
```

（4）字符串索引。

字符串作为一个有序的字符集合，有一定的顺序，其中每一个单独的字符都可以进行索引。索引时，使用方括号[n]可以得到对应位置上的字符。当字符串按照从左往右的顺序时，其位置为0,1,2,…,len-1(长度减一)；按照从右往左的顺序时，位置为-len,…,-2,-1,索引即通过每一个字符的位置来获得指定的单个字符。

例如：

```
1.  >>> x=' 12345'
2.  >>> x[4]              #第 4 个位置上的字符
3.  5
4.
5.  >>> x[-1]                   #从右往左第 0 个位置上的字符
6.  5
```

（5）字符串切片。

切片是 Python 序列的重要操作之一，适用于多种类型，如字符串、元组、列表等。在 Python 中，可以运用切片从字符串中获得连续的多个字符。其基本格式为：

$$x[a: b]$$

其表示在字符串 x 中提取从位置为 a，到位置为 b 之间的子字符串。当参数 a，b 省略时，默认 a 为 0，b 为字符串长度。

例如：

```
1.  >>> x=' 123a45'
2.  >>> x[2: 3]              #从第 2 个位置的字符到第 3 个位置的字符
3.  '3a'
4.
5.  >>> x=' 12345678'
6.  >>> x[: 3]              #从第 0 个位置的字符到第 3 个位置的字符
7.  '1234'
8.
9.  >>> x=' 12345678'
10.  >>> x[4: ]              #从第 4 个位置的字符到最后一个位置的字符
11.  '5678'
```

在切片时，可以增加一个步长参数 step 来跳过中间的 step 个字符，一般默认 step 为 1。其格式为：

$$x[a: b: step]$$

例如：

```
1.  >>> x=[1, 2, 3, 4, 5, 6, 7, 8]
2.  >>> x[2: 7: 2]          #步长为 2
3.  [3, 5, 7]
```

（6）字符串转换。

在 Python 中，可以用 str( ) 函数将数字转换成字符串。

例如：

```
1.  >>> s=12
2.  >>> str(s)
3.  '12'
```

2.1.3 列表(list)

1.列表的创建

列表对象可用列表常量和 list( )函数创建。

例如:

```
1.  >>>x=[2, 3]                    #同类型数据
2.  >>>x
3.  [2, 3]
4.
5.  >>>x=[2, 3, 'a', 'b']         #不同类型数据
6.  >>>x
7.  [2, 3, 'a', 'b']
8.
9.  >>>x=list('afw')             #可迭代对象
10. >>>x
11. >>>['a', 'f', 'w']
12.
13. >>>x=list(rang(1, 3))        #连续整数
14. >>>x
15. >>>[1, 2, 3]
```

2.列表的基本操作

列表的基本操作包括求长度、合并、重复、关系判断、索引、切片等,这些与字符串的基本操作类似。

(1)长度。

利用 len( )函数可得列表长度。

例如:

```
1.  >>>my_list=[1, 2, 3, 4, 5]
2.  >>> length=len(my_list)
3.  5
```

(2)合并。

可用加法运算合并列表。

例如:

```
1.  >>>[2, 3]+['abc', 44]
2.  >>>[2, 3, 'abc', 44]
```

(3)重复。

可用乘法运算创建有重复值的列表。

例如：

```
1.  >>>[-1, 2]* 2
2.  >>>[-1, 2, -1, 2]
```

（4）关系判断。

可用 in 操作符判断对象是否属于列表。

例如：

```
1.  >>>4 in [4, 5, 6]
2.  True
3.
4.  >>>3 in [4, 5, 6]
5.  False
```

（5）索引。

与字符串类似，可通过对象的位置进行索引。

例如：

```
1.  >>>x=[2, 3, [2, 3]]
2.  >>>x[0]                    #索引第 1 个位置的列表对象
3.  2
4.
5.  >>>x[2]                    #索引第 3 个位置的列表对象
6.  [2, 3]
7.  >>>x[-1]                   #用负数索引从右往左的第一个对象
8.  [2, 3]
```

（6）切片。

与字符串类似，切片可获得列表内的部分对象。

例如：

```
1.  >>>x=[2, 3, [2, 3], 4, 5, 6]
2.  >>>x[4: 5]
3.  [5.6]
4.
5.  >>>x[1: 5: 2]
6.  [3, 5]
7.
8.  >>>x[2: ]
9.  [[2, 3], 4, 5, 6]
10.
11. >>>x[: 3]
12. [2, 3, [2, 3], 4]
```

3. 列表的常用处理方法

（1）添加单个对象。

使用 append( )函数可在列表末尾添加一个对象。

例如：

```
1.  lista=[123, 'x', 'z', 'abc'];
```

```
2.  lista.append( 9 );
3.  Print( "Updated List : ",  lista)
4.
5.  以上实例输出结果如下:
6.  UpdatedList :    [123, 'x', 'z', 'abc', 9]
```

（2）添加多个对象。

使用 extend( ) 函数可在列表末尾添加多个对象。

例如：

```
1.  lista = [123, 'x', 'z', 'abc'];
2.  listb = [9, 'man'];
3.  lista.extend(listb)
4.  print( "Extended List : ",  lista )
5.
6.  以上实例输出结果如下:
7.  ExtendedList :    [123, 'x', 'z', 'abc', 9, 'man']
```

（3）插入对象。

使用 insert( ) 函数可在指定位置插入对象。

例如：

```
1.  lista = [123, 'x', 'z', 'abc']
2.  lista.insert( 3, 9)
3.   print ("FinalList : ",  lista)
4.
5.  以上实例输出结果如下:
6.  FinalList : [123, 'x', 'z', 9, 'abc']
```

（4）按值删除对象。

使用 remove( ) 函数可删除指定值的对象，当有重复值时，删除第一个。

例如：

```
1.  lista = [123, 'x', 'z', 'abc']
2.  lista.remove(123)
3.   print ("FinalList : ",  lista)
4.
5.  以上实例输出结果如下:
6.  FinalList : [ 'x', 'z', 'abc']
```

（5）删除指定位置的对象。

使用 pop( ) 函数可删除指定位置的对象。

例如：

```
1.  lista = [123, 'x', 'z', 'abc']
2.  lista.pop(1)
3.   print ("FinalList : ",  lista)
4.
5.  以上实例输出结果如下:
6.  FinalList : [ 123, 'z', 'abc']
```

（6）删除列表指定的对象或分片。

使用 del( ) 函数可删除指定位置的对象或分片。

例如：

```
1.  lista = [123, 'x', 'z', 'abc']
2.  dellista(1: 3)
3.  print ("FinalList : ", lista)
4.
5.  以上实例输出结果如下：
6.  FinalList : [123]
```

（7）删除全部对象。

使用 clear( ) 函数可删除全部对象。

例如：

```
1.  lista = [123, 'x', 'z', 'abc']
2.  lista.clear()
3.  print ("FinalList : ", lista)
4.
5.  以上实例输出结果如下：
6.  FinalList : []
```

（8）复制列表。

使用 copy( ) 函数可复制列表对象。

例如：

```
1.  lista = [123, 'x', 'z', 'abc']
2.  listb = lista.copy()
3.  print ("FinalList : ", listb)
4.
5.  以上实例输出结果如下：
6.  FinalList : [123, 'x', 'z', 'abc']
```

（9）列表排序。

使用 sort( ) 函数可将列表对象进行排序。

例如：

```
1.  lista = [12, 40, 44, 8, 77]
2.  lista.sort()
3.  print ("FinalList : ", lista)
4.
5.  以上实例输出结果如下：
6.  FinalList : [8, 12, 40, 44, 77]
```

（10）列表倒转。

使用 reserse( ) 函数可将列表对象进行倒转。

例如：

```
1.  lista = [12, 40, 44, 8, 77]
2.  lista.reverse()
3.  print ("FinalList : ", lista)
```

4.
5. 以上实例输出结果如下：
6. FinalList：[77, 8, 44, 40, 12]

2.1.4 元组(tuple)

元组，可看作是不可变的列表，它同列表有很多相同的特点。元组常量用圆括号表示，例如：('a', 'b')，(1, 2)等。元组中可包含任意类型的对象，且其中的对象也可通过位置进行索引和切片。与列表不同的是，元组有序且元组内对象不可改变。

1. 创建元组

当一些值用逗号分隔，那么将自动创建元组。元组的基本形式为(a, b, c)，用空的圆括号即可创建一个空元组。例如：tup = ( )，这就是一个空元组。

常见的元组创建方式如下：

1. >>>tup1 = (1, 2, 3, 4)
2. >>>tup1
3. (1, 2, 3, 4)
4.
5. >>>tup2 = ('a', 'b', 'c', 'd')
6. >>>tup2
7. ('a', 'b', 'c', 'd')
8.
9. >>>tup3 = (['a', 'b'], ['c', 'd'])
10. >>>tup3
11. (['a', 'b'], ['c', 'd'])
12.
13. >>>tup4 = (2,)   #当元组内只存在一个值时，需要加逗号
14. >>>tup4
15. (2,)

2. 元组基本操作

元组的基本操作与列表类似，在此不再赘述，如表2-2所示。

表2-2 元组操作

操作	含义
<tup>[i]	索引
<tup>[i: j]	切片
<tup>[1]+<tup>[1]	合并
<tup> * n	重复
leg<tup>	长度
<expr>in<tup>	查找<tup>中是否存在<expr>
del<tup>	删除
max/min(<tup>)	返回元组中的最大值/最小值

3. 元组常用方法

（1）查找指定值重复的次数。

count（ ）函数可用于返回指定值在元组中出现的次数。

例如：

```
1.  tup1=(1, 3, 4, 6, 1, 2, 4, 5, 6, 7, 6, 3, 4, 5, 6)
2.  x=tup1.count(6)
3.  y=tup1.count(4)
4.  print ("number6: ", x)
5.  print ("number4: ", y)
6.
7.  以上实例输出结果如下：
8.  number6:  4
9.  number4:  3
```

（2）列表与元组的相互转换。

利用 tuple（ ）函数可将一个列表转换成一个元组，而通过 list（ ）函数可将一个元组转换成一个列表。

例如：

```
1.  tup1=(1, 3, 4)
2.  list1=[2, 2]
3.  x=list(tup1)           #将元组转换成列表
4.  y=tuple(list1)         #将列表转换成元组
5.  print ("x=", x)
6.  print ("y=", y)
7.
8.  以上实例输出结果如下：
9.  x=   [1, 3, 4]
10.   y=   (2, 2)
```

2.1.5　集合（set）　　>>>

集合是一个无序的不重复元素的序列。集合中的元素不会重复，并且可以进行交集、并集、差集等常见的集合操作。在 Python 中，可以使用花括号（ ｛ ｝）创建集合，元素之间用逗号（ , ）分隔，也可以使用 set（ ）函数创建集合。

由于集合是无序的，因此它不记录元素位置或插入点，不支持索引、切片等序列操作。

1. 集合的创建

常见的集合创建如下：

```
1.  >>>s1={1, 2, 3, 4}      #直接创建集合
2.  >>>s1
3.  {1, 2, 3, 4}
4.
```

```
5.   >>>s2=set([2, 3, 4])    #通过 set()函数从列表中创建集合
6.   >>>s2
7.   {2, 3, 4}
8.
9.   >>>s3=set(' abbcdef' )       #通过 set()函数将字符串转换成集合
10.  >>>s3
11.  {' a' , ' b' , ' c' , ' d' , ' e' , ' f' }     #只能保留一个重复值
```

2. 集合的基本操作

集合的基本操作包括删除、添加、更新、移除等，如表 2-3 所示。

表 2-3　集合基本操作

操作	说明
add( )	为集合添加元素
clear( )	移除集合中的所有元素
copy( )	拷贝一个集合
pop( )	随机移除元素
remove( )	移除指定元素（如果元素不存在，会发生错误）
update( )	更新集合
len( )	计算集合元素个数
discard( )	移除指定元素（如果元素不存在，不会发生错误）

3. 集合的其他操作

（1）交集。

利用 intersection( ) 函数可返回集合间的交集。

例如：

```
1.   x={"a", "b", "c"}
2.   y={"c", "d", "a"}
3.   z={"a", "g", "c"}
4.   result=x.intersection(y, z)       #在 y, z 上查找 x 的交集
5.   print("result=", result)
6.
7.   以上实例输出结果如下：
8.   result={' a' , ' c' }
```

（2）并集。

利用 union( ) 函数可返回集合的并集。

例如：

```
1.   x={"a", "b", "c"}
2.   y={"c", "d", "a"}
3.   z={"a", "g", "c"}
4.   result=x.union(y, z)       #集合 y, z 与 x 的并集
```

```
5.  print("result=", result)
6.
7.  以上实例输出结果如下:
8.  result={'d', 'a', 'b', 'c', 'g'}
```

（3）差集。

利用 different( ) 函数可返回集合间的差集。

例如:

```
返回一个集合, 元素包含在集合 x, 但不在集合 y
1.  x={1, 2, 3}
2.  y={2, 3, 4}
3.  z=x.difference(y)
4.  print("z=", z)
5.
6.  以上实例输出结果如下:
7.  z={1}
```

（4）对称差。

利用 symmertric_different( ) 函数可返回集合间的对称差。

例如:

```
1.  x={1, 2, 3}
2.  y={2, 3, 4}
3.  z=x.symmetric_different(y)
4.  print("z=", z)
5.
6.  以上实例输出结果如下:
7.  z={1, 4}
```

（5）issubset( ) 函数。

issubset( ) 函数用于判断集合的所有元素是否都包含在指定集合中, 若是, 则返回 True, 否则返回 False。

例如:

```
1.  x={"a", "b", "c"}
2.  y={"f", "e", "d", "c", "b", "a"}
3.  z=x.issubset(y)
4.  print(z)
5.
6.  以上实例输出结果如下:
7.  True
```

（6）isdisjoint( ) 函数。

isdisjoint( ) 函数用于判断两个集合是否包含相同的元素, 若没有, 则返回 True, 否则返回 False。

例如:

```
1.  x={"a", "b", "c"}
2.  y={"f", "e", "d", "c", "b", "a"}
```

```
3.  z=x.isdisjoint(y)
4.  print(z)
5.
6.  以上实例输出结果如下:
7.  False
```

（7）issuperset( )函数。

issuperset( )函数用于判断指定集合的所有元素是否都包含在原始的集合中，若是，则返回 True，否则返回 False。

例如：

```
1.  x={"a", "b", "c"}
2.  y={"f", "e", "d", "c", "b", "a"}
3.  z=x.issuperset(y)
4.  print(z)
5.
6.  以上实例输出结果如下:
7.  False
```

2.1.6　字典(dict)

字典是另一种可变容器模型，且可存储任意类型对象。它是一种无序的映射集合，包含一系列的"键：值"对。字典常量用花括号表示，空花括号代表空字典，不表示空集合。其格式如下所示：

$$d=\{key1：value1, key2：value2, key3：value3 \}$$

键必须是唯一的，但值则不必。值可以取任何数据类型，但键必须是不可变的，如字符串、数字等。

1. 创建字典

使用花括号({})或使用内置函数 dict( )来创建字典。

例如：

```
1.  >>>d1={}                #空字典
2.  >>>d1
3.  {}
4.
5.  >>>d2={'name':'jack','number':'11','fruit':'apple'}      #字典常量
6.  >>>d2
7.  {'name':'jack','number':'11','fruit':'apple'}
8.
9.  >>>d3={'1':'one','2':'two'}
10.  >>>d3
11.  {'1':'one','2':'two'}
12.
13.  >>>d4=dict([('1','one'),('2','two')])      #利用 dict()函数将使用赋值格式的键:值对创建字典
14.  >>>d4
```

```
15.  {' 1' : ' one' , ' 2' : ' two' }
16.
17.  >>>d5 = dict.fromkeys(' abc' , 2)          #利用 dict()函数将字符串和映射值创建字典
18.  >>>d5
19.  {' a' : 2, ' b' : 2, ' c' : 2}
20.
21.  >>>d6 = dict.fromkeys([' one' , ' two' ])        #无映射值，默认为 None
22.  >>>d6
23.  {' one' : None, ' two' : None}
```

2.字典的基本操作

字典的基本操作包括长度判断、关系判断、索引、删除、修改、复制等，如表 2-4 所示。

表 2-4　字典基本操作

操作	说明
len( )	长度，即键：值的个数
project indict	判断字典是否包含某个元素
dict[project]	索引
dict[project] = n	修改值
del dict.[project]	删除指定对象
clear( )	删除全部对象
copy( )	浅复制

3.更多操作

（1）get( )函数。

get( )函数用于返回键(key)映射的值，如果键不在字典中，则返回默认值，如果不指定默认值，则返回 None。

例如：

```
1.  d1 = {' Name' : ' jack' , ' Age' : 21}
2.  print ("Age : ", d1.get(' Age' ))
3.  print ("Sex : ", d1.get(' Sex' ))          #没有设置 Sex，也没有设置默认值，输出 None
4.  print (' lary: ', d1.get(' lary' , 0.0))        #没有设置 lary，输出默认值 0.0
5.
6.  以上实例输出结果如下：
7.  Age :    21
8.  Sex :    None
9.  lary:    0.0
```

（2）popitem（ ）函数。

Python 字典中的 popitem（ ）函数会随机返回并删除字典中的最后一对键和值。如果字典已经为空，却调用了此方法，就会抛出 KeyError 异常。

例如：

```
1.  site = {' name': ' jack'; ' one': ' 1'; ' website': ' pp' }
2.                              # (' website': ' pp')最后插入会被删除
3.  result = site.popitem()
4.  print(' 返回值 1=', result)
5.  print(' site1=', site)
6.
7.  site[' number' ] =' five'          #插入新元素
8.  print(' site=', site)             #现在 ([' number', ' five') 是最后插入的元素
9.  result = site.popitem()
10.  print(' 返回值 2=', result)
11.  print(' site2=', site)
12.
13.  以上实例输出结果如下：
14.  返回值 1=    (' website', ' pp')
15.  site1=    {' name': ' jack', ' one': ' 1' }
16.  site=    {' name': ' jack', ' one': ' 1', ' number': ' five' }
17.  返回值 2=    (' number', ' five')
18.  site2=    {' name': ' jack', ' one': ' 1' }
```

（3）setdefault（ ）函数。

Python 字典 setdefault（ ）函数和 get（ ）函数类似，主要区别在于当查找的键值（key）不存在的时候，setdefault（ ）函数会返回默认值并更新字典，添加键值；而 get（ ）函数只返回默认值，并不改变原字典。

例如：

```
1.  d1 = {' Name': ' jack', ' Age': 11}
2.  print ("Age 键的值为：% s" %   d1.setdefault(' Age', None))
3.  print ("max 键的值为：% s" %   d1.setdefault(' max', None))
4.  print ("新字典为：", d1)
5.  以上实例输出结果如下：
6.  Age 键的值为：11
7.  max 键的值为：None
8.  新字典为：{' Name': ' jack', ' Age': 11, ' max': None}
```

4. 字典视图

字典的 item（ ）函数、keys（ ）函数、values（ ）函数可用于返回字典键值对的视图对象。视图对象支持迭代操作，不支持索引，其可反映未来对字典的修改。通常可用 list（ ）函数将视图对象转换为列表。

（1）item（ ）函数。

以下实例展示了 items（ ）函数的使用方法。

例如：

```
1.  dict1 = {' Name' : ' jack' , ' Age' : 11}
2.  print ("Value : % s" %   dict1.items())
3.  for i, j in dict1.items():                #遍历
4.  print(i, ": ", j)
5.
6.  以上实例输出结果如下：
7.  Value : dict_items([(' Name' , ' jack' ), (' Age' , 11)])
8.  Name : jack
9.  Age : 11
```

（2）keys（）函数。

keys（）函数用于返回字典中所有键的视图。

例如：

```
1.  dict1 = {' Name' : ' jack' , ' Age' : 11, ' number' : 12, ' quantity' : 13}
2.  x = dict1.keys()
3.  print ("x=", x)
4.  dict1[' amount' ] = 14
5.  y = dict1.keys()
6.  print ("y=", y)
7.
8.  以上实例输出结果如下：
9.  x = dict_keys([' Name' , ' Age' , ' number' , ' quantity' ])
10.   y = dict_keys([' Name' , ' Age' , ' number' , ' quantity' , ' amount' ])
```

（3）values（）函数。

例如：

```
1.  dict1 = {' Name' : ' jack' , ' Age' : 11, ' number' : 12, ' quantity' : 13}
2.  x = dict1.values()
3.  print ("x=", x)
4.  dict1[' amount' ] = 14
5.  y = dict1.values()
6.  print ("y=", y)
7.
8.  以上实例输出结果如下：
9.  x = dict_values([' jack' , 11, 12, 13])
10.   y = dict_values([' jack' , 11, 12, 13, 14])
```

2.2　变量与赋值语句

2.2.1　变量

1. 变量的定义

变量的定义是通过对变量第一次赋值开始的，在 Python 中不需要变量定义语句。

例如：

```
1.  >>> x=1                  #对 x 第一次赋值
2.  >>> x
3.  1
4.  >>> x=2                  #对 x 第二次赋值，也就是修改 x 的值
5.  >>> x
6.  2
7.
8.  >>> del x                #删除变量
9.  >>> x
10. Traceback (most recent call last):
11.   File "<pyshell#19>", line 1, in <module>
12.     x
13. NameError: name ' x' is not defined
```

变量必须先进行定义后才能使用。在 Python 中，一个变量可以被先后赋予不同类型的值，用于前后两种类型的计算。如刚开始可以赋值整数 5 给 x，后面又可赋值复数 5+4j 给 x。

2. 变量的删除及回收

在 Python 中，可以用 del 语句删除一个对象，删除后，将无法访问这个对象，因为该对象已经不存在。当然也可以通过再次赋值来重新定义该变量。

除此之外，Python 还具有垃圾回收机制，即当一个对象并无任何引用后，其占用的内存空间会被自动回收。Python 为每一个对象都创建了一个计数器，当计数器为 0，也就是对象并没有被使用时，其会自动删除该对象，占用的内存也会被回收。

3. 变量的引用

Python 中，变量的实质是引用，比如 1 和 2 被存储在不同的区域，当修改某一个变量的值时，其实际上是内存地址的变动，如先赋值 1 给变量 x，1 在其中的一个内存地址上。当我们重新赋值 2 给变量 x 时，2 存在于另一个内存地址上，变量只是将 1 的内存地址改成 2 的内存地址。故而变量 x 实际上是通过地址访问数据的。

Python 中，可以通过 id( ) 函数显示变量引用的内存地址，使用运算符 is 能判断两个变量是否引用了同一个对象。

例如：

```
1.  >>> x=3
2.  >>> id(x)
3.  122334444        #x 引用的第一个内存地址
4.  >>> x=4
5.
6.  >>> id(x)
7.  232367221        #x 引用的第二个内存地址
8.
9.  >>> x=3
10. >>> y=3
```

```
11.   >>> x==y              #判断两个变量是否引用同一个内存地址
12.   True
```

4.变量类型转换

Python 提供内置函数以转换目标类型。

（1）int（　）函数，将其他类型的数据转换成整型。

例如：

```
1.    >>>int(3)
2.    3
3.
4.    >>>int(3.1)
5.    3
6.
7.    >>> int('12', 16)        #如果带参数 base，12 要以字符串的形式进行输入，12 为 16 进制
8.    18
9.
10.   >>> int('0xa', 16)
11.   10
12.
13.   >>>int('10', 8)
14.   8
15.
16.   >>> int(True)          #True 值为 1
17.   1
```

（2）float（　）函数，将其他类型的数据转换成浮点型。

例如：

```
1.    >>>float(1)
2.    1.0
3.
4.    >>>float(12)
5.    12.0
6.
7.     >>>float(- 13.7)
8.    - 13.7
9.
10.   >>>float('123')
11.    123.0
```

（3）str（　）函数，将其他类型的数据转换成字符串。

例如：

```
1.    >>>s=' RUNOOB'
2.    >>> str(s)
3.    'RUNOOB'
4.
5.    >>>dict={'book' : 'book.com' , 'crime' : 'crime.com'};
```

```
6.  >>> str(dict)
7.  "{' book' : ' book.com' , ' crime' : ' crime.com' }"
```

（4）round（ ）函数，将浮点型数据圆整成整型。

例如：

```
1.  >>>round(2.2)      #向下圆整
2.  2
3.
4.  >>>round(2.8)      #向上圆整
5.  3
```

（5）bool（ ）函数，将其他类型的数据转换成布尔类型。

例如：

```
1.  >>>bool(1)
2.  True
3.
4.  >>>bool(0)
5.  False
6.
7.  >>>bool(' a' )          #非空字符布尔值为1，空字符布尔值为0
8.  True
```

（6）chr（ ）函数和 ord（ ）函数，chr（ ）函数将整数按照 ASCII 码转换成字符串，而 ord（ ）函数将字符转换成对应的 ASCII 码或 Unicode 值。

例如：

```
1.  >>> chr(0x30), chr(0x31), chr(0x61)        #十六进制
2.  0 1 a
3.
4.  >>> chr(48), chr(49), chr(97)              #十进制
5.  0 1 a
6.
7.  >>>ord(' a' )
8.  97
9.
10.  >>>ord(' b' )
11.  98
12.
13.  >>>ord(' 字' )
14.  23383
```

2.2.2　赋值语句　　　　　　　　　　　　　　　　　　　>>>

1.简单赋值

简单赋值用于对一个变量建立对象引用，例如：

$$x = 100$$

2. 多目标赋值

多目标赋值指用连续的多个等号为变量赋值，例如：

$$x = y = z = 100$$

在这种情况下，对象 100 只有一个内存，只是被引用了 3 次。

3. 序列赋值

等号左侧为元组、列表表示的多个变量名，右侧为元组、列表、字符串等序列表示的值时，该变量赋值被称为序列赋值。序列赋值可以一次性给多个变量赋值，Python 会按顺序匹配变量名和值。

例如：

```
1.  >>>(x, y) =(1, 2)      #元组赋值
2.  >>>x, y
3.  (1, 2)
4.
5.  >>>[x, y] =[1, 'a']      #列表赋值
6.  >>>x, y
7.  [1, 'a']
```

当等号右侧是字符串时，Python 会将字符串分解成单个字符，依次赋值给各个变量。

例如：

```
1.  >>>[x, y, z] =' abc'
2.  >>>x, y, z
3.  ['a', 'b', 'c']
```

在变量前添加 ＊ 时，可为变量创建列表对象的引用。此时，不带 ＊ 只匹配一个值，剩余的值作为列表对象。

例如：

```
1.  >>>x, ＊ y =' abc'
2.  >>>x, ＊ y
3.  ('a', ['b', 'c'])
4.
5.  >>>x, ＊ y, z =' abcde'
6.  >>>x, ＊ y, z
7.  ('a', ['b', 'c', 'd'], 'e')
```

4. 增强赋值

增强赋值是指运算符和赋值相结合的赋值语句。

例如：

```
1.  >>>x =2
2.  >>>x+=8       #增强赋值，相当于 x =x+8
3.  >>>x
4.  10
```

常见的增强赋值运算符如下：+＝、−＝、|＝、^＝、*＝、*＊＝、>>＝、<<＝、//＝、&＝、/＝、%＝。

2.3 运算和表达式

2.3.1 运算符

Python 具有大量的运算符，常见的有算术运算符、关系运算符、逻辑运算符、赋值运算符、字符串运算符等。通过运算符和操作量以及一定的逻辑，就可以形成表达式。根据运算符的不同分类，表达式可分为算术表达式、赋值表达式、逻辑表达式、关系表达式、字符串表达式等。若存在多种运算符混合运算，则形成了复合表达式，其运算需遵守运算符的优先级和结合性。当表达式中有圆括号时，其运算顺序也会改变。

1. 算术运算符

算术运算符有+（加）、−（减）、*（乘）、/（真除法）、//（求整商）、%（取模）、*＊（幂）。

例如：

```
1.  >>> a=2
2.  >>> b=3
3.  >>> c=a+b
4.  >>> c
5.  5
```

2. 关系运算符

关系运算符也称为比较运算符，可以对两个数值类型或字符串类型数据进行大小比较，根据表达式值的真假返回布尔值。关系运算符有<（小于）、<＝（小于或等于）、>（大于）、>＝（大于或等于）、＝＝（等于）、！＝（不等于），如表 2-5 所示。

表 2-5 关系运算符

运算符	描述	实例
<	小于	1<3 返回 Ture，3<1 返回 False
<=	小于或等于	1<=3 返回 Ture，3<=1 返回 False
>	大于	3>1 返回 Ture，2>3 返回 False
>=	等于或大于	3>=1 返回 Ture，2>=3 返回 False
==	等于	2==3 返回 False，2==2 返回 Ture
！=	不等于	2！=2 返回 False，2！=6 返回 Ture

3. 测试运算符

测试运算符有 in、not in、is、is not。测试运算符也是根据表达式值的真假返回布尔值。

（1）成员测试运算符 in 和 not in，测试一个对象是否是另一个对象的成员，返回布尔值 Ture 或 False。当运算符左侧的对象是右侧对象的成员时，用 in 的表达式返回 True，而用 not in 的表达式返回 False；同样，当运算符左侧对象不是右侧对象的成员时，用 in 的表达式返回 False，而用 not in 的表达式返回 Ture。

例如：

```
1.  >>> a=[1, 2, 3]
2.  >>> 5 in a
3.  False
4.
5.  >>> 5 not in a
6.  True
7.
8.  >>> 2 in a
9.  True
10.
11.  >>> 2 not in a
12.  False
```

（2）同一性测试运算符 is 和 is not，测试是否为同一个对象或内存地址是否相同，返回 Ture 或 False。当运算符两侧是同一个对象时，用 is 的表达式返回 Ture，而用 is not 的表达式返回 False；同样，当运算符两侧不是同一个对象时，用 is 的表达式返回 False，而用 is not 的表达式返回 Ture。

例如：

```
1.  >>> x=[1, 2, 3]
2.  >>> y=[1, 2, 3]
3.  >>> x is y
4.  False
5.
6.  >>> x is not y
7.  True
8.
9.  >>> x==y
10.  True
```

以上代码中，x、y 相等，但并非同一个对象。请注意，是否相等只是判断对象里包含的值是否相同，是否为同一个对象指的是是否指向同一个对象，如果指向同一个对象，则内存地址应该相同。

4. 逻辑运算符

逻辑运算符有 and（与）、or（或）、not（非）。通过逻辑运算符可以将任意表达式连接在一起。逻辑运算符如表 2-6 所示。

表 2-6　逻辑运算符

运算符	描述	例子
and	逻辑与运算符。只有两个操作数为真，结果才为真	Ture and Ture 返回 True
or	逻辑或运算符。只要有一个操作数为真，结果就为真	False or False 返回 False
not	逻辑非运算符。单目运算符，反转操作数的逻辑状态	not Ture 返回 False

or 是一个短路运算符，如果左操作数为 True，则跳过右操作数的计算，直接得出结果为 True，只有在左操作数为 False 时才会计算右操作数的值。

and 也是一个短路运算符，如果左操作数为 False，则跳过右操作数计算，直接得出结果为 False，只有在左操作数为 True 时才会计算右操作数的值。

例如：

```
1.  >>>a, b, c=1, 2, 3
2.  >>> a==1 or b==3 and c==2
3.  True
```

2.3.2　复合赋值运算符

变量的值经常被用于表达式中进行计算，计算结束后可能需要将结果赋值给该变量。如 $x=x+1$ 表示赋值符号右边取变量 x 的原值，然后加 1，再重新赋值给变量 x。在 Python 中，这个语句也可以写成 $x+=1$。同样地，$x=x+y$ 也可以写成 $x+=y$。运算符+与=共同构成一个复合赋值运算符，有些书中也称其为增强型赋值运算符。

算术运算符+、-、*、/、//、% 和 ** 均可以与=构成复合赋值运算符，这些运算符和赋值符号之间不能有空格。复合赋值运算符及其实例，如表 2-7 所示。

表 2-7　复合赋值运算

复合赋值运算符	实例	实例的等价表达式
+=	x+=y	x=x+y
-=	x-=y	x=x-y
*=	x*=y	x=x*y
/=	x/=y	x=x/y
//=	x//=y	x=x//y
%=	x%=y	x=x%y
**=	x**=y	x=x**y

例如：

```
1.  >>>a, b=3, 5
2.  >>> a+=b
3.  >>> a
4.  8
```

以上代码中，a+=b 相当于 a=a+b，表示将左操作数加上右操作数再赋值给左操作数，其他复合赋值运算符的功能类似。

2.3.3　表达式

表达式由运算符和参与运算的数(操作数)组成。操作数可以是常量、变量，也可以是函数的返回值。

很多运算对操作数的类型都有要求，例如，加法(+)要求两个操作数类型一致，当操作数类型不一致时，可能需要隐式类型转换。

例如：

```
1.  >>>x, y=1, 1.5
2.  >>> a=x+y
3.  >>> a
4.  2.5
```

差别较大的数据类型之间可能不会进行隐式类型转换，而需要进行显式类型转换。

例如：

```
1.  '1'+1
2.  Traceback (most recent call last):
3.    File "<pyshell#3>", line 1, in <module>
4.      '1'+1
5.  TypeError: can only concatenate str (not "int") to str
```

字符'1'与数字 1 数据类型相差太大，并不会进行隐式类型转换，需要进行显式类型转换。

例如：

```
1.  >>>int('1')+1
2.  2
3.  >>> '1'+str(1)
4.  '11'
```

常见的运算符的优先级按照从低到高的顺序排列(同一行优先级相同)如下：

逻辑"或"：or

逻辑"与"：and

逻辑"非"：not

赋值和复合赋值：=，+=，-=，*=，/=，//=，%=，**=

关系：>，>=，<，<=，==，!=，is，is not

加减：+，-

乘除：*，/，//，%

单目+，单目-

幂：**

索引：[ ]

表达式结果类型由操作数和运算符共同决定。

2.4 常见内置函数

Python 内置函数就是 Python 提供给用户直接拿来使用的所有函数，这些内置函数不需要额外导入任何模板就可以直接使用。这些函数通常进行了优化，运行速度相对较快。如可以使用内置函数 dir() 函数查看所有的内置函数和内置对象，还可以通过 help() 函数查看某个函数的具体用法，如表 2-8 所示。

表 2-8　Python 常用内置函数

函数名	函数功能
abs(x)	返回 x 的绝对值
all(s)	如果可迭代的 s 中的任意值都为 ture，则返回 ture
any(s)	如果可迭代的 s 中的任意值为 ture，则返回 ture
divmod(x, y)	返回整除的商和余数构成的元组
eval(s[, globals[, locals]])	计算字符串中表达式的值并返回
help(obj)	返回对象 obj 的帮助信息
id(obj)	返回对象 obj 的标识(内存地址)
input(prompt=None, /)	显示提示信息，接收键盘输入，返回键盘输入的字符串
len(obj)	返回对象 obj(如列表、元组、字典、字符串、集合、range 等对象)中的元素的个数
max(x[, y, z, …]) min(x[, y, z, …])	返回给定参数的最大值、最小值，参数可以为可迭代对象
pow(x, y[, z])	pow() 函数返回以 x 为底，y 为指数的幂。如果给出 z 值，则该函数就计算 x 的 y 次幂值被 z 取模的值
type(obj)	返回对象 obj 的数据类型
chr(i)	返回 Unicode 编码为 i 所对应的字符，$0<=i<=0x10ffff$
bin(x)	将十进制整数 x 转换为二进制串
oct(x)	把十进制整数 x 转换成八进制串
hex(x)	把十进制整数 x 转换成十六进制串
ord(x)	返回一个字符的 Unicode 编码

2.5 格式化输出

在 Python 中，可以使用 print() 函数配合字符串格式化操作来格式化输出。有多种方式可以实现字符串格式化，下面将介绍常见的三种方法。

1. 使用运算符%进行格式化输出

这是 Python 中传统的格式化输出方式，它的工作原理类似于 C 语言中的 printf 函数。在这种方法中，可以使用不同的格式化代码来指定输出的格式。例如，%d 用于输出整数，%f 用于输出浮点数等。也可以通过在格式化代码后面加上数字来指定字段宽度和精度。例如，%-10s 表示字符串左对齐，总宽度为 10 个字符；%2f 表示保留两位小数的浮点数。

2. 使用 format( ) 函数进行格式化输出

这是一种现代的格式化输出方法，它是在 Python2.6 中引入的。这种方法使用大括号（{}）作为占位符，并通过 format( ) 函数来替换这些占位符。可以通过在大括号内添加索引来指定参数的顺序，或者使用关键参数来指定参数的名字。例如，{0：<10=}表示字符串左对齐，总宽度为 10 个字符；{1：2f}表示保留两位小数的浮点数。

3. 使用 f-string 进行格式化输出

这是 Python3.6 中引入的一种新的格式化输出方法。f-string 是一种特殊的字符串文字，它以 f 或 F 开头，可以在字符串中嵌入表达式，这些表达式会被计算，并将其结果转换为字符串。可以通过在表达式中加上花括号来指定格式化选项。例如，{name：<10}表示字符串左对齐，总宽度为 10 个字符；{price：2f}表示保留两位小数的浮点数。

以上就是 Python 格式化输出的主要方法，用户可以根据自己的需求和 Python 的版本选择合适的方法。

2.6　注释和帮助

>>>

2.6.1　注释

>>>

在编写程序的过程中，程序员为了理清思路，通常会在程序编辑器中用自然语言书写文本。这些文本不是程序代码，不能被执行。因此，在编写时需要用一定的方式告诉编译器或者解析器哪些内容不是程序代码，以免引起编译错误。这就是注释的功能。注释可以提高代码的可读性和可维护性，对于团队协作和未来维护尤为重要。以下是 Python 中常用的注释方法。

1. 单行注释

在 Python 中，单行注释是最基本的注释形式，以井号（#）开头，表示从井号开始到行末的所有内容都为注释。因此，井号被称为单行注释符。

例如：

```
1.  >>> a="12"
2.  >>> b="34"
3.  >>> c=a+b#加号用于连接两个字符串
```

```
4.  >>>c
5.  '1234'
```

这个程序中，#后面的内容"加号用于连接两个字符串"并没有被程序执行，而是被程序忽略了。

2. 多行注释

多行注释以一对三引号为边界，位于两个三引号之间，可以跨越多行。这里的三引号可以是三个单引号或者三个双引号。但是开始边界符必须与结束边界符一致。这里的引号是指英文输入法下的引号。

2.6.2 帮助 >>>

如果用户在 Python 学习过程中遇到问题，可以在以下渠道获取帮助。

（1）Python 官方文档：文档全面详尽，涵盖语法、内置函数等内容，是解决问题的第一手资料。

（2）Srack Overflow：国外著名的程序员问答社区，里面包含了大量关于 Python 问题的讨论。

（3）社区论坛：如 CSDN、知乎等都有 Python 版块，可以在这里发帖提问。

（4）Python 中文文档：一些中文网站翻译的 Python 文档也很有用，如 Python 教程网。

（5）搜索引擎：在搜索引擎上搜索问题关键词，也能找到很多相关内容。

智慧启思

技术背后的责任与人文关怀

认知拓展

实践创新

思考题

一、选择题

1. 下列运算符优先级别最高的是(　　)。

A. +　　　　　　　　　　　B. and

C. or　　　　　　　　　　　D. ==

2. 若 list1 = [1, 2, 3, 4], 当执行 list1. insert(-1, 2)时, 输出 list1 的值为(　　)。

A. [1, 2, 2, 3, 4]　　　　　　B. [2, 1, 2, 3, 4]

C. [1, 2, 3, 4, 2]　　　　　　D. [1, 2, 3, 2, 4]

3. 下面选项中, (　　)是 Python 中的可更改数据类型。

A. 字符串　　　　　　　　　B. 元组

C. 列表　　　　　　　　　　D. 数字

二、填空题

1. Python 的数值类型有 4 种, 分别为 _____ 、_____ 、_____ 、_____ 。

2. a ＊＊＝b 等价于 _____ 。

3. 计算:2＋3＊＊2(1＋3%3)/3＝ _____ 。

三、程序编写

1. 输入圆的半径(20～30 cm), 顺序输出全部圆的周长及面积。

2. 输入学生的姓名和成绩, 输出姓名作为键, 成绩作为值的字典。

参考答案

第 3 章

Python 进阶

AI微课

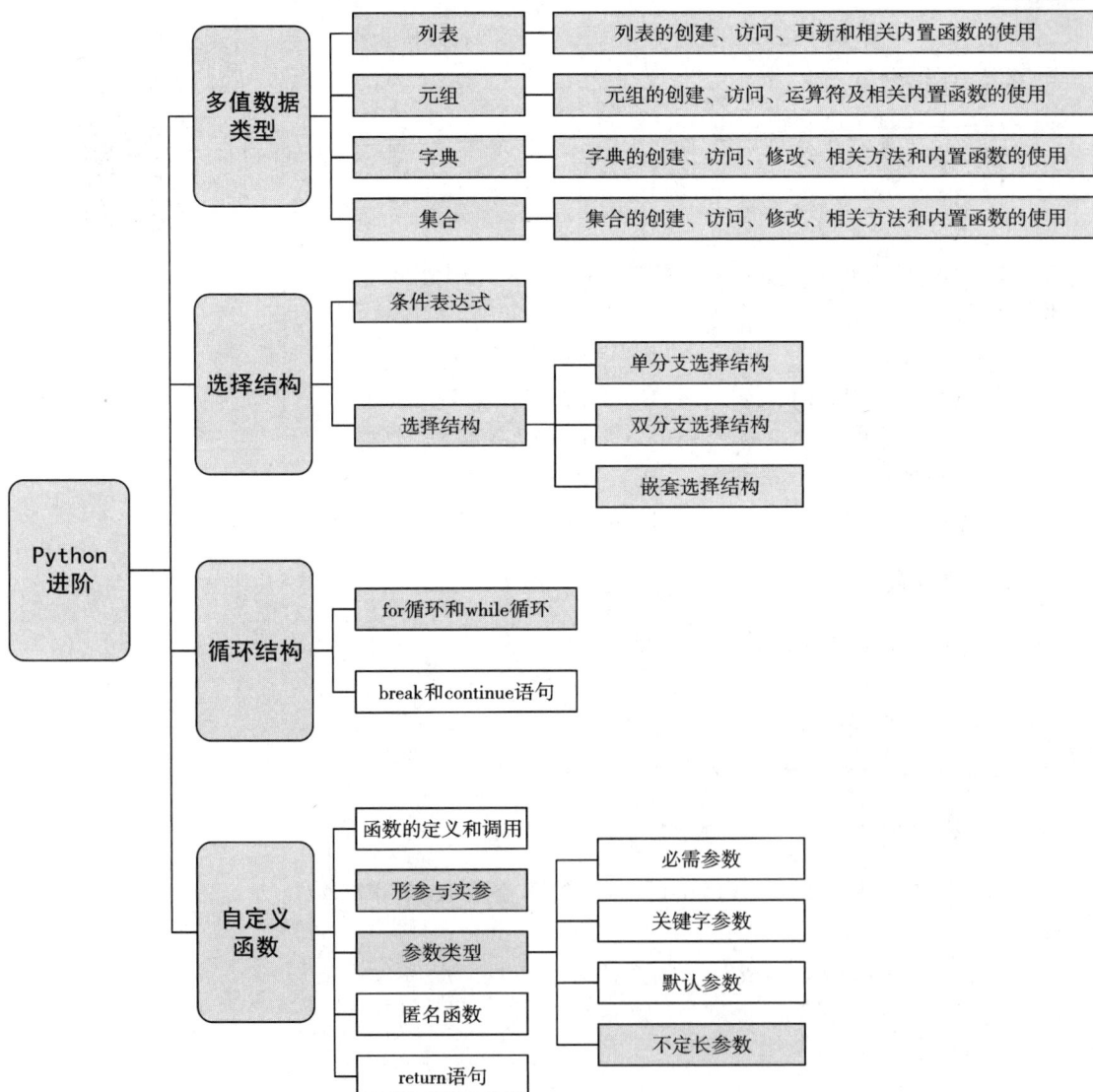

在学习完 Python 的基本语法之后，将继续介绍 Python 的进阶知识，进一步加深对 Python 知识的了解。

本章主要介绍多值数据类型、选择结构、循环结构和自定义函数，最后结合几个实例将本章所学知识进行综合演练。

3.1　多值数据类型

在 Python 中，多值数据类型主要是指容器类型，如列表(list)、元组(tuple)、集合(set) 和字典(dict)。

3.1.1　列表

列表是 Python 的内置可变序列，是包含若干元素的有序连续内存空间。在形式上，列表的所有元素放在一对方括号([ ])中，相邻元素之间使用逗号分隔。

例如：

```
1.  >>> list1 = [1, 2, 3, 4, 5]
2.  >>> list2 = ['red', 'green', 'blue', 'yellow', 'white', 'black']
```

在 Python 中，同一个列表中元素的类型可以不相同，可以同时包含整数、浮点数、字符串等基本类型，也可以是列表、元组、字典、集合以及其他自定义类型的对象。

例如：

```
3.  >>> list3 = ['hello', 'world', 2024]
4.  >>> list4 = [['file1', 200, 7], ['file2', 260, 9]]
```

也可以使用 list( ) 函数将元组、range 对象、字符串或其他类型的可迭代对象类型的数据转换为列表。

例如：

```
1.  <<<list5 = list((3, 5, 7, 9, 11))
2.  <<<list6 = list('hello world')
```

1. 访问列表

列表索引从 0 开始，第二个索引是 1，以此类推。通过索引列表可以进行截取、组合等操作，图 3-1 所示为列表的内部结构。

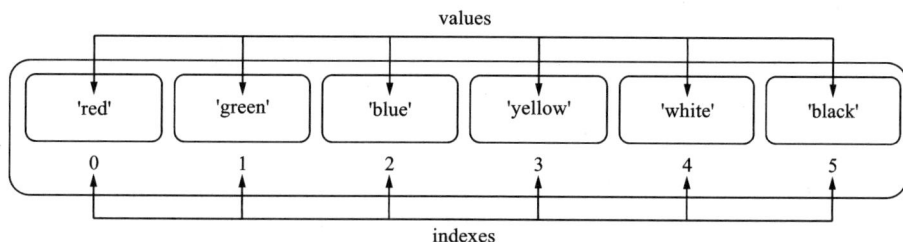

图 3-1　列表数据结构示意图(正向索引)

索引也可以从尾部开始,最后一个元素的索引为-1,前一位为-2,以此类推,如图3-2所示。

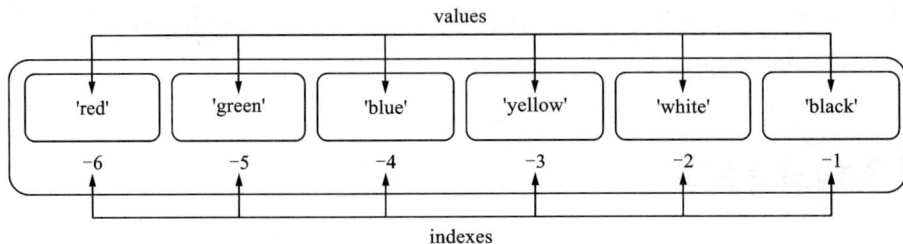

图 3-2　列表数据结构示意图(反向索引)

```
1. <<<list=[' red', ' green', ' blue', ' yellow', ' white', ' black' ]
2. <<<list[1]
3. green
4. <<<list[-1]
5. black
```

切片是 Python 中有序序列的重要操作之一,适用于列表、元组、字符串、range 对象等类型。切片操作语法格式:[start: stop: step]。其中第一个数字表示切片开始位置(默认为 0),第二个数字表示切片截止(但不包含)位置(默认为列表长度),第三个数字表示切片的步长(默认为 1),当步长省略时可以省略最后一个冒号。

例如:

```
1. >>>list1=[3, 4, 5, 6, 7, 9, 11, 13, 15, 17]
2. >>>list1[: ]
3. [3, 4, 5, 6, 7, 9, 11, 13, 15, 17]
4. >>>list1[: : -1]            #步长为负数,从右往左切片
5. [17, 15, 13, 11, 9, 7, 6, 5, 4, 3]
6. >>>list1[: : 2]             #隔一个元素取一个元素
7. [3, 5, 7, 11, 15]
```

2.更新列表

(1)使用运算符+将元素添加到列表中。

例如:

```
1. >>> list1=[3, 4, 5]
2. >>> list2=list1+[7]
3. >>> list2
4. [3, 4, 5, 7]
```

使用列表对象的 append( )方法,原地修改列表,速度较快,是真正意义上的在列表尾部添加元素,也是推荐使用的方法。

例如:

```
1. >>>list2.append(9)
2. >>>list2
3. [3, 4, 5, 7, 9]
```

（2）使用列表对象的 extend（ ）方法可以将另一个迭代对象的所有元素添加至该列表对象的尾部。

例如：

```
1.  >>> list2.extend([8, 10])
2.  >>> list2
3.  [3, 4, 5, 7, 9, 8, 10]
```

（3）使用列表对象的 insert（ ）方法将元素添加到列表的指定位置。

例如：

```
1.  >>> list2.insert(3, 6)
2.  >>> list2
3.  [3, 4, 5, 6, 7, 9, 8, 10]
```

（4）使用乘法来扩展列表对象，将列表与整数相乘，生成一个新列表，新列表是原列表中元素的重复。

例如：

```
1.  >>> list1 = [3, 5, 7]
2.  >>> list1* 3                    #得到新列表
3.  [3, 5, 7, 3, 5, 7, 3, 5, 7]
```

3. 列表元素的删除

（1）使用 del 命令删除列表中指定位置的元素。

例如：

```
1.  >>> list1 = [3, 5, 7, 9, 11]
2.  >>> del list1[1]
3.  >>> list1
4.  [3, 7, 9, 11]
```

（2）使用列表的 pop（ ）方法删除并返回指定（默认为最后一个）位置上的元素，如果给定的索引超出列表的范围，则抛出异常。

例如：

```
1.  >>> list1 = list((3, 5, 7, 9, 11))
2.  >>> list1.pop()
3.  11
4.  >>> list1
5.  [3, 5, 7, 9]
6.  >>>list1.pop(1)
7.  5
8.  >>> list1
9.  [3, 7, 9]
```

（3）使用列表对象的 remove（ ）方法删除首次出现的指定元素，如果列表中不存在要删除的元素，则抛出异常。

例如：

```
1.>>> list1 = [3, 5, 7, 9, 7, 11]
```

```
2.  >>> list1.remove(7)          #删除第一个 7
3.  >>> list1
4.  [3, 5, 9, 7, 11]
```

4. 用于列表操作的常用内置函数

很多 Python 内置函数可以作用于列表，本节简单介绍其中一部分。

（1）all( )和 any( )：all( )函数用来测试列表、元组等序列对象以及 map 对象、zip 对象等类似对象中是否所有元素都等价于 True，any( )函数用来测试序列或可迭代对象中是否存在等价于 True 的元素。

例如：

```
1.  >>>all([1, 2, 3])
2.  True
3.  >>>all([0, 1, 2, 3])
4.  False
5.  >>>any([0, 1, 2, 3])
6.  True
7.  >>>any([0])
8.  False
```

（2）len(列表)：返回列表中的元素个数，同样适用于元组、字典、集合、字符串、range 对象。

（3）max(列表)、min(列表)：返回列表中的最大或最小元素，同样适用于元组、字符串、集合、range 对象、字典等，要求所有元素之间可以进行大小比较。这两个函数支持使用 key 参数指定排序规则，这个用法会在后面章节中根据内容组织的需要进行演示。

（4）sum(列表)：对数值型列表的元素进行求和运算，对非数值型列表运算则需要指定第二个参数，同样适用于元组、集合、range 对象、字典以及 map 对象、filter 对象等。

例如：

```
1.  >>>a={1: 1, 2: 5, 3: 8}
2.  >>> sum(a)                   #对字典的"键"进行求和
3.  6
4.  >>>sum(a. values())
5.  14
6.  >>> sum([[1], [2]], [])      #元素不是数值时需要指定第二个参数
7.  [1, 2]
```

（5）zip(列表 1，列表 2，…)：将多个列表或元组对应位置的元素组合为元组，并返回包含这些元组的 zip 对象。

例如：

```
1.  >>>aList=[1, 2, 3]
2.  >>>bList=[4, 5, 6]
3.  >>>cList=zip(a, b)           #返回可迭代的 zip 对象
4.  >>>cList
5.  < zip object at 0x0000000003728908>
6.  >>> list(cList)              #可以转换为列表或使用 for 循环遍历
```

7.　[(1, 4), (2, 5), (3, 6)]

（6）enumerate（列表）：枚举列表、字典、元组或字符串中的元素，返回枚举对象，枚举对象中的元素是包含下标和元素值的元组。该函数对字符串、字典同样有效。

例如：

```
1.  >>> for index, ch in enumerate(' SDIBT' ):
2.  print((index, ch), end=', ' )
3.  (0, 'S' ), (1, 'D' ), (2, 'I' ), (3, 'B' ), (4, 'T' ),
```

3.1.2　元组

元组可以看作轻量级列表，属于不可变序列，元组中的数据一旦定义就不允许通过任何方式更改。因此，元组没有提供 append( )、extend( ) 和 insert( ) 等方法，无法向元组中添加元素；同样，元组没有 remove( ) 和 pop( ) 方法，也不支持对元组元素进行 del 操作，不能从元组中删除元素，只能使用 del 命令删除整个元组。元组也支持切片操作，但是只能通过切片来访问元组中的元素，而不支持使用切片来修改元组中元素的值，也不支持使用切片操作来为元组增加或删除元素。

元组的形式与列表相似，区别在于元组的所有元素放在一对圆括号(( ))中，而不是方括号([ ])中。

1. 元组创建

创建元组很简单，只需要在括号中添加元素，并使用逗号隔开即可。使用" = "将一个元组赋值给变量，就可以创建一个元组变量。

例如：

```
1.  >>> tup1=(' Google' , ' Runoob' , 1997, 2000)
2.  >>> tup2=(1, 2, 3, 4, 5 )
3.  >>> tup3="a", "b", "c", "d"        #不使用括号也可以
4.  >>> type(tup3)
5.  <class ' tuple' >
```

创建空元组。

```
1.  >>>tup1=()
```

元组中只包含一个元素时，需要在元素后面添加逗号(,)，否则括号会被当作运算符使用。

例如：

```
1.  >>> tup1=(50)
2.  >>> type(tup1)        #不加逗号，类型为整型
3.  <class ' int' >
4.  >>> tup1=(50, )
5.  >>> type(tup1)        #加上逗号，类型为元组
6.  <class ' tuple' >
```

2. 访问元组

元组可以使用正向、反向的下标索引来访问元组中的值，也可以如列表一样对元组进行切片访问。

例如：

```
1.  >>>tup1 =('Hello', 'My', 'World', 2024)
2.  >>>tup2=(1, 2, 3, 4, 5, 6, 7)
3.  >>>tup1[2]
4.  World
5.  >>>tup2[1: 5]
6.  (2, 3, 4, 5)
```

3. 元组运算符

与字符串一样，元组之间也可以使用+、+＝和＊进行运算。这就意味着它可以组合和复制，运算后会生成一个新的元组。

例如：

```
1.  >>> a=(1, 2, 3)
2.  >>> b=(4, 5, 6)
3.  >>> c=a+b
4.  >>> c
5.  (1, 2, 3, 4, 5, 6)
6.  >>> a+=b
7.  >>> a
8.  (1, 2, 3, 4, 5, 6)
9.  >>> a=('Hi!', ) * 4
10.  >>> a
11.  ('Hi!', 'Hi!', 'Hi!', 'Hi!')
```

4. 元组内置函数

元组的内置函数包括 len( )、max( )、min( )等，可以求取元组的长度、最大值、最小值等。

5. 元组的序列解包

在实际开发中，序列解包是非常重要和常用的一个用法，大幅度提高了代码的可读性，并且减少了程序员的代码输入量。例如，可以使用序列解包功能对多个变量同时进行赋值。

例如：

```
1.  >>>x, y, z=1, 2, 3
2.  >>>v_tuple=(False, 3.5, 'exp')
3.  >>>(x, y, z)=v_tuple
4.  >>>x, y, z=v_tuple                    #与上一行代码等价
```

序列解包也可以用于列表和字典，但是对字典使用时，默认是对字典"键"操作，如果需要对"键：值"对操作，需要使用字典的 items( )方法说明，如果需要对字典"值"操作，则需要使用字典的 values( )方法。对字典进行操作时，不需要考虑过多元素的顺序。

例如：

```
1.   >>>a=[1, 2, 3]
2.   >>>b, c, d=a
3.   >>>s={'a': 1, 'b': 2, 'c': 3}
4.   >>>b, c, d=s.items()
5.   >>>b, c, d=s
6.   >>>b, c, d=s.values()
7.   >>>a, b=b, a      #交换 2 个变量的值
```

使用序列解包可以很方便地同时遍历多个序列。

例如：

```
1.   >>> keys=['a', 'b', 'c', 'd']
2.   >>> values=[1, 2, 3, 4]
3.   >>> for k, v in zip(keys, values):
4.         print(k, v)
5.   a1
6.   b2
7.   c3
8.   d4
```

在调用函数时，在实参前面加上一个或两个星号（＊）也可以进行序列解包，从而实现将序列中的元素值依次传递给相同数量的形参，详见自定义函数部分的讨论。

3.1.3　字典

　　　　　　　　　　　　　　　　　　　　　　　　　　　　　>>>

字典是包含若干"键：值"对的无序可变序列，字典中的每个元素包含两部分："键"和"值"。定义字典时，每个元素的"键"和"值"用冒号分隔，相邻元素之间用逗号分隔，所有的元素都放在一对花括号（{}）中，格式如下：

dic={key1：value1, key2：value2, key3：value3}

键必须是唯一的，但值则不必。值可以取任何数据类型，键必须是不可变数据类型，例如整数、实数、复数、字符串、元组等，但不能使用列表、集合、字典作为字典的"键"，包含列表、集合、字典的元组也不能作为字典的"键"。另外，字典中的"键"不允许重复，"值"是可以重复的。

使用"＝"将一个字典赋值给一个变量即可创建一个字典变量。

例如：

```
1.   >>> dict1={'server': 'db.diveintopython3.org', 'database': 'mysql'}
2.   #可以使用内置函数 dict()通过已有数据快速创建字典:
3.   >>> keys=['a', 'b', 'c', 'd']
4.   >>> values=[1, 2, 3, 4]
5.   >>> dictionary=dict(zip(keys, values))
6.   >>>x=dict()                            #空字典
7.   >>>x={}                                #空字典
```

或者使用内置函数 dict()根据给定的"键：值"对来创建字典：

d=dict(name='Dong', age=37)

当不再需要某个字典时，可以使用 del 命令删除整个字典，也可以使用 del 命令删除字典中指定的元素。

1. 访问字典

把相应的键放入方括号中作为下标来访问字典元素的"值"，若指定的"键"不存在则抛出异常。

例如：

```
1. >>>tinydict={'Name':'Runoob','Age':7,'Class':'First'}
2. >>>tinydict['Name']
3. Runoob
4. >>>tinydict['Age']
5. 7
6. >>>tinydict ['tel']
7. KeyError:'tel'
```

2. 修改字典

当以指定"键"为下标为字典元素赋值时，若该"键"存在，则表示修改该"键"的值；若不存在，则表示添加一个新的"键：值"对，也就是添加一个新元素。

例如：

```
1. >>>aDict={'name':'Dong','sex':'male','age':37}
2. >>>aDict
3. {'name':'Dong','sex':'male','age':37}
4. >>>aDict['age']=40                        #修改元素的"值"
5. >>>aDict['address']='Yantai'              #添加新元素
6. >>>aDict
7. {'name':'Dong','sex':'male','age':40,'address':'Yantai'}
```

3. 字典内置函数 & 方法

Python 字典包含了以下内置函数，如表 3-1 所示。

表 3-1　字典内置函数

序号	函数及描述	实例
1	len(dict) 计算字典元素个数， 即键的总数	>>>tinydict={'Name':'Runoob','Age':7,'Class':'First'} >>>len(tinydict) 3
2	str(dict) 输出字典，可以打印的 字符串表示	>>>tinydict={'Name':'Runoob','Age':7,'Class':'First'} >>> str(tinydict) "{'Name':'Runoob','Class':'First','Age':7}"
3	type(variable) 返回输入的变量类型，如果变量 是字典就返回字典类型	>>>tinydict={'Name':'Runoob','Age':7,'Class':'First'} >>> type(tinydict) <class 'dict'>

Python 字典包含了以下内置方法，如表 3-2 所示。

表 3-2 字典内置方法

序号	函数及描述
1	dict. clear( ) 删除字典内所有元素
2	dict. copy( ) 返回一个字典的浅复制
3	dict. fromkeys( ) 创建一个新字典，以序列 seq 中元素做字典的键，val 为字典所有键对应的初始值
4	dict. get(key, default = None) 返回指定键的值，如果键不在字典中返回 default 设置的默认值
5	key in dict 如果键在字典 dict 里返回 True，否则返回 False
6	dict. items( ) 以列表返回一个视图对象
7	dict. keys( ) 返回一个视图对象
8	dict. setdefault(key, default = None) 和 get( )类似，但如果键不存在于字典中，将会添加键并将值设为 default
9	dict. update(dict2) 把字典 dict2 的键：值对更新到 dict 里
10	dict. values( ) 返回一个视图对象
11	pop(key[, default]) 删除字典 key(键)所对应的值，返回被删除的值
12	popitem( ) 返回并删除字典中的最后一对键和值

3.1.4 集合

集合是一个无序可变的不重复元素序列，集合中的元素不会重复，并且可以进行交集、并集、差集等常见的集合操作。可以使用大括号({ })创建集合，元素之间用逗号(,)分隔，也可以使用 set( ) 函数创建集合。

例如：

```
1.  >>>set1 = {1, 2, 3, 4}        #直接使用大括号创建集合
2.  >>>set2 = set([4, 5, 6, 7])   #使用 set( )函数从列表创建集合
3.  >>>set3 = set()               #创建空集合，但不能使用{ }创建空集合
```

1. 集合的基本操作

（1）添加元素，将元素 x 添加到集合 s 中，如果元素已存在，则不进行任何操作。语法格式如下：

$$s.add(x)$$

还有一个方法，也可以添加元素，且参数可以是列表、元组、字典等，x 可以有多个，用逗号分开。语法格式如下：

$$s.update(x)$$

（2）移除元素，将元素 x 从集合 s 中移除，如果元素不存在，则会发生错误。语法格式如下：

$$s.remove(x)$$

此外，还有一个方法也可以移除集合中的元素，且如果元素不存在，不会发生错误。语法格式如下：

$$s.discard(x)$$

我们也可以随机删除集合中的一个元素，语法格式如下：

$$s.pop()$$

集合内置方法的完整列表如表 3-3 所示。

表 3-3　集合内置方法

方法	描述
add()	为集合添加元素
clear()	移除集合中的所有元素
copy()	拷贝一个集合
difference()	返回多个集合的差集
difference_update()	移除集合中的元素，该元素在指定的集合中也存在
discard()	删除集合中指定的元素
intersection()	返回集合的交集
intersection_update()	返回集合的交集
isdisjoint()	判断两个集合是否包含相同的元素，如果没有返回 True，否则返回 False
issubset()	判断指定集合是否为该方法参数集合的子集
issuperset()	判断该方法的参数集合是否为指定集合的子集
pop()	随机移除元素
remove()	移除指定元素
symmetric_difference()	返回两个集合中不重复的元素集合
symmetric_difference_update()	移除当前集合中在另外一个指定集合中相同的元素，并将另外一个指定集合中不同的元素插入到当前集合中
union()	返回两个集合的并集
update()	给集合添加元素
len()	计算集合元素个数

2. 集合的运算

Python 集合支持交集、并集、差集以及子集测试等运算。

例如：

```
1.  >>>a set=set([8, 9, 10, 11, 12, 13])
2.  >>>b set=set([0, 1, 2, 3, 7, 8])
3.  >>> a  set | b  set                    #并集
4.  {0, 1, 2, 3, 7, 8, 9, 10, 11, 12, 13}
5.  >>> a set & b set                      #交集
6.  {8}
7.  >>> a set- b set                       #差集
8.  {9, 10, 11, 12, 13}
9.  >>>a set^ b set                        #对称差集
10. {0, 1, 2, 3, 7, 9, 10, 11, 12, 13}
11. >>>x={1, 2, 3}
12. >>>y={1, 2, 5}
13. >>>z={1, 2, 3, 4}
14. >>>x<y                                 #比较集合大小
15. False
16. >>>x<z                                 #x 是 z 的子集
17. True
18. >>>y<z                                 #y 不是 z 的子集
19. False
```

3.2 选择结构

在传统的面向过程的程序设计中，有 3 种经典的控制结构，即顺序结构、选择结构和循环结构。即使在面向对象程序设计语言以及事件驱动或消息驱动的应用开发中，也无法脱离这 3 种基本的程序结构。可以说，不管使用哪种程序设计语言，在实际开发中，为了实现特定的业务逻辑或算法，都不可避免地要用到大量的选择结构和循环结构，并且经常需要将选择结构和循环结构嵌套使用。首先介绍条件表达式和 Python 中选择结构的语法，然后介绍选择结构的语法。

3.2.1 条件表达式

在选择结构和循环结构中，都要使用条件表达式来确定下一步的执行流程。在 Python 中，单个常量、变量或者任意合法表达式都可以作为条件表达式。

在选择和循环结构中，条件表达式的值只要不是 False、0（或 0.0、0j 等）、空值 None、空列表、空元组、空集合、空字典、空字符串、空 range 对象或其他空迭代对象，Python 解释器均认为其与 True 等价。

关于表达式和运算符的详细内容在第 2 章中已有介绍，此处不再赘述，只简单介绍一下条件表达式中比较特殊的几个运算符。首先是关系运算符，与很多语言不同的是，Python 中的关系运算符可以连续使用。

例如：

```
1.  >>>print(1<2<3)
2.  True
3.  >>>print(1<2>3)
4.  False
5.  >>>print(1<3>2)
6.  True
```

比较特殊的运算符还有逻辑运算符 and 和 or，这两个运算符具有短路求值或惰性求值的特点，简单地说，就是只计算必须计算的表达式的值。在设计条件表达式时，在表示复杂条件时如果能够巧妙利用逻辑运算符 and 和 or 的短路求值或惰性求值特性，可以大幅度提高程序的运行效率，减少不必要的计算与判断。

以 and 为例，对于表达式"表达式 1 and 表达式 2"而言，如果"表达式 1"的值为 False 或其他等价值时，不论"表达式 2"的值是什么，整个表达式的值都是 False，此时"表达式 2"的值无论是什么都不影响整个表达式的值，因此"表达式 2"将不会被计算，从而减少不必要的计算和判断。逻辑或运算符 or 也具有类似的特点，读者可以自行分析。

在设计条件表达式时，如果能够大概预测不同条件失败的概率，并将多个条件根据 and 和 or 运算的短路求值特性组织先后顺序，可以大幅度提高程序运行效率。

在 Python 中，条件表达式中不允许使用赋值运算符"="，避免了某些语言中误将关系运算符"=="写成赋值运算符"="带来的麻烦。

3.2.2 选择结构　　　　　　　　　　　　　　　　　　　　　　　　　>>>

1. 单分支选择结构

单分支选择结构是最简单的一种形式，其语法如下所示，其中表达式后面的冒号(:)是不可缺少的，表示一个语句块的开始，后面几种其他形式的选择结构和循环结构中的冒号也是必须有的。

if 表达式：

语句块

当表达式值为 True 或其他等价时，表示条件满足，语句块将被执行，否则该语句块将不被执行。

例如：

```
1.  >>>input(' Input two numbers: ' )              #2 个数字之间使用空格分隔
2.  >>>a, b=map( int, x. split())
3.  >>>if a>b:
4.  a, b=b, a                                       #交换两个变量的值
5.  >>>print(a, b)
```

2. 双分支选择结构

双分支选择结构的语法为：

if 表达式：

語句块 1

else：

語句块 2

当表达式值为 True 或其他等价时，执行语句块 1，否则执行语句块 2。下面的代码演示了双分支选择结构的用法。

```
1.  >>>chTest=['1','2','3','4','5']
2.  >>> if chTest:                          #前面的 3 个大于号可以理解为不占位置
3.      print(chTest)
4.  else:                                    # else 虽然顶格，但逻辑上和 if 是对齐的
5.      print('Empty')
6.
7.  ['1','2','3','4','5']
```

Python 还支持如下形式的表达式：

value1 if condition else value2

当条件表达式 condition 的值与 True 等价时，表达式的值为 value1，否则表达式的值为 value2。

3. 嵌套选择结构

嵌套选择结构为用户提供了更多的选择，可以实现复杂的业务逻辑，一种语法形式为

if 表达式 1：

語句块 1

elif 表达式 2：

語句块 2

elif 表达式 3：

語句块 3

：

：

else：

語句块 n

其中，关键字 elif 是 elseif 的缩写。下面的代码演示了利用该语法将成绩从百分制转换为等级制的实现方法。

```
1.  def func(score):
2.  if score >100:
3.  return 'wrong score. must<=100.'
4.  elif score >=90:
5.  return 'A'
6.  elif score >=80:
7.  return 'B'
8.  elif score >=70:
9.  return 'C'
```

```
10.    elif score >=60:
11.    return ' D'
12.    elif score >=0:
13.    return ' E'
14.    else:
15.    return ' wrong score. must>0.'
```

另一种嵌套选择结构的语法形式如下：

if 表达式 1：

              语句块 1

if 表达式 2：

              语句块 2

  else：

              语句块 3

else：

if 表达式 4：

              语句块 4

使用该结构时，一定要严格控制好不同级别代码块的缩进量，因为这决定了不同代码块的从属关系以及业务逻辑是否被正确地实现，是否能够被 Python 正确理解和执行。例如，百分制转等级制的示例，作为一种编程技巧，还可以尝试下面的写法。

```
1.    def func( score):
2.       degree=' DCBAAE'
3.       if score>100 or score <0:
4.          return ' wrong score. must between 0 and 100.'
5.       else:
6.          index=( score- 60)//10
7.          if index >=0:
8.            return degree[ index]
9.          else:
10.            return degree[- 1]
```

3.3 循环结构

>>>

3.3.1 for 循环和 while 循环

>>>

1. while 循环

Python 中的循环语句有 for 和 while。Python 中 while 语句的一般语法形式：

while 判断条件(condition)：

              执行语句(statements)······

其流程图如图 3-3 所示。以下实例使用了 while 来计算 1 到 100 的总和：

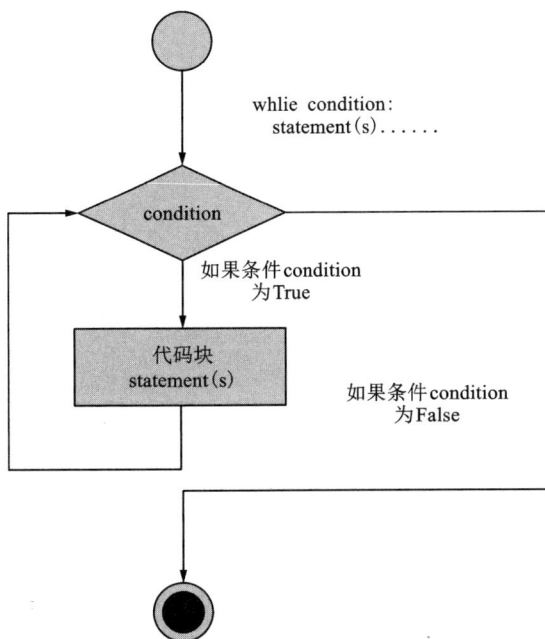

图 3-3　while 循环流程图

```
1.  n=100
2.  sum=0
3.  counter=1
4.  while counter <=n:
5.      sum=sum+counter
6.      counter+=1
7.  print("1 到 %d 之和为: %d" % (n, sum))
```

执行结果如下：

1.1 到 100 之和为：5050

while 循环可以搭配 else 语句使用。如果 while 后面的条件语句为 False，则执行 else 语句块。语法格式如下：

while <expr>：
　　<statement(s)>
else：
　　<additional_statement(s)>

expr 条件语句为 True 则执行 statement(s)语句块，如果为 False，则执行 additional_statement(s)。

2. for 循环

for 循环可以遍历任何可迭代对象，如一个列表或者一个字符串。for 循环的一般格式如下：

```
for <variable> in <sequence>：
    <statements>
else：
    <statements>
```

流程图如图 3-4 所示。

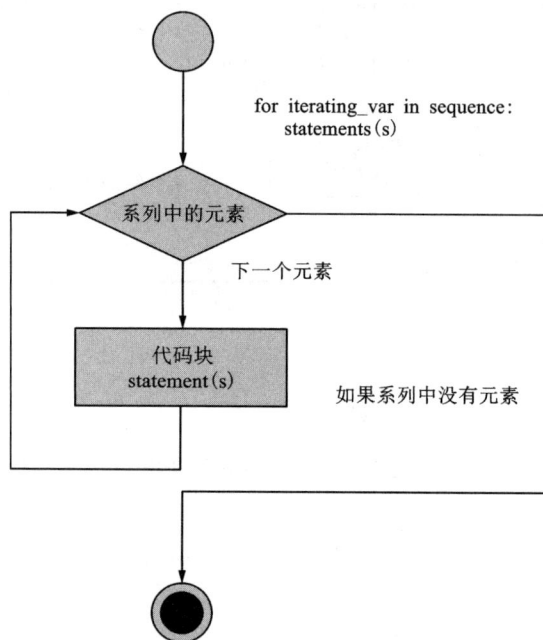

图 3-4　循环结构流程图

以下为使用 for 循环打印列表内容的实例。

```
1.  sites=["Baidu", "Google", "Runoob", "Taobao"]
2.  for site in sites:
3.      print(site)
4.
5.  代码执行输出结果为:
6.  Baidu
7.  Google
8.  Runoob
9.  Taobao
```

也可用于打印字符串中的每个字符。

```
1.  word=' runoob'
2.  for letter in word:
3.      print(letter)
4.
5.  以上代码执行输出结果为:
6.  r
```

```
7.  u
8.  n
9.  o
10. o
11. b
```

整数范围值可以配合 range( ) 函数使用。

```
1.  for number in range(1, 6):
2.    print(number)
3.
4.  以上代码执行输出结果为:
5.  1
6.  2
7.  3
8.  4
9.  5
```

在 Python 中, for…else 语句用于在循环结束后执行一段代码。语法格式如下:

for item in iterable:
　　#循环主体
else:
　　#循环结束后执行的代码

当循环执行完毕(即遍历完 iterable 中的所有元素)后, 会执行 else 子句中的代码, 如果在循环过程中遇到了 break 语句, 则会中断循环, 此时不会执行 else 子句中的代码。如下面实例所示。

```
1.  for x in range(6):
2.    print(x)
3.  else:
4.  print("Finally finished!")
5.
6.  执行脚本后, 输出结果为:
7.  0
8.  1
9.  2
10. 3
11. 4
12. 5
13. Finally finished!
```

3.3.2　break 和 continue 语句

break 语句可以跳出 for 和 while 的循环体(图 3-5)。如果从 for 或 while 循环中终止, 任何对应的循环 else 块将不执行。continue 语句告诉 Python 跳过当前循环块中的剩余语句, 然后继续进行下一轮循环(图 3-6)。

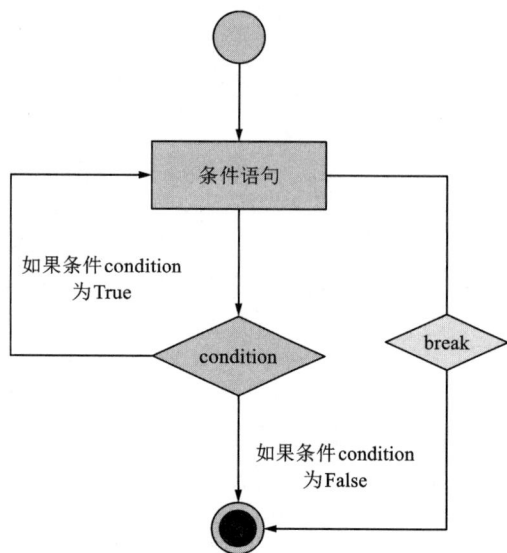

图 3-5　break 语句流程图

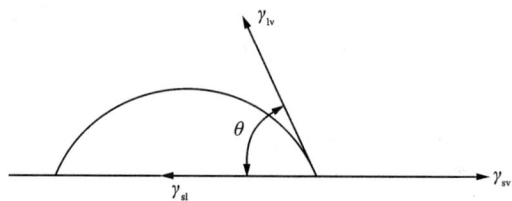

图 3-6　continue 语句流程图

while 中使用 break 实例。

```
1.   n=5
2.   while n > 0:
3.     n - =1
4.     if n= =2:
5.         break
6.     print(n)
7.   print(' 循环结束. ')
8.
9.   代码输出结果为:
10.  4
11.  3
12.  循环结束.
```

while 中使用 continue 实例。

```
1.   n=5
2.   while n > 0:
3.     n - =1
4.     if n= =2:
5.         continue
6.     print(n)
7.   print(' 循环结束. ')
8.
9.   代码输出结果为:
10.  4
11.  3
12.  1
13.  0
14.  循环结束.
```

3.4　自定义函数

在实际开发中，有很多操作是完全相同或者非常相似的，仅仅是要处理的数据不同而已，因此，经常会在不同的代码位置多次执行相似甚至完全相同的代码块。从软件设计和代码复用的角度来讲，很显然，直接将该代码块复制到多个相应的位置，然后进行简单修改绝对不是一个好主意。

因此将可能需要反复执行的代码封装为函数，并在需要执行该段代码功能的地方进行调用，不仅可以实现代码的复用，还可以保证代码的一致性，只需要修改该函数代码则所有调用位置均得到体现。

在编写函数时，函数体中代码的编写与前面章节介绍的内容基本一样，只是对代码进行了封装并增加了函数调用、传递参数、返回计算结果等外围接口，这也正是本节讲解的重点。

3.4.1　函数的定义和调用

定义一个函数，以下是简单的语法规则：

(1)函数代码块以 def 关键词开头，后接函数标识符名称和圆括号( )。

(2)任何传入参数和自变量必须放在圆括号中间，圆括号可以定义参数。

(3)函数的第一行语句可以选择性地使用文档字符串——用于存放函数说明。

(4)函数内容以冒号(∶)起始，并且缩进。

(5)return[表达式]结束函数，选择性地返回一个值给调用方，不带表达式的 return 相当于返回 None，如图 3-7 所示。

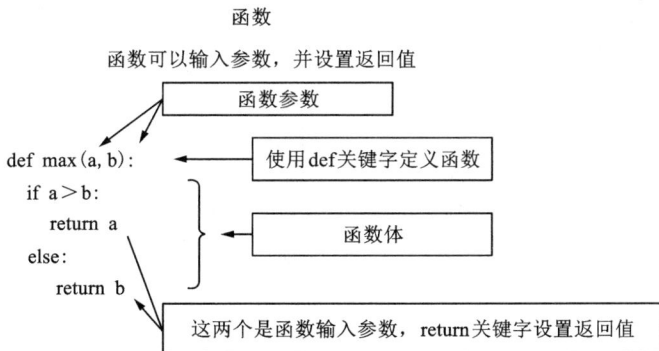

图 3-7　函数的定义和调用

下面是一个自定义函数，用于比较两个数，并返回较大的数。

```
1.  def max(a, b):
2.    if a > b:
3.      return a
```

```
4.    else:
5.        return b
6.    a=4
7.    b=5
8.    print(max(a, b))
9.
10.   以上实例输出结果:
11.   5
```

定义一个函数:给函数一个名称,指定函数里包含的参数和代码块结构。这个函数的基本结构完成以后,你可以通过另一个函数调用执行,也可以直接从 Python 命令提示符执行。如下实例调用了 printme( )函数。

```
1.    #定义函数
2.    def printme( str ):
3.        #打印任何传入的字符串
4.        print (str)
5.        return
6.    #调用函数
7.    printme("我要调用用户自定义函数!")
8.    printme("再次调用同一函数")
9.
10.   以上实例输出结果:
11.   我要调用用户自定义函数!
12.   再次调用同一函数
```

3.4.2 形参与实参 >>>

函数定义时括号内是使用逗号分隔开的形参列表(parameters),函数可以没有形参,但是定义和调用时一对括号必须有,表示这是一个函数并且不接收参数。函数调用时向其传递实参(arguments),根据不同的参数类型,将实参的引用传递给形参。

在定义函数时,对参数个数并没有限制,如果有多个形参,则需要使用逗号进行分隔。例如,下面的函数用来接收两个参数,输出其中的最大值。

```
1.    def printMax(a, b):
2.    if a >=b:
3.        print(a)
4.    else:
5.        print(b)
```

当然,这里只是为了演示,而忽略了一些细节,如果输入的参数不支持比较运算,则会出错,可以通过异常处理结构来解决这个问题。

Python 中,函数有不可变类型参数传递和可变类型参数传递:

(1)不可变类型参数传递:类似 C++的值传递,如整数、字符串、元组等,如 fun(a),传递的只是 a 的值,没有影响 a 对象本身。如果在 fun(a)内部修改 a 的值,则是新生成了一个 a 对象。

(2)可变类型参数传递:类似 C++的引用传递,如列表、字典等。如 fun(la),则是将 la

真正地传过去，修改后 fun 内部的 la 也会受影响。

　　Python 中一切都是对象，严格来讲，我们不能说值传递或者引用传递，而应该说传不可变对象和传可变对象。

　　Python 传递不可变对象实例如下，通过 id( ) 函数可以查看内存地址是否变化。

```
1.   def change(a):
2.     print(id(a))    #指向的是同一个对象
3.     a＝10
4.     print(id(a))    #一个新对象
5.   a＝1
6.   print(id(a))
7.   change(a)
8.
9.   以上实例输出结果为：
10.   4379369136
11.   4379369136
12.   4379369424
```

　　可以看见在调用函数前后，形参和实参指向的是同一个对象（对象 id 相同），在函数内部修改形参后，形参指向的是不同的 id。

　　Python 传可变对象实例时，可变对象在函数里修改了参数，那么在调用这个函数的函数里，原始的参数也会被改变，如下所示：

```
1.   #可写函数说明
2.   def changeme( mylist ):
3.     "修改传入的列表"
4.     mylist.append([1, 2, 3, 4])
5.     print ("函数内取值: ", mylist)
6.     return
7.   #调用 changeme 函数
8.   mylist＝[10, 20, 30]
9.   changeme( mylist )
10.   print ("函数外取值: ", mylist)
```

　　传入函数的和在末尾添加新内容的对象用的是同一个引用，故输出结果如下。

```
1.   函数内取值: [10, 20, 30, [1, 2, 3, 4]]
2.   函数外取值: [10, 20, 30, [1, 2, 3, 4]]
```

　　可见，在传可变参数对象时，形参和实参同时被修改。

3.4.3　参数类型　　　　　　　　　　　　　　　　　　　　>>>

　　调用函数时可使用的参数类型包括必需参数、关键字参数、默认参数、不定长参数。

1. 必需参数

　　必需参数必须以正确的顺序传入函数。调用时的参数数量必须和声明时的一致。如调用 printme( ) 函数，则必须传入一个参数，不然会出现语法错误。

```
1.  #可写函数说明
2.  def printme( str ):
3.     "打印任何传入的字符串"
4.     print (str)
5.     return
6.  #调用 printme 函数，不加参数会报错
7.  printme()
8.
9.  以上实例输出结果:
10.  Traceback (most recent call last):
11.    File "test.py", line 10, in <module>
12.      printme()
13.  TypeError: printme() missing 1 required positional argument: ' str'
```

2. 关键字参数

关键字参数和函数调用关系紧密，函数调用使用关键字参数来确定传入的参数值。使用关键字参数允许函数调用时参数的顺序与声明时的顺序不一致，因为 Python 解释器能够通过参数名匹配参数值。

以下实例在函数 printme( ) 调用时使用了参数名。

```
1.  #可写函数说明
2.  def printme( str ):
3.     "打印任何传入的字符串"
4.     print (str)
5.     return
6.  #调用 printme 函数
7.  printme( str="菜鸟教程")
8.
9.  以上实例输出结果:
10.  菜鸟教程
```

以下实例演示了函数参数的使用不需要指定顺序。

```
1.  #可写函数说明
2.  def printinfo( name, age ):
3.     "打印任何传入的字符串"
4.     print ("名字: ", name)
5.     print ("年龄: ", age)
6.     return
7.  #调用 printinfo 函数
8.  printinfo( age=50, name="runoob" )
9.
10.  以上实例输出结果:
11.  名字:    runoob
12.  年龄:    50
```

3. 默认参数

调用函数时，如果没有传递参数，则会使用默认参数。在以下实例中如果没有传入 age

参数，则使用默认值。

```
1.  #可写函数说明
2.  def printinfo( name, age=35 ):
3.     "打印任何传入的字符串"
4.     print ("名字: ", name)
5.     print ("年龄: ", age)
6.     return
7.   #调用 printinfo 函数
8.  printinfo( age=50, name="runoob" )
9.  print ("- - - - - - - - - - - - - - - - - - - - - - - ")
10.   printinfo( name="runoob" )
11.
12.  以上实例输出结果:
13.  名字: runoob
14.  年龄: 50
15.  - - - - - - - - - - - - - - - - - - - - - -
16.  名字: runoob
17.  年龄: 35
```

4. 不定长参数

编程时可能需要一个函数能处理比当初声明时更多的参数，这些参数叫作不定长参数，和上述 3 种参数不同，声明时不会命名。基本语法如下：

def functionname（[formal_args，] ∗var_args_tuple ）：

"函数_文档字符串"

function_suite

return [expression]

加了星号（∗）的参数会以元组（tuple）的形式导入，存放所有未命名的可变参数。

例如：

```
1.  #可写函数说明
2.  def printinfo (arg1, ∗vartuple):
3.     "打印任何传入的参数"
4.     print ("输出: ")
5.     print (arg1)
6.     print (vartuple)
7.   #调用 printinfo 函数
8.  printinfo( 70, 60, 50 )
9.
10.  以上实例输出结果:
11.  输出:
12.  70
13.  (60, 50)
```

如果在函数调用时没有指定参数，它就是一个空元组。我们也可以不向函数传递未命名的参数。

例如：

```
10.  #可写函数说明
11.  def printinfo( arg1, * vartuple ):
12.     "打印任何传入的参数"
13.     print ("输出: ")
14.     print (arg1)
15.     for var in vartuple:
16.        print (var)
17.     return
18.  #调用 printinfo 函数
19.  printinfo( 10 )
20.  printinfo( 70, 60, 50 )
21.
22.  以上实例输出结果:
23.  输出:
24.  10
25.  输出:
26.  70
27.  60
28.     50
```

还有一种就是参数带两个星号(＊ ＊), 基本语法如下:

def function name([formal_args,] ＊ ＊ var_args_dict):

　　　　"函数_文档字符串"

　　　　function_suite

　　　　return [expression]

加了两个星号(＊ ＊)的参数会以字典的形式传入。

例如:

```
29.  #可写函数说明
30.  def print info( arg1, * * vardict ):
31.     "打印任何传入的参数"
32.     print ("输出: ")
33.     print (arg1)
34.     print (vardict)
35.  #调用 printinfo 函数
36.  printinfo(1, a=2, b=3)
37.
38.  以上实例输出结果:
39.  输出:
40.  1
41.  {' a' : 2, ' b' : 3}
```

3.4.4　匿名函数

Python 使用 lambda 来创建匿名函数。所谓匿名,意即不再使用 def 语句这样标准的形式定义一个函数。lambda 只是一个表达式,函数体比 def 简单很多。lambda 的主体是一个表达式，而不是一个代码块。仅仅能在 lambda 表达式中封装有限的逻辑。lambda 函数拥有自己的命名空间，且不能访问自己参数列表之外或全局命名空间里的变量。

lambda 函数只包含一个语句，如下：

$$lambda [arg1[, arg2, ... argn]]: expression$$

例如，设置参数 a 加上 10。

```
42.    x = lambda a : a+10
43.    print(x(5))
44.
45.    以上实例输出结果:
46.    15
```

以下实例匿名函数设置两个参数。

```
47.    #可写函数说明
48.    sum = lambda arg1, arg2: arg1+arg2
49.    #调用 sum 函数
50.    print ("相加后的值为 : ", sum( 10, 20 ))
51.    print ("相加后的值为 : ", sum( 20, 20 ))
52.
53.    以上实例输出结果:
54.    相加后的值为: 30
55.    相加后的值为: 40
```

3.4.5 return 语句

return 语句用于退出函数，选择性地向调用方返回一个表达式。不带参数的 return 语句返回 None。之前的例子都没有示范如何返回数值，以下实例演示了 return 语句的用法。

```
1.    #可写函数说明
2.    def sum( arg1, arg2 ):
3.        #返回 2 个参数的和."
4.        total = arg1+arg2
5.        print ("函数内 : ", total)
6.        return total
7.    #调用 sum 函数
8.    total = sum( 10, 20 )
9.    print ("函数外 : ", total)
```

以上实例输出结果：

```
1.    函数内: 30
2.    函数外: 30
```

3.4.6 实例

（1）编写函数计算圆的面积，代码如下：

```
1.   from math import pi as PI
2.   def CircleArea(r):
3.   if isinstance(r, ( int, float)) and r>0:        #确保接收的参数为大于 0 的数字
4.    return PI*  r*  r
5.   else:
6.   return ('  You must give me an integer or float as radius.' )
7.   print(CircleArea(3))
```

（2）编写函数，接收任意多个实数，返回一个元组，其中第一个元素为所有参数的平均值，其他元素为所有参数中大于平均值的实数。具体代码如下：

```
1.   def demo(*  para):
2.   avg=sum( para)/ len( para)
3.   g=[i for i in para if i> avg]
4.   return( avg, )+ tuple(g)
5.   print( demo(1, 2, 3, 4))
```

（3）使用蒙特卡罗方法计算圆周率。

蒙特卡罗方法使用随机数和概率来求解问题，该方法在数学、物理和化学等学科中有着广泛的应用。为了使用蒙特卡罗方法来计算圆周率 π，我们绘制一个圆及其外接正方形，如图 3-8 所示，假设圆的半径 $r=1$，那么圆的面积 $S=\pi r^2$ 等于 π，外接正方形的面积为 4。任意产生正方形内的一个点，该点落在圆内的概率为圆面积/正方形面积，即 $\pi/4$（该点要么在圆内，要么在圆外，但一定在正方形内）。

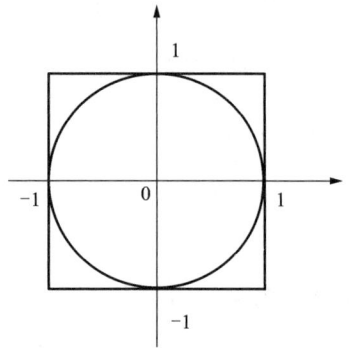

图 3-8　蒙特卡罗方法来计算圆周率 π

编写程序，在正方形内随机产生 10000 个点，落在圆内点的数量用 n 来表示。因此 n 的值约为 $10000\pi/4$。因此我们可以估算 π 的值约为 $4n/10000$。还需要判断点 (x, y) 是否落在圆内：$x^2+y^2<=1$。产生随机数使用 random 模块中的 random( )函数。实际代码如下：

```
1.   #使用蒙特卡罗方法计算圆周率
2.   import random
3.   NUMBER=100000
4.   n=0
5.   for i in range(NUMBER):
6.    x =random.random()*  2- 1 #random()会随机生成(0, 1)之间的数, 我们把它乘2, 再减1, 范围就控制在
      了[- 1, 1]之间
7.    y=random.random()*  2- 1
8.    if ((x*  x+y*  y)<=1):
9.      n+=1
10.    pi=4.0*  n/NUMBER
11.   print("使用蒙特卡罗方法计算圆周率的值为: ", pi)
```

智慧启思

使用Python函数——通过团队配合绘制五星红旗

认知拓展

实践创新

思考题

参考答案

1.列表操作,创建一个列表 nums = [3, 1, 4, 1, 5, 9, 2, 6],实现以下操作:(1)在列表末尾添加数字5;(2)删除第一个出现的数字1;(3)将列表按升序排序;(4)输出倒数第三个元素。

2.已知两个元组 tuple1 = (10, 20, 30) 和 tuple2 = (40, 50),要求:(1)将 tuple1 和 tuple2 合并为一个新元组 tuple3;(2)使用元组解包,将 tuple3 的前两个值赋值给变量 a 和 b。

3.给定一个包含重复元素的列表 words = ["apple","banana","apple","cherry","banana"],要求:(1)将列表转换为集合去重;(2)添加新元素"grape"到集合中;(3)输出最终的集合内容。

4. 创建一个字典 scores = {"Alice"：85，"Bob"：90，"Charlie"：78}，实现以下操作：(1)更新 Charlie 的分数为 92；(2)添加新键值对"David"：88；(3)删除 Alice 的条目；(4)输出所有键的列表。

5. 给定列表 data = [1，2，2，3，3，3，4，4，4，4]，要求：(1)统计每个数字出现的次数，保存到字典 count_dict；(2)找出出现次数最多的数字。

6. 编写一个程序，要求用户输入一个整数，判断该数是奇数还是偶数，并输出结果。如果输入的不是整数，提示"输入错误"。

7. 给定一个列表 numbers = [12，45，23，67，3，89，10]，使用循环遍历列表，找到最大值并输出。

8. 给定成绩列表 scores = [85，92，78，60，45，88，95，50]，统计以下内容：(1)优秀(≥90)的人数；(2)不及格(<60)的人数；(3)平均分(保留两位小数)。

9. 使用嵌套循环打印如下金字塔图案(共 5 层)：

```
    1
   121
  12321
 1234321
123454321
```

10. 输入一个正整数 n，输出斐波那契数列的前 n 项(例如 $n=6$，输出 0，1，1，2，3，5)。

11. 编写一个函数 calculate_area，接收两个参数 length 和 width，返回矩形的面积。如果未提供 width，则默认计算正方形面积(即 width 等于 length)。

12. 编写一个函数 average，接收任意数量的数字参数，返回它们的平均值(保留两位小数)。如果没有参数传入，返回 0。

13. 用递归实现阶乘函数 factorial(n)，返回 n! 的值(假设 n 是非负整数)。

14. 编写函数 count_characters(s)，统计字符串 s 中每个字母(仅考虑字母，忽略大小写)出现的次数，返回字典形式。例如，输入"Hello"，返回{'h': 1, 'e': 1, 'l': 2, 'o': 1}。

15. 使用 lambda 表达式和 map 函数，将列表 numbers = [1，2，3，4，5]中的每个元素平方，并生成新列表。

第 4 章

类和对象

本章思维导图

AI微课

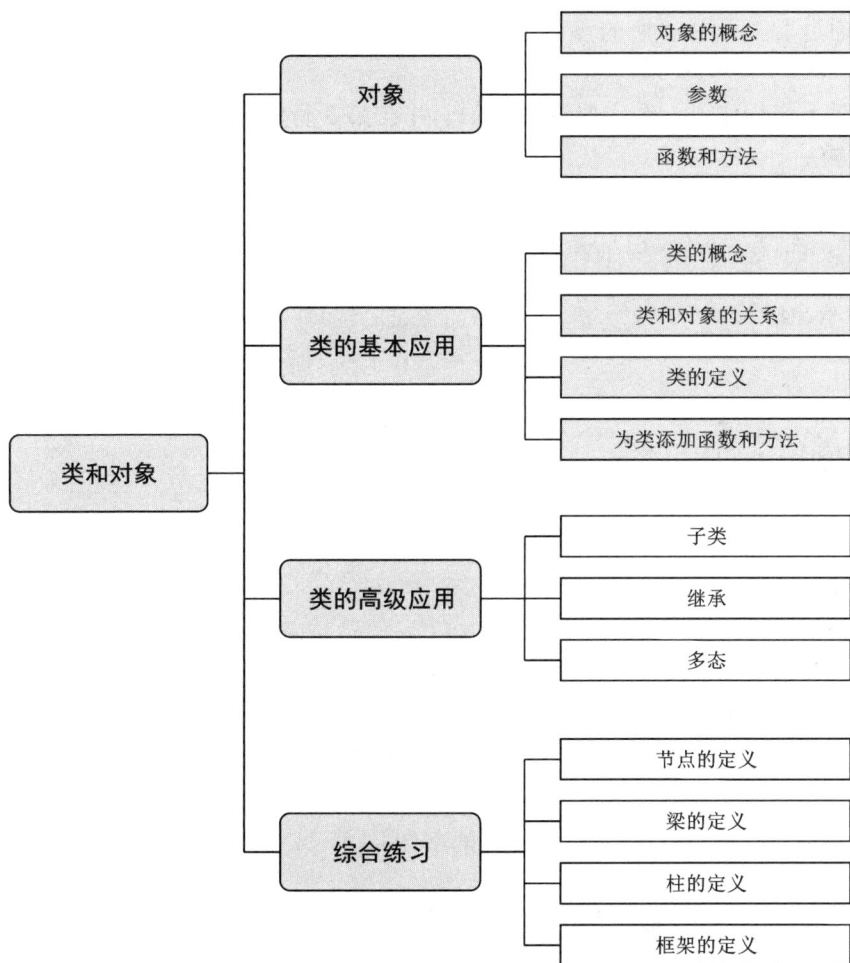

Python 是一门面向对象(object-oriented)的高级语言。面向对象编程是相对于面向过程编程而言的。面向过程编程的语言(如 C 语言)在执行过程中会将程序拆分成单个的函数并逐步执行,直至程序结束。当解决一个问题的时候,面向对象会把事物抽象成对象,并赋予每个对象不同的属性和方法,最终通过使每个对象执行相应的方法来完成程序的运行。面向对象编程具有较好的灵活性,编程过程思路清晰,易于实现代码复用,目前已经成为主流的编程方法。

4.1 Python 中的对象

>>>

现实生活中的大部分事物都可以被视为对象。例如,一辆特定的汽车可以被视为一个对象,该对象拥有诸如颜色、型号、车牌号等参数,并能执行诸如行驶、开关空调等多种操作。用户能对对象进行的操作统称为方法(method)。

在 Python 中,无论是整数、浮点数、字符串、列表、字典,还是函数和方法,都是 Python 对象。一般通过"."调用对象的参数和方法。例 4-1 创建一个字典对象,并调用其相关属性。

其中的第 1 行创建了一个字典对象 dict1,并在第 3 行和第 4 行分别调用了 dict1 的 keys 和 pop 两个方法。

例 4-1

```
1.  dict1 = {1: ' one', 2: ' two', 3: ' three' }
2.
3.  keys = dict1.keys()
4.  dict1.pop(1)
```

4.2 Python 中的类

>>>

4.2.1 类的概念

>>>

在面向对象语言中,每个对象都有其所属的类,类定义了对象所拥有的属性和特征。类是对相似的对象所具有的共同特征的抽象,对象是类的实体化。

类与对象的关系,就如同图 4-1 中表头与内容行的关系。图 4-1 的表头中定义了该表格每个同学所应当拥有的信息,代表了抽象的"学生"的概念;除表头外每一行的信息都是"学生"类的实例化产生的对象,代表一个独特的个体。

姓名	年级	班级	宿舍	电话
张同学	2023	土木-1	A区1栋	13*********
李同学	2024	智能建造-1	A区2栋	13*********
王同学	2021	机械-2	B区1栋	13*********

抽象的"学生"概念 ---- 表头行
具体的每位学生 ---- 内容行

图 4-1 类和对象的关系举例

4.2.2　类的定义

在 Python 中，通过"class"命令定义类，每个类中可以包含若干该类定义相关的方法和函数。每个类应该至少包括一个名为"__init__"的函数（初始化函数），该函数定义了该类对象所需要的最基本参数。调用类时会创建一个对象，按 Python 语言的管理，此类创建对象的命令，其首字母应当大写。因此类名称的首字母一般均应大写。

例 4-2 演示了一个用来表示圆柱形柱子（图 4-2）的类，该类对象具有 Radium、Height、Volume 三个属性，其中 Radium 和 Height 需要在创建对象时手动输入，Volume 在初始化函数内部完成计算。

例 4-2 的第 3 行定义了类，该类为全新定义，未引用其他现存的类，因此无须输入参数。第 5 行的初始化函数定义了该类下的对象的初始化过程，其中的 self 即为后续第 10 行的 col1，因为此时尚未定义 col1，以 self 作为形参。第 6~8 行为 self 对象添加了三个属性。第 10 行基于 CylinderColumn 类定义了一个对象，该对象的半径为 0.3 m，高度为 4.0 m。第 11 行查询了该柱子的体积，并将查询的结果打印了出来。

例 4-2

```
1.   import numpy as np
2.
3.   class CylinderColumn():
4.
5.     def __init__(self, R, H):
6.       self.Radium = R
7.       self.Height = H
8.       self.Volume = np.pi * R ** 2 * H
9.
10.  col1 = CylinderColumn(0.3, 4.0)
11.  print(col1.Volume)
```

图 4-2　圆柱形柱

定义一个对象时，初始化函数会被调用。初始化函数中应该至少包含 self 参数，此处的 self 指被操作的对象本身。在对象尚未被定义时，以 self 作为形参，完成对对象的各种操作。在例 4-2 中，运行至第 10 行时，初始化函数被调动，此时系统会自动将 col1 对象作为 self 对应的实参。

4.2.3　为类添加方法和函数

在面向对象编程中，对象可以具有不同的方法，方法可以使用 def 命令在类的定义过程中进行定义，与普通函数并无显著区别。其实也有观点认为类内有输出的方法仍可以称为函数，本书中将在类的内部，通过 def 命令定义的代码块，统称为方法。

在实际工程和科研过程中用到的对象一般都具有复杂多样的特征，并且由不同的团队进行开发和维护。如果在初始化函数中完成对象所有特征的定义，会造成代码冗长和维护困难的问题。因此，实际工程中的一个类通常具有多于一个的方法。例 4-3 在例 4-2 中定义的圆柱形柱子类增加了一个 Material 属性,在增加了 Material 属性后,即可计算柱子的质量。在工程实践中,为防止使用者在查询未被定义材料的柱子的质量时造成程序错误,仍然建议在初始化时就建立代表柱子质量的 Weight 参数。

例 4-3

```
1.   import numpy as np
2.
3.   class CylinderColumn():
4.     def __init__(self, R, H):
5.       self.R = R
6.       self.H = H
7.
8.       self.Volume = np.pi * R * * 2 * H
9.       self.Weight = np.nan
10.
11.    def Material(self, Ro):
12.      self.Density = Ro
13.      self.Weight = self.Volume * Ro
14.
15.   col1 = CylinderColumn(0.3, 4.0)
16.   col1.Material(2500)
17.
18.   print(col1.Weight)
```

4.3 类的继承

>>>

在实际生活中,有很多类是相似的,比如燃油汽车和电动汽车,都具有颜色、车牌号等特征。但电动汽车没有发动机型号等参数,且比燃油汽车多出了电池容量等信息,并且还可能具有自动驾驶等属性。如有人需要编写一个程序,用来存储市场上电动汽车的数据,那么相比于从头开始编写一个新的类,复用燃油汽车的代码显然是一个相对明智的选择。

在编程过程中,如果一个新建的类希望引用已经存在的类作为基础,则该新建的类称为被引用类的子类,被引用的类称为该子类的父类。例如可以以现有的"汽车"类为父类,创建子类"电动汽车"。

例 4-3 以例 4-4 中的圆柱形柱子为例,定义空心圆柱形柱子(图 4-3)。第 3~10 行定义了 CylinderColumn 类,第 10 行定义了 PipeColumn 类,括号中的 CylinderColumn 表示新定义的 PipeColumn 是 CylinderColumn 的子类。PipeColumn 与 CylinderCoumn 类似,但增加了一个厚度参数 t。第 14 行通过 super 命令调用了父类中的 __init__ 函数,使 PipeColumn 对象获得诸如 self. R、self. H 等属性。第 15~16 行完成了内径等 PipeColumn 特有属性的定义。

例 4-4

```
1.  import numpy as np
2.
3.  class CylinderColumn():
4.
5.      def __init__(self, R, H):
6.
7.          self.R = R
8.          self.H = H
9.
10. class PipColumn(CylinderColumn):
11.
12.     def __init__(self, R, t, H):
13.
14.         super().__init__(R, H)
15.         self.ir = R - t
16.         self.Volume = self.Volume - np.pi * self.ir * * 2 * H
17.
18. pipe1 = PipColumn(0.4, 0.05, 4)
```

图 4-3 管形柱

4.4 类的多态

不同的类常具有不同的特征，有时子类在继承了父类的特性后，又要根据实际需求对已经从父类中继承的某些参数进行修改。例 4-5 中，父类 CylinderColumn 的 __init__ 函数已经在第 8 行运用圆柱体的体积公式计算了该对象的体积，并将该数据赋值给 self. Volume。在第 18 行，PipeColumn 类通过 super. __init__（R，H）命令，继承了包括 self. Voumn 在内的 CylinderColumn 中的属性，但从 CylinderColumn 中继承的体积是按实心圆柱体的体积计算公式算得的，与管形柱的实际情况不符，需要在 PipeColumn 中重新定义。第 20 行对 self. Volume 参数进行了修改，完成了对 PipeColumn 的定义。

这种相同类型的不同对象完成某个行为时，会得到不同状态的特性称为多态。

例 4-5

```
1.  import numpy as np
2.
3.  class CylinderColumn():
4.
5.      def __init__(self, R, H):
6.          self.R = R
7.          self.H = H
8.          self.Volume = np.pi * R * * 2 * H
9.          self.Weight = np.nan
10.
11.     def Material(self, Ro):
12.         self.Density = Ro
```

```
13.        self.Weight=self.Volume* Ro
14.
15.   class PipeColumn(CylinderColumn):
16.
17.      def __init__(self, R, t, H):
18.         super().__init__(R, H)
19.         self.ir=R- t
20.         self.Volume=self.Volume- np.pi*  self.ir* * 2 * H
21.
22.      def Material(self, Ro):
23.         super().Material(self, Ro)
24.
25.   pipe1=PipeColumn(0.4, 0.05, 4)
```

4.5 综合实例——钢框架结构的建模

框架结构是常见的结构形式之一。在对框架结构的计算中，通常以"节点"和"杆件"（梁，柱）来描述。节点对象通常包括节点位置信息，可以供定义杆件时引用。例4-6演示了如何建立一个框架结构（图4-4）的模型，并将该框架结构的各种信息进行整合。

例4-6在开始阶段首先定义了3个类，即节点（Node2D）、正方形截面的柱子（Column）和矩形截面的梁

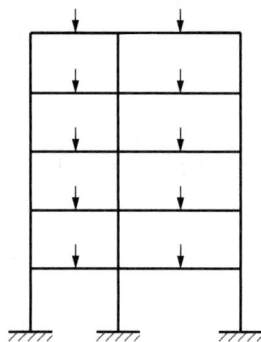

(a)框架结构　　　　(b)框架结构计算简图

图 4-4　框架结构网图

（Beam）。定义上述类是因为节点、梁和柱在后期要被反复调用，并计算梁柱的相关属性（重量）。将节点、梁和柱子单独定义为类，可以降低框架（FrameStru）的复杂程度，为程序提供更大的扩展性。当日后需要增加其他性质时，可只对对应的部分进行修改。如需要将柱子改为圆形截面，只需要改动 Column 类，而无须对其他类进行改动。

第3~8行定义了 Node2D 类，平面桁架的节点具有3个属性，即节点的编号和横纵坐标。

第10~18行定义了 Column 类，用来描述框架结构中的正方形截面柱子。柱子的主要输入参数包括两个节点的编号 n1 和 n2、柱边长 a 和柱材料密度 Ro。因为节点的坐标已经包含在节点对象中，因此在柱子的信息中无须填写柱子的起止点坐标。

第20~28行定义了 Beam 类，用于描述框架结构中的矩形截面梁。矩形截面梁除有 a 和 b 两个截面尺寸参数，且截面积计算公式与柱不同外，其余参数均与柱相同。

第30行定义了 FrameStru 类，其中第32~86行定义了框架结构。框架结构的参数包括总高、总长、楼层数、跨数、柱边长、梁高、梁宽和材料密度。第40行生成了一个名为nodeIdMap 的空列表，用来存储节点的 id。currentNodeId 表示当前可用的节点 id，用于防止同一 id 被用于不同的节点。第44行开始进行循环，逐层建立模型。在第49~50行生成本楼

层节点, 并在第 52 行临时存储在 floorNodeId 列表中, 并最终在 57 行将生成的楼层节点列表一次性加入 nodeIdMap 列表中。第 53 行将模型中的所有节点都存储在了 node 中, 以便后期查找。第 62~63 行建立了两个空列表用于存储梁和柱。第 65~75 行循环生成了梁, 第 77~86 行循环生成了柱子, 并将每个梁和柱子对象分别添加到相应的列表中。

第 88 行为框架结构对象定义了 printNodeList 方法, 该方法不需要输入任何参数。在第 90 行, 查询了框架结构对象(self)的 nodes 属性, 该属性的值为一个由 id-node 键值对组成的词典, 采用 values 获取所有节点对象并转换为 list。第 95 行遍历了 nodes 列表中的每一个节点, 查询并打印了相关信息。第 100 行和第 111 行的 printBeamList 和 printColumnList 的结构和用法与 printNodeList 相似。

第 112 行建立了 frame1 对象, 并在第 113~115 行查询了 frame1 的节点、梁和柱子的相关信息。

例 4-6

```
1.  import math
2.
3.  class Node2D():
4.
5.     def __init__(self, id, x, y):
6.        self.id = id
7.        self.x = x
8.        self.y = y
9.
10. class Column():
11.
12.    def __init__(self, n1, n2, a, Ro):
13.       self.n1 = n1
14.       self.n2 = n2
15.       self.Ro = Ro
16.       self.L = math.sqrt((n1.x- n2.x)* * 2+(n1.y- n2.y)* * 2)
17.       self.V = self.L *  a* * 2
18.       self.W = self.V *  Ro
19.
20. class Beam():
21.
22.    def __init__(self, n1, n2, a, b, Ro):
23.       self.n1 = n1
24.       self.n2 = n2
25.       self.Ro = Ro
26.       self.L = math.sqrt((n1.x- n2.x)* * 2 +  (n1.y- n2.y)* * 2 )
27.       self.V = self.L *  a* b
28.       self.W = self.V *  Ro
29.
30. class FrameStru():
31.
32.    def __init__(self, H, W, spanNum, floorNum, colSecSize, beamSecH, beamSecW, Ro):
```

```
33.        self.H=H
34.        self.W=W
35.        self.span=H/spanNum
36.        self.floorHeight=H/floorNum
37.
38.        #Creat a node map
39.        # And thencreat all the node by the map
40.        nodeIdMap=[ ]
41.        nodes={}
42.        currentNodeID=1
43.
44.        for i in range(floorNum+1):
45.            floorNodeIdMap=[ ]
46.
47.            for j in range(spanNum+1):
48.                nid=currentNodeID
49.                x=j* self.span
50.                y=i* self.floorHeight
51.
52.                floorNodeIdMap.append(nid)
53.                nodes[nid]=Node2D(nid, x, y)
54.
55.                currentNodeID=currentNodeID+1
56.
57.            nodeIdMap.append(floorNodeIdMap)
58.
59.        self.nodeIdMap=nodeIdMap
60.        self.nodes=nodes
61.
62.        beams=[ ]
63.        columns=[ ]
64.
65.        #Creat beams
66.        for i in range(floorNum+1):
67.            if i==0:
68.                continue
69.
70.            for j in range(spanNum):
71.                beams.append(Beam(nodes[nodeIdMap[i][j]],
72.                        nodes[nodeIdMap[i][j+1]],
73.                        beamSecH, beamSecW, Ro))
74.
75.        self.beams=beams
76.
77.        #Creat columns
78.        for i in range(floorNum):
79.
```

```
80.          for j inrange(spanNum+1):
81.
82.              columns.append(Column(nodes[nodeIdMap[i][j]],
83.                      nodes[nodeIdMap[i+1][j]],
84.                      colSecSize, Ro))
85.
86.      self.columns=columns
87.
88.    def printNodeList(self):
89.
90.        nodes=list(self.nodes.values())
91.        print('*******************************************')
92.        print(' Node List')
93.        print(' node id, [x, y]')
94.
95.        for node in nodes:
96.            print(' node' +str(node.id), [node.x, node.y])
97.
98.        print('*******************************************')
99.
100.   def printBeamList(self):
101.
102.       print('*******************************************')
103.       print(' Beam List')
104.       print(' beam, node1, node2, Weight')
105.
106.       for beam in self.beams:
107.           print(' beam', beam.n1.id, beam.n2.id, beam.W)
108.
109.       print('*******************************************')
110.
111.   def printColumnList(self):
112.
113.       print('*******************************************')
114.       print(' Column List')
115.       print(' Column, node1, node2, Weight')
116.
117.       for column in self.columns:
118.           print(' column', column.n1.id, column.n2.id, column.W)
119.
120.       print('*******************************************')
121.
122. frame1=FrameStru(24, 21, 4, 6, 0.4, 0.8, 0.4, 2500)
123. frame1.printNodeList()
124. frame1.printBeamList()
125. frame1.printColumnList()
```

智慧启思

中国传统哲学思想中的"面向对象元素"

认知拓展

实践创新

思考题

参考答案

   1. 在 Python 中,类和对象的定义分别是什么?它们之间有什么关系?请举例说明。

   2. 构造函数__init__的作用是什么?它们在什么时候被调用?请编写一个类,在其中定义构造函数,并观察它们的执行时机。

   3. 解释 Python 中的多态性概念。请编写代码示例,展示如何在不同的对象上调用相同的方法,但根据对象的不同类型执行不同的操作。

第 5 章

常用的第三方库

本章思维导图

AI微课

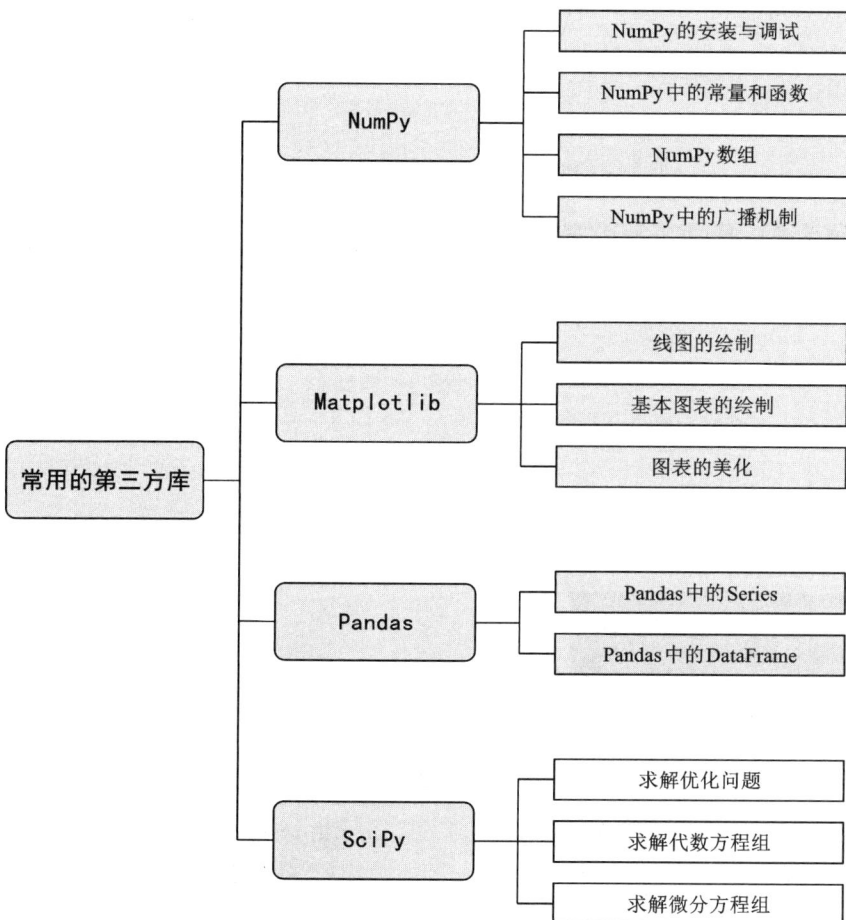

常用的第三方库

NumPy
- NumPy的安装与调试
- NumPy中的常量和函数
- NumPy数组
- NumPy中的广播机制

Matplotlib
- 线图的绘制
- 基本图表的绘制
- 图表的美化

Pandas
- Pandas中的Series
- Pandas中的DataFrame

SciPy
- 求解优化问题
- 求解代数方程组
- 求解微分方程组

在 Python 语言的发展过程中，存在大量由第三方开发者贡献的第三方库。目前已经有超过 55 万个库可供下载，这些第三方库几乎涵盖了所有的领域，为 Python 的快速发展和推广起到了重要的作用。

本章主要介绍 NumPy、Matplotlib、Pandas 和 SciPy 四个在科学计算和数据科学中常用的第三方库。

5.1　NumPy

NumPy 是 Numerical Python 的简称。NumPy 发源于 1995 年提出的 Numerix，并在 2005 年完成重构，形成了如今的 NumPy 库。NumPy 提供了高效的数组与矩阵运算、灵活的广播功能和基本的线性代数、随机数和傅里叶变换功能。NumPy 的算法库主要使用 C 语言编写，在很多数值运算中比 Python 标准库中对应的函数需要更少的硬件资源和计算时间。NumPy 为包括 SciPy 和 Matplotlib 在内的诸多科学计算与数据处理程序包提供了支持。

NumPy 的官网提供了详细的说明和帮助文档（图 5-1），并附有相应的中文翻译版本，具体情况可以扫描图 5-2 中的二维码获取。

图 5-1　NumPy 官网

NumPy官网　　　　　NumPy帮助文档

图 5-2　NumPy 官网和帮助文件获取方式

5.1.1　NumPy 的安装与调试

1. NumPy 的安装

Anaconda 中已经包含了 NumPy 等一系列科学计算库，不再需要单独安装。如需要单独安装 NumPy，可以按下列方法安装。

a. 同时按下键盘上的"Win"和"R"，出现"运行"窗口。

b. 在"运行"窗口中输入"powershell"，打开"Windows PowerShell"（图 5-3）。

c. 在"powershell"窗口中输入"pip install numpy"即可自动完成安装（图 5-4）。

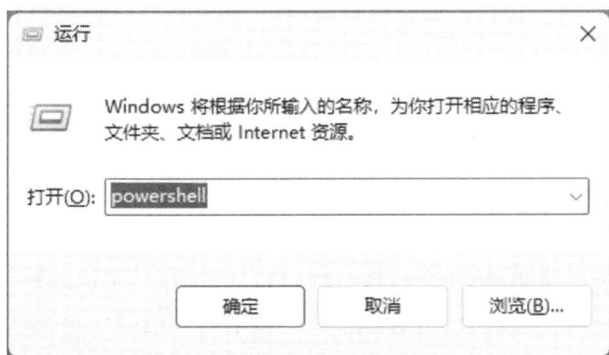

图 5-3　"运行"窗口

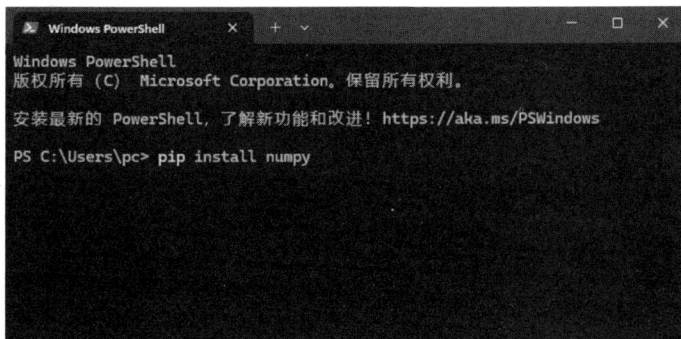

图 5-4　安装 NumPy

2. NumPy 的调用

在安装 NumPy 后还需要调用 NumPy 库，将 NumPy 及 NumPy 中各函数、模块导入当前 Python 的命名空间，才能调用 NumPy 中的模块和函数。导入 NumPy 的方法如例 5-1 所示。

例 5-1

```
1.  import numpy
2.  #这种方法只导入了 numpy，在使用 numpy 中的子模块时需要从 numpy 调用
```

3. #例如:

4. a=numpy.sin(0)

5.

6. import numpy as np

7. #这种方法导入了 numpy，并将 numpy 重命名为 np

8. #例如:

9. b=np.sin(0)

10.

11. from numpy import sin

12. #这种方法导入了 numpy 中的 sin 函数，可以直接调用

13. #例如:

14. c=sin(0)

15.

16. from numpy import *

17. #这种方法导入了 numpy 中的所有函数，可以直接调用

18. #例如:

19. d=sin(0)

5.1.2 NumPy 中的常量和函数 >>>

NumPy 中自带大量的常数和初等函数，可以直接调用。这些函数为使用 Python 进行数学运算带来了很大的便利。下面介绍 NumPy 中一些常见的函数(表 5-1)。

表 5-1 NumPy 中常见的函数

函数	说明
sin(x)	正弦函数
cos(x)	余弦函数
random.rand(*n1, *n2, *…)	生成 0~1 之间均匀分布的随机浮点数
random.randn(*n1, *n2, *…)	生成正态分布的随机浮点数
random.randint(low, *high, *size)	生成随机整数
random.choice(a, *size, *replace)	从给定的列表中随机抽取对象
dot(a, b)	矩阵点乘
linalg.norm(x, *ord)	向量求模

5.1.3 NumPy 数组 >>>

1. NumPy 数组的定义

数组(array)是 NumPy 最基础和最常用的功能之一。数组可以用来存储向量、矩阵和类

似的高维数据。相较于 Python 中的嵌套列表，数组可以更简单、高效地处理科学计算中的各种问题。但出于提高计算速度的考虑，NumPy 数组中的元素均为同一类型，且不能增减元素。当需要增减数组中的元素时，一般通过用新的数组替换旧的数组的方式实现。NumPy 中的数组可以为一维、二维或更高维度，不同维度的数组如图 5-5 所示。

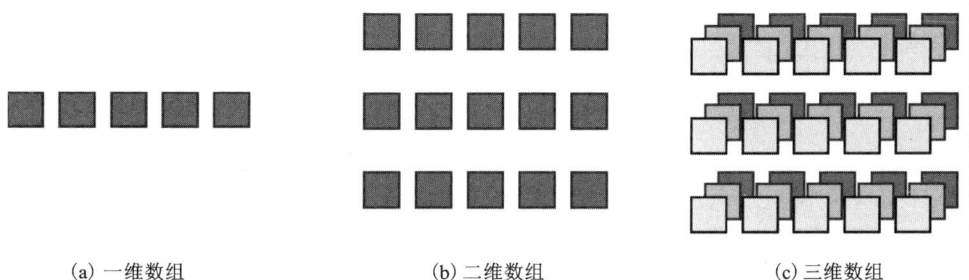

(a) 一维数组　　　　　　(b) 二维数组　　　　　　(c) 三维数组

图 5-5　NumPy 数组示意图

NumPy 数组可以由列表生成，也可以采用 NumPy 中的专用函数来定义。NumPy 数组的生成方式如表 5-2 所示。

表 5-2　NumPy 数组的生成方法

函数	说明
array(list)	由列表生成数组
arange(* start, stop, * step, dtype)	生成等距一维数组，类似于 Python 中的 range 函数
linspce(start, stop, * num, * endpoint, dtype)	通过等分区间生成等距一维数组
ones(shape, * dtype)	生成形状为 shape 的全 1 二维数组
zeros(shape, * dtype)	生成形状为 shape 的全 0 二维数组
eye(n, * m, * dtype)	生成形状为 n×m 的，对角元素值为 1 的对角矩阵

表 5-2 中所述的各函数的使用方法如例 5-2 所示。

例 5-2

```
1.   import numpy as np
2.
3.   #np.array
4.   aList=[1., 2., 3.]
5.   a=np.array(aList)
6.
7.   #np.arange
8.   b=np.arange(1, 9, 2 )
9.
10.  #np.linspace
11.  c=np.linspace(1, 9, 5)
12.
```

```
13.  #np.ones & np.zeros
14.  d=np.ones([3, 3])
15.  e=np.zeros([3, 3])
16.
17.  #np.eye
18.  f=np.eye(2, 3)
```

2. NumPy 数组的索引、切片和迭代

NumPy 数组具有类似于 Python 中 List 的索引机制，数组中的每个元素都拥有唯一的 index，通过 index 可以快速地检索到数组中的每一个元素。NumPy 数组中的 index 编号规则与 Python 中 List 的编码方式一致。也可以用类似于 List 中切片方法对 NumPy 数组进行切片。

NumPy 数组为可迭代对象，可以直接用于循环语句等有迭代需求的场景。NumPy 数组的索引、切片和迭代过程如例 5-3 所示，其中第 5~6 行展示了数组的索引，第 8 行展示了数组的切片，第 11~12 行展示了数组的迭代过程。

例 5-3

```
1.   import numpy as np
2.
3.   a=np.array([1.0, 2.0, 3.0, 4.0, 5.0])
4.
5.   a0=a[0]
6.   a4=a[-1]
7.
8.   a1, a2, a3=a[1: 4: 1]    #a[start: stop: step]
9.
10.  sum=a0
11.  for ai in a:
12.      sum=sum+ai
```

3. NumPy 数组自身的属性和运算

NumPy 数组本身可以不借助外部函数完成数组形状、最大值、最小值、平均值的计算等，还可以对数组进行转置等操作。NumPy 数组的常见函数和方法如表 5-3 所示。

表 5-3　NumPy 数组的常用方法和函数

函数或方法	功能
max	求数组中的最大值
min	求数组中的最小值
sum	对数组求和
mean	对数组求平均
T	转置
reshape（a, b）	重塑数组形状

例 5-4 演示了表 5-3 中所示的函数和方法的基本用法，其中第 5~8 行分别演示了求 NumPy 数组的最大值、最小值、和、平均值，第 10、11 行演示了 NumPy 数组的转置和重塑。

例 5-4

```
1.  import numpy as np
2.
3.  a=np.array([1.0, 2.0, 3.0, 4.0, 5.0, 6.0])
4.
5.  aMax=a.max()
6.  aMin=a.min()
7.  aSum=a.sum()
8.  aMean=a.mean()
9.
10. aT=a.T
11. aReshape=a.reshape([2, 3])
```

4. 数组与标量、数组与数组的运算

当数组与标量进行运算时，标量会依次与数组中的每个元素进行相应的运算，得到的结果的维度与参与运算的数组相同。例 5-5 中第 9 行演示了标量与数组相乘的计算过程。

一维数组与二维数组运算时，一维数组会与二维数组中的每个分量轮流运算。二维数组与二维数组运算时，对数组中对应的元素分别进行运算。例 5-5 中第 10 行和第 11 行分别演示了一维数组与二维数组相乘、二维数组与二维数组相乘的结果。

例 5-5

```
1.  import numpy as np
2.
3.  s=1.5
4.  v=np.array([1.0, 2.0, 3.0])
5.  a=np.array([ [1.0, 3.0, 5.0],
6.                [2.0, 4.0, 6.0],
7.                [1.0, 5.0, 10.0],
8.              ])
9.  result1=s* a
10. result2=v* a
11. result3=a* a
```

5.1.4 NumPy 中的广播机制　　>>>

1. 数组的运算

在函数中，输入和输出参数的类型一般是固定的。如例 5-6 中第 3~4 行所定义的计算圆形的面积的函数，其中 r 应为浮点数。当要计算多个矩形的面积时，则需要如第 11~15 行所示循环计算，需要的代码行数较多，且因上述代码未采用并行编程，运行耗时较长。若采用第 18~19 行所示方法，将要计算的多个半径值定义为 NumPy 数组，则可以一次性调用 area_of_circle 函数，完成所有计算。

例 5-6

```
1.   import numpy as np
2.
3.   def area_of_circle(r):
4.       return r* * 2* 3.14
5.
6.   #Test1
7.   r1 = 1.0
8.   A1 = area_of_circle(r1)
9.
10.  #Test2
11.  r2 = [1.0, 2.0, 3.0]
12.  A2 = [ ]
13.
14.  for i in range(3):
15.      A2.append(area_of_circle(r2[i]))
16.
17.  #Test3
18.  r3 = np.array([1.0, 2.0, 3.0])
19.  A3 = area_of_circle(r3)
```

2. 函数的向量化

虽然可以使用 NumPy 数组的广播机制一次完成多个数据的计算，但在实际编程过程中，总有许多数据无法用 NumPy 数组表示。对于上述情况，可以采用 NumPy 中的函数向量化工具，得到类似于 NumPy 广播机制的函数。使用 NumPy 中的 vectorize 函数可以将已经定义的函数进行向量化。经过向量化的函数可以灵活地处理各种长度的参数，对于列表与标量混合输入的情况也能处理。NumPy 中的函数向量化方法如例 5-7 所示。

例 5-7

```
1.   import numpy as np
2.
3.   def area_of_rect(b, h):
4.       return b* h
5.
6.   #area_of_rect 一次只能计算一个矩形的面积
7.   b = 1.0
8.   h = 2.0
9.
10.  a = area_of_rect(b, h)
11.
12.  area_of_rectS = np.vectorize(area_of_rect)
13.  #area_of_rectS 一次可以计算多个矩形的面积
14.  B = [1.0, 2.0, 3.0]
```

15.　H=2.0
16.
17.　A=area_of_rectS(B, H)

5.2　Matplotlib

Matplotlib 是 Python 的绘图库, 它能让使用者很轻松地将数据图形化, 并且提供多样化的输出格式。Matplotlib 可以用来绘制各种静态、动态、交互式的图表。Matplotlib 是一个非常强大的 Python 画图工具, 我们可以使用该工具将数据通过图表的形式更直观地呈现出来。Matplotlib 可以绘制线图、散点图、等高线图、条形图、柱状图、3D 图形, 甚至是图形动画等。在 Matplotlib 中, 使用非常简单的命令就可以创建美观的图表, 让开发者专注于问题本身而不是图表的细节。Matplotlib 的官网(图 5-6)及相关文档可以扫描图 5-7 中的二维码查看。

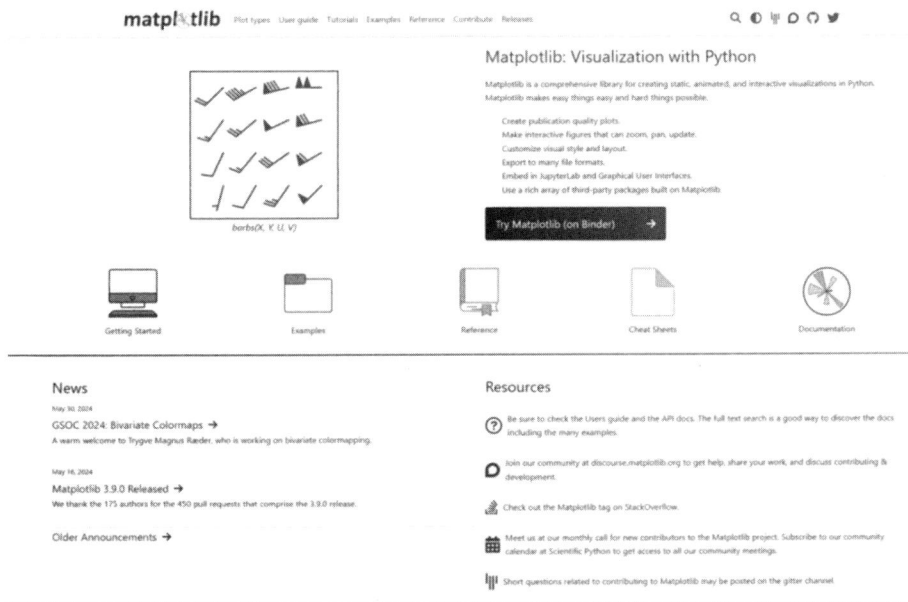

图 5-6　Matplotlib 官网

Matplotlib官网　　　　Matplotlib帮助文档

图 5-7　Matplotlib 官网和帮助文件获取方式

5.2.1 使用 Matplotlib 绘制线图

>>>

Matplotlib 有两个接口，一个是状态机(state machine)层的接口，通过 pyplot 模块来进行管理，另一个是面向对象的接口，通过 pylab 调用，两者的功能和最终效果一致。本节主要讲述 pyploy 模块的使用方法。

例 5-8 演示了 Matplotlib 的导入及其最简单的应用。例 5-8 中第 2 行引入了 matplotlib. pyplot，第 5~6 行生成了用于绘图的数据，第 9 行完成了绘图，参数 -g 表示绿色实线，可以参考第 5.2.3 节，第 12~14 行定义了图表标题和轴标题，其中两个 $ 中间的表达式会被 Latex 渲染。有的 IDE 会在执行第 17 行的命令之后显示所绘制的图表，有的 IDE 则不需要。绘制完成后的效果如图 5-8 所示。

例 5-8

```
1.  import numpy as np
2.  import matplotlib.pyplot as plt
3.
4.  #创建示例数据
5.  x=np.linspace(0, 2* np.pi, 101)
6.  y=np.sin(x)
7.
8.  #画图
9.  plt.plot(x, y, '-g')
10. # -g 表示绿色实线，详见第 5.2.3 小节
11.
12. plt.title(' Plot of $ y=Sin(x) $ ')
13. plt.ylabel(' $ Sin(x) $ ')
14. plt.xlabel(' $ x $ ')
15.
16. #显示图形，有的 IDE 需要 plt.show 才能显示图形，有的不需要
17. #本节后续均不书写 plt.show
18. plt.show()
```

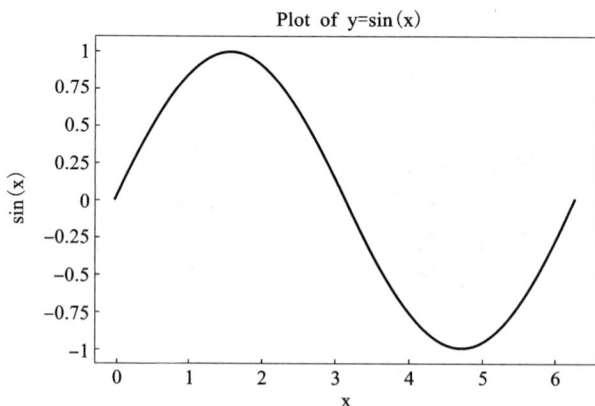

图 5-8　使用 **Matplotlib** 绘制的 **y=sin(x)** 的图像

5.2.2 Matplotlib 基本图表的绘制 >>>

Matplotlib 中常见的图表除了例 5-8 所呈现的线图，还包括条形图、饼图、散点图、等高线图等。

1. 绘制条形图

条形图通常用来对比不同变量之间的差异。例 5-9 演示了图 5-9 所示的条形图的绘制过程，其中第 5~6 行定义了绘图所需的数据，第 9 行绘制了条形图，第 11~13 行定义了图表标题和坐标轴标题。由于第 6 行采用了随机数生成器生成数据，因此每次运行例 5-9 得到的结果都不会完全一致。

例 5-9

```
1.  import numpy as np
2.  import matplotlib.pyplot as plt
3.  #条形图
4.  #创建示例数据
5.  x = ['a', 'b', 'c', 'd', 'e']
6.  y = np.random.rand(5).tolist()
7.
8.  #画图
9.  plt.bar(x, y)
10.
11. plt.xlabel('Label')
12. plt.ylabel('Height')
13. plt.title('Bar Plot')
```

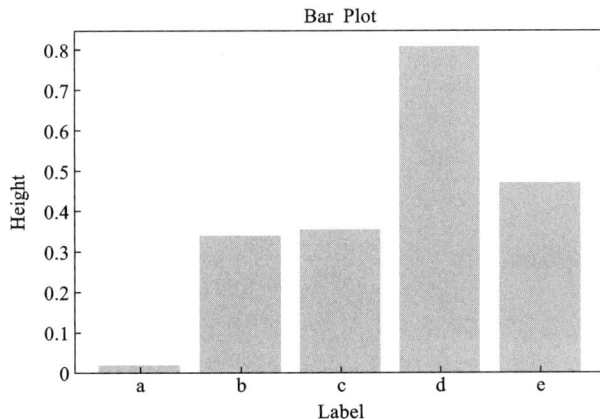

图 5-9 使用 Matplotlib 绘制的条形图

2. 绘制饼图并定义图例

饼图常用于表示不同的变量占整体的比例关系。例 5-10 演示了使用 Matplotlib 绘制如图

5-10 所示的饼图的过程。其中，第 11 行定义了饼图。需要说明的是，饼图的参数依次为 y 值、每个 y 值所在的扇形向远离圆心方向平移的距离和每个 y 值对应的标签。因本例中跳过了偏移参数，没有按顺序输入，所以需要注明所输入参数的名称，即第 11 行的"labels＝x"。

例 5-10

```
1.   import numpy as np
2.   import matplotlib.pyplot as plt
3.
4.   #creat test data
5.
6.   #创建示例数据
7.   x=[ 'a', 'b', 'c', 'd', 'e' ]
8.   y=np.random.rand(5).tolist()
9.
10.  #画图
11.  plt.pie(y, labels=x)
12.
13.  plt.title(' Pie Plot' )
```

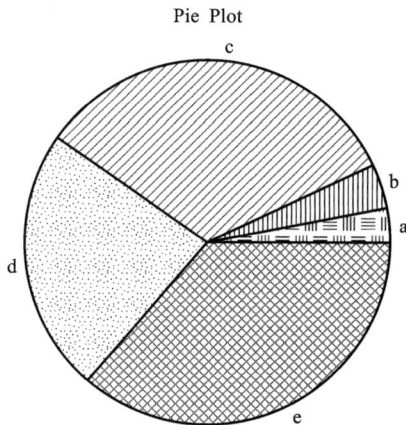

图 5-10　使用 Matplotlib 绘制的饼图

3. 在不同的子图中绘制散点图

散点图通常用来观察变量之间的关系。散点图中的数据点可以大小一致，也可以大小不同。当所有点大小一致时，可以直接使用 plot 命令绘制；当希望控制每个点的大小时，则采用 scatter 命令绘制。

在进行研究时，有时需要将多张图表绘制在一张图片中，图片中的每张图表称为一个子图，此时可以使用 subplot 命令定义子图。

例 5-11 演示了在 2 个不同的子图中绘制不同的散点图的效果（图 5-11）。其中第 5~7 行创建了绘图所用的数据，其中 x 和 y 与前述案例相同，s 为散点图中数据点的大小；第 10 行定义了子图，参数"121"表示定义 1 行 2 列共 2 个子图，并切换到第 1 张子图开始绘制；第

11 行使用 plot 命令绘制了散点图，参数中的 go 表示绿色圆点，可以参考第 5.2.3 节；第 14 行切换到了第 2 张子图；第 16 行绘制了散点图，3 组参数分别为每个点的 x 值、y 值和数据点大小。

例 5-11

```
1.  import numpy as np
2.  import matplotlib.pyplot as plt
3.
4.  #创建示例数据
5.  x=np.linspace(0, 2* np.pi, 51)
6.  y=np.sin(x)
7.  s=np.cos(x)* 25+25
8.
9.  #定义子图，1 行 2 列，绘制第 1 个
10. plt.subplot(121)
11. plt.plot(x, y, 'go')
12.
13. #定义子图，1 行 2 列，绘制第 2 个
14. plt.subplot(122)
15. plt.yticks([ ])
16. plt.scatter(x, y, s)
17. plt.title('Scatter Plot')
```

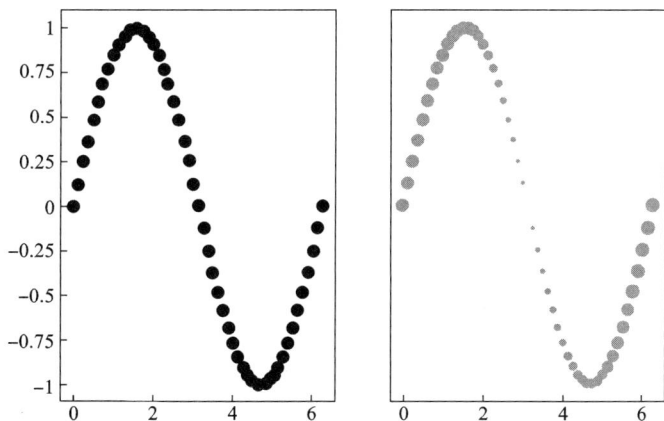

图 5-11　使用 Matplotlib 绘制的多子图散点图

4. 等高线图

在实践中经常会需要研究和绘制多元函数的图像，此时常见的线图、散点图等就不足以描述所研究的对象了。Matplotlib 也可以用于绘制多维图表。例 5-12 演示了使用 Matplotlib 绘制图 5-12 所示等高线图的过程。

绘制等高线图需要输入的参数包括每点的 x、y、z 值，上述 3 个参数的值均应为形状相同的二维数组。采用 NumPy 中的 meshgrid 函数可以将一维数组扩展至二维。例 5-12 中第 6~7 行生成了一维数组表示的 x 和 y 的向量，并赋值给 x0 和 y0；第 10 行对 x0 和 y0 进行扩

展，得到二维数组 x 和 y；第 12 行生成 z 参数数值；第 16 行定义了绘制等高线图的参数；第 17~19 行定义了图名和坐标轴标签。

例 5-12

```
1.  import numpy as np
2.  import matplotlib.pyplot as plt
3.
4.  #创建示例数据
5.  #创建数组
6.  x0=np.linspace(0, np.pi, 51)
7.  y0=np.linspace(0, np.pi, 51)
8.
9.  #扩展数据
10. x, y=np.meshgrid(x0, y0)
11.
12. #生成z
13. z=x+y
14.
15. #画图
16. plt.contourf(x, y, z)
17. plt.xlabel(' x' )
18. plt.ylabel(' y' )
19. plt.title(' Contour Plot' )
```

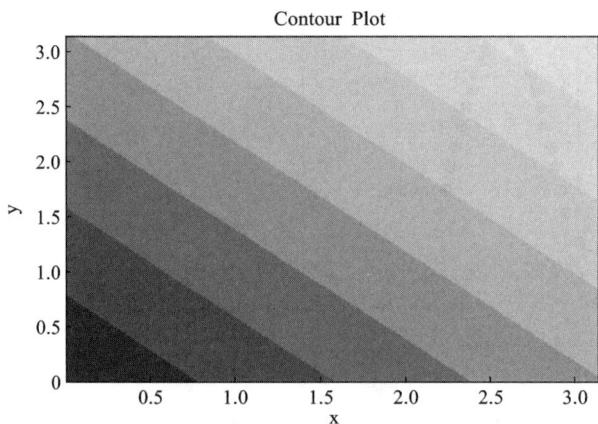

图 5-12 使用 Matplotlib 绘制的等高线图

5.2.3 Matplotlib 图表的美化　　　　　　　　　　　　　　>>>

从第 5.2.2 节中所述的案例不难看出，在使用 plot、bar、pie 等基础命令绘制图表后所得到的图表并不能满足使用需求，需要再手工定义图表的轴标题、图名、坐标轴等。Matplotlib 中的绘图函数通常都有许多参数用于定义绘图效果，如 plot 命令的调用方式为：

plot(x, y, color, marker, linestyle, linewidth, markersize, alpha, …)

该示例中参数的具体含义如表 5-4 所示。

表 5-4　plot 命令中各参数的功能

参数	功能
x	待绘制数据的 x 值
y	待绘制数据的 y 值
color	线或数据点的颜色
marker	数据点形状
linestyle	线型
linewidth	线宽
markersize	数据点大小
alpha	透明度

除了点、线等图表主体外，坐标轴等部件也是图表的重要组成部分，定义该部分对象的命令多为部件名称+相关参数的形式。图 5-13 中用斜体标出了每个部件的名称，可以方便快捷地查询相应的命令。Matplotlib 中的相关命令、颜色编码和数据点编码可以从 Matplotlib 官网查询。

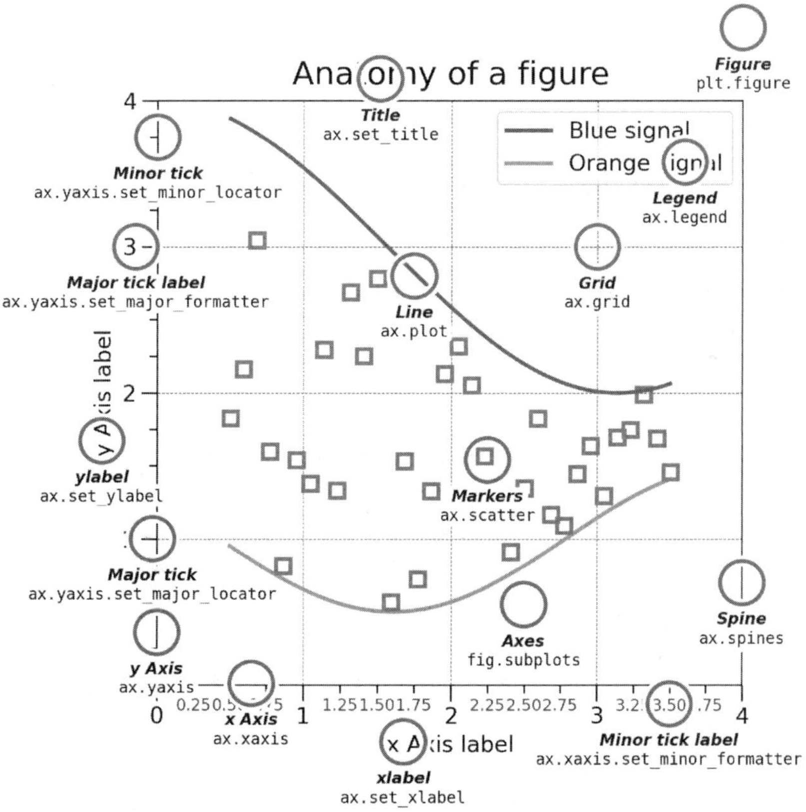

图 5-13　Matplotlib 图表中的部件名称和命令

例 5-13 演示了一幅曲线图（图 5-14）的绘制过程。其中第 10～11 行定义了 $y=\sin(x)$ 的图像，图像为红色圆形数据点和红色虚线，数据点透明度为 0.5，标签为 $y=\sin(x)$；第 13～14

行定义了 y=cos(x) 的图像；第 16~19 行定义了 x 轴、y 轴和整个图表的标题；第 21~22 行定义了背景网格线；第 24~25 行定义了坐标轴的范围；第 27 行将绘制完成的图表另存为图片。

例 5-13

```
1.  import numpy as np
2.  import matplotlib.pyplot as plt
3.
4.  #生成数据
5.  x＝np.linspace(0，2* np.pi，21)
6.
7.  y1＝np.sin(x)
8.  y2＝np.cos(x)
9.
10. plt.plot(x，y1，'r--')
11. plt.plot(x，y1，'ro'，alpha＝0.5，label=' $ y＝sin(x) $ ')
12.
13. plt.plot(x，y2，'g--')
14. plt.plot(x，y2，'g* '，alpha＝0.5，label=' $ y＝Cos(x) $ ')
15.
16. plt.xlabel(' x ')
17. plt.ylabel(' y ')
18.
19. plt.title(' Plot of $ y＝sin(x) $  and  $ y＝cos(x) $ ')
20.
21. plt.legend()
22. plt.grid(' on '，linestyle=' -- ')
23.
24. plt.xlim([- 0.1* np.pi，2.1* np.pi])
25. plt.ylim([- 1.1，1.1])
26.
27. plt.savefig(' Figure1.jpg ')
```

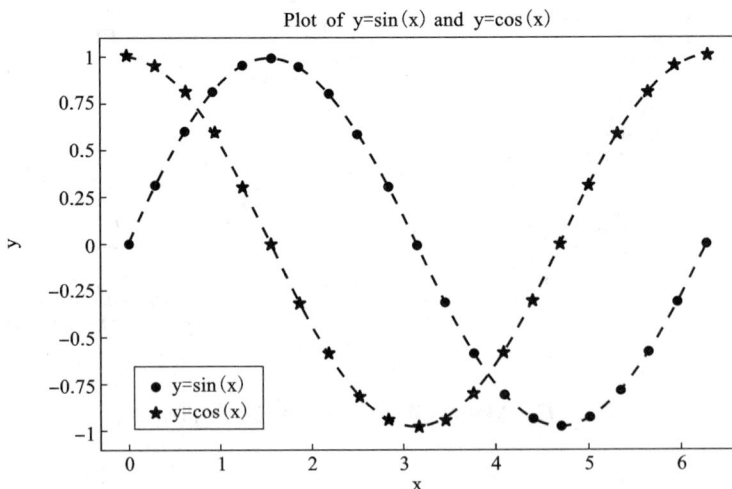

图 5-14　调整风格后的曲线图

5.3 Pandas

Pandas 是一个开源的，为 Python 编程语言提供高性能、易于使用的数据结构和数据分析工具。在日常编程工作中，常常会遇到有大量的数据需要处理的情况，使用列表、词典或数组等工具不能很好地管理这些数据，且随着数据量的增加，上述工具的运行速度会急剧下降。

Pandas 是为解决数据分析任务而创建的，是一种基于 NumPy 的工具。Pandas 纳入了大量库和一些标准的数据模型，提供了操作大型数据集所需的高效工具。Pandas 提供了大量能快速便捷地处理数据的函数和方法。Pandas 是使 Python 成为强大而高效的数据分析环境的重要因素之一。使用 Pandas 可以方便快捷地管理大量的数据，完成多样化的工作需求。Pandas 的官网如图 5-15 所示。Pandas 的网络学习资源可以从图 5-16 获取。

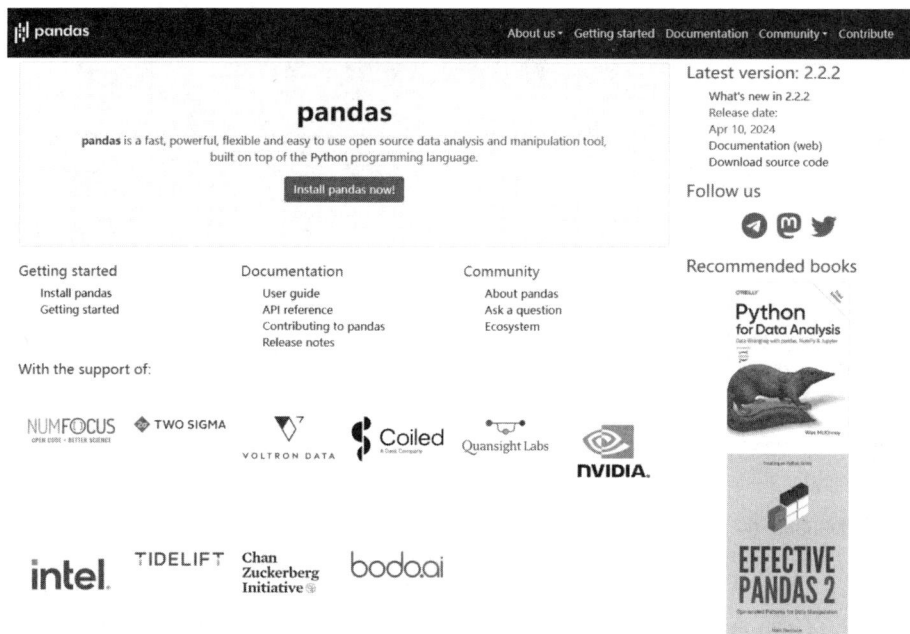

图 5-15　Pnadas 官网

Pandas官网　　　　Pandas帮助文档

图 5-16　Pnadas 学习资源

Pandas 可以使用以下命令安装：

```
1. pip install pandas
```

5.3.1 Pandas 中的 Series >>>

Pandas 主要包括两种数据结构，即 Series 和 DataFrame，分别类似于 NumPy 中的一维和多维数组，用于存储和处理一维和多维数据。

Series 是 Pandas 中描述一维（序列）数据的结构。不同于数组，Series 中每个数据都拥有一个独立的 index，该 index 不仅限于整数，可以是包括浮点数在内的多种类型，例 5-14 演示了通过列表和字典定义 Series 的过程。

例 5-14 中第 4~7 行定义了用于装入 Series 中的数据；第 9 行定义了一个 Series，其中的 index 是可选参数，没有定义 index 时默认采用从 1 开始的自然数；第 10 行用字典定义了一个 Series，字典的键（key）默认成为 Series 的 index，字典的值（value）默认成为 Series 的值；第 11~12 行将 Series 输出到屏幕，输出的结果附于例 5-14。

例 5-14

```
1.  import numpy as np
2.  import pandas as pd
3.
4.  x = np.linspace(0, 1* np.pi, 101)
5.  y = np.sin(x)
6.
7.  GPA = {'赵': 4, '钱': 3.5, '孙': 2.5, '李': 3.5}
8.
9.  Series1 = pd.Series(y, index=x)
10. Series2 = pd.Series(GPA)
11. print(Series1)
12. print(Series2)
```

代码输出结果：

```
1.0.000000      0.000000e+00
2.  0.031416      3.141076e- 02
3.  ......
4.  3.110177      3.141076e- 02
5.  3.141593      1.224647e- 16
6.  Length: 101, dtype: float64
7.
8.  赵       4.0
9.  钱       3.5
10. 孙       2.5
11. 李       3.5
12. dtype: float64
```

Series 中的数据可以采用 index 查询对应的数值，也可以增加或减少相应的数据。例 5-15 演示了 Series 的一些基本操作，其中第 14~24 行分别演示了 Series 的查询和增删元素功能。

例 5-15

```
1.  import numpy as np
2.  import pandas as pd
3.
4.  x1=np.linspace(0, np.pi, 101)
5.  y1=np.sin(x1)
6.
7.  x2=np.linspace(1.02* np.pi, 2* np.pi, 99)
8.
9.  Series1=pd.Series(y1, index=x1)
10.
11. #查询 index
12. Point3ID=Series1.index[3]
13.
14. #根据 index 查询
15. Point3=Series1[Point3ID]
16.
17. #增加一个元素
18. Series1[1.01* np.pi]=np.sin(1.01* np.pi)
19.
20. #替换一个元素
21. Series1[1.01* np.pi]=np.sin(1.01* np.pi)* 2
22.
23. #删除一个元素
24. Series1.drop(np.pi)
```

5.3.2　Pandas 中的 DataFrame

DataFrame 是 Pandas 中重要的数据结构之一，DataFrame 的形式类似于 NumPy 中的多维数组或生活中的表格。

1. 定义 DataFrame

例 5-16 演示了如何通过字典定义一个 DataFrame，其将拟创建的 DataFrame 中的每一列封装为一个字典。

例 5-16

```
1.  import numpy as np
2.  import pandas as pd
3.
4.  name=['赵', '钱', '孙', '李']
5.  sex=['M', 'F', 'F', 'M']
6.  GPA=[4.0, 3.5, 2.5, 3.5]
7.  age=[19, 20, 20, 18]
8.
9.  data={'sex': sex, 'GPA': GPA, 'age': age}
```

```
10.
11.  dataFrame1 = pd.DataFrame(data, index = name)
12.  print(dataFrame1)
13.
14.  代码输出结果:
15.     sex GPA age
16.  赵 M 4.0 19
17.  钱 F 3.5 20
18.  孙 F 2.5 20
19.  李 M 3.5 18
```

2. 从 DataFrame 读取和筛选元素

在需要查询数据时, 即可根据 index 读取 DataFrame 中的数据, 例 5-17 演示了如何从 DataFrame 中查询数据。其中, 第 14、17 行分别演示了查询单列和多列的方法, 两者的区别仅在于查询单列时直接以列名作为参数, 查询多列时以包含列名的列表作为参数。第 20 行演示了按行查询的方法, 目前 Pandas 中只能按照行数查询, 不能用 index 查询。第 23 行演示了查询某个具体元素的方法, 即先按列查询, 再在查询到的单列结果中查询具体元素。

例 5-17

```
1.   import numpy as np
2.   import pandas as pd
3.
4.   name = ['赵', '钱', '孙', '李']
5.
6.   sex = ['M', 'F', 'F', 'M']
7.   GPA = [4.0, 3.5, 2.5, 3.5]
8.   age = [19, 20, 20, 18]
9.
10.  data = {'sex': sex, 'GPA': GPA, 'age': age}
11.  dataFrame1 = pd.DataFrame(data, index = name)
12.
13.  #查询单列
14.  sexInfo = dataFrame1['sex']
15.
16.  #查询多列
17.  sexAndGPAInfo = dataFrame1[['sex', 'GPA']]
18.
19.  #按行查询
20.  qianInfo = dataFrame1.iloc[1]
21.
22.  #查询单个值
23.  zhaoInfo = dataFrame1['sex']['赵']
```

3. 向 DataFrame 中添加和删除元素

在实践中, 常需要对数据库进行维护, 在其中增删元素。例 5-18 演示了向 DataFrame 中增加数据的操作过程。其中，第 11 行建立了一个 DataFrame，并在第 13 行向原有的 DataFrame 中增加了一列"id"。第 15 行将要写进原有 DataFrame 中的信息单独建立一个 DataFrame 保存，第 18 行通过将两个 DataFrame 合并完成添加一行数据的操作。合并操作并不会改变原有的 DataFrame，而是会返回一个新的 DataFrame。

例 5-18

```
1.  import numpy as np
2.  import pandas as pd
3.
4.  name=['赵', '钱', '孙', '李']
5.
6.  sex=['M', 'F', 'F', 'M']
7.  GPA=[4.0, 3.5, 2.5, 3.5]
8.  age=[19, 20, 20, 18]
9.
10. data={'sex': sex, 'GPA': GPA, 'age': age}
11. dataFrame1=pd.DataFrame(data, index=name)
12.
13. dataFrame1['id']=[105, 105, 201, 203]
14.
15. data2={'sex': 'M', 'GPA': 3.0, 'age': 17, 'id': 305}
16. dataFrame2=pd.DataFrame(data2, index=['周'])
17.
18. dataFrame3=pd.concat([dataFrame1, dataFrame2])
19. print(dataFrame3)
```

例 5-18 代码运行输出结果：

```
1.     sex GPA age id
2.  赵 M 4.0 19 105
3.  钱 F 3.5 20 105
4.  孙 F 2.5 20 201
5.  李 M 3.5 18 203
6.  周 M 3.0 17 305
```

当需要从 DataFrame 中移除某个特定的行或列时，可以使用 drop() 函数。例 5-19 展示了如何从 DataFrame 中按行或列移除部分内容。第 14~15 行分别演示了按 index 和按行号移除整行数据的方法，其中的"axis=0"可以不写。第 18 行演示了移除整列数据的方法，其中的"axis=1"必须书写。移除操作并不会改变原有的 DataFrame，而是会返回一个新的 DataFrame。

例 5-19

```
1.  import numpy as np
2.  import pandas as pd
3.
4.  name=['赵', '钱', '孙', '李']
5.
6.  sex=['M', 'F', 'F', 'M']
7.  GPA=[4.0, 3.5, 2.5, 3.5]
```

```
8.   age=[19, 20, 20, 18]
9.
10.  data={'sex': sex, 'GPA': GPA, 'age': age}
11.  dataFrame1=pd.DataFrame(data, index=name)
12.
13.  #移除行
14.  dataFrame2=dataFrame1.drop('赵', axis=0)
15.  dataFrame3=dataFrame1.drop(dataFrame1.index[1])
16.
17.  #移除列
18.  dataFrame4=dataFrame1.drop('sex', axis=1)
```

4. 根据现有内容生成新的列

在编程实践中，有时需要根据一定的条件进行计算，如根据考试成绩判断是否及格等。在 Pandas 中可以通过现有列，按照一定的规则进行计算并输出到新列中。例 5-20 中第 4~13 行定义了 getLevel 函数，第 24 行使用 lambda 命令调用 getLevel 函数，通过 GPA 分数判断学生的 GPA 等级，并写入 DataFrame 中。

例 5-20

```
1.   import numpy as np
2.   import pandas as pd
3.
4.   def getLevel(GPA):
5.
6.       if GPA >=3.5:
7.         return '优秀'
8.       elif GPA>=2.5:
9.         return '良好'
10.      elif GPA>=1.0:
11.        return '及格'
12.      else:
13.        return '不及格'
14.
15.  name=['赵', '钱', '孙', '李']
16.
17.  sex=['M', 'F', 'F', 'M']
18.  GPA=[4.0, 3.5, 2.5, 3.5]
19.  age=[19, 20, 20, 18]
20.
21.  data={'sex': sex, 'GPA': GPA, 'age': age}
22.  dataFrame1=pd.DataFrame(data, index=name)
23.
24.  dataFrame1['level']=dataFrame1.apply(lambda x: getLevel(x['GPA']),
25.                          axis=1)
```

例 5-20 的运行效果如下：

1. sex GPA age level
2. 赵　M 4.0 19　优秀
3. 钱　F 3.5 20　优秀
4. 孙　F 2.5 20　良好
5. 李　M 3.5 18　优秀

5. DataFrame 的分组和排序

分组和排序是 DataFrame 中常见的两种操作。例 5-21 演示了对 DataFrame 进行分组的操作过程。不同于 Pandas 中的其他操作，groupby 命令返回的结果不是一个或多个 DataFrame，而是一个 DataFrameGroupBy 对象，对该对象使用 groups 命令可以提取以包含分类值和 index 为内容的，以字典形式描述的分类结果。第 13 行进行了以 sex 为指标的分类，第 14 行提取了分类结果。

例 5-21

```
1.  import numpy as np
2.  import pandas as pd
3.
4.  name=['赵', '钱', '孙', '李']
5.
6.  sex=['M', 'F', 'F', 'M']
7.  GPA=[4.0, 3.5, 2.5, 3.5]
8.  age=[19, 20, 20, 18]
9.
10.  data={'sex': sex, 'GPA': GPA, 'age': age}
11.  dataFrame1=pd.DataFrame(data, index=name)
12.
13.  groupedFrame=dataFrame1.groupby('sex')
14.  groupResult=groupedFrame.groups
15.  print(groupResult)
```

该程序的运行结果如下：

1. {2.5: ['孙'], 3.5: ['钱', '李'], 4.0: ['赵']}

排序是 Pandas 中另一个十分有用的操作。使用 sort_values() 函数可以对 DataFrame 中的数据进行排序。例 5-22 中第 13 行演示了如何根据年龄对 DataFrame 中的数据进行排序。排序操作并不会改变原有的 DataFrame，而是会返回一个新的 DataFrame。

例 5-22

```
1.  import numpy as np
2.  import pandas as pd
3.
4.  name=['赵', '钱', '孙', '李']
5.
6.  sex=['M', 'F', 'F', 'M']
7.  GPA=[4.0, 3.5, 2.5, 3.5]
8.  age=[19, 20, 20, 18]
9.
```

```
10.    data = {' sex' : sex, ' GPA' : GPA, ' age' : age}
11.    dataFrame1 = pd.DataFrame(data, index = name)
12.
13.    dataFrame2 = dataFrame1.sort_values(' age' )
```

例 5-22 的运行结果为：

```
16.    sex GPA age
17.    李    M 3.5 18
18.    赵    M 4.0 19
19.    钱    F 3.5 20
20.    孙    F 2.5 20
```

6. DataFrame 的保存与读取

DataFrame 中存储的数据常需要复用或与其他软件交互，但 Pandas 没有专属的文件格式，最常见的解决方案是将 DataFrame 中的数据存储到 csv 文件中。csv 文件为采用逗号分隔的文本文件，可以用 Excel 等办公软件和系统自带的文本编辑软件打开，是一种应用广泛的数据存储格式。例 5-23 演示了如何将 DataFrame 导出为 csv 文件并重新读入。其中，第 13 行的作用是将 dataFrame1 输出到 csv 文件中，to_csv 方法的第一个参数为文件路径和文件名，如果只输入文件名，则默认将文件保存到当前路径，将 encodeing 参数设置为 utf-8-sig 是为了支持中文内容。第 15 行的作用是将第 13 行写出的 csv 文件读取并赋值给 dataFrame2，其中 index_col 的作用是指定第一列（姓名）为 index，不指定该参数时，默认采用行号作为 index。

例 5-23

```
1.     import numpy as np
2.     import pandas as pd
3.
4.     name = [' 赵' , ' 钱' , ' 孙' , ' 李' ]
5.
6.     sex = [' M' , ' F' , ' F' , ' M' ]
7.     GPA = [4.0,  3.5,  2.5,  3.5]
8.     age = [19,  20,  20,  18]
9.
10.    data = {' sex' : sex, ' GPA' : GPA, ' age' : age}
11.    dataFrame1 = pd.DataFrame(data, index = name)
12.
13.    dataFrame1.to_csv(' Data.csv' , encoding = ' utf- 8- sig' )
14.
15.    dataFrame2 = pd.read_csv(' Data.csv' , encoding = ' utf- 8- sig' , index_col = 0)
```

5.4 SciPy

>>>

SciPy 是一个用于数学、科学、工程领域的常用软件包，可以处理最优化、线性代数、积分、插值、拟合、特殊函数、快速傅里叶变换、信号、图像、常微分方程求解器等。NumPy 和

SciPy 的协同工作可以高效解决很多问题，在天文学、生物学、气象学和气候科学，以及材料科学等多个学科中得到了广泛应用。SciPy 可以使用以下命令安装：

```
pip installscipy
```

SciPy 的功能复杂多样，可以解决优化、积分、插值、特征值问题、代数方程、微分方程、统计和许多其他类别的问题。学习 SciPy 需要较长的时间和较多的数学基础。本节仅以三个案例演示 SciPy 的基本功能，可以通过 SciPy 官网（图 5-17）或图 5-18 中推荐的相关网站获取 SciPy 学习资源。

图 5-17　SciPy 官网

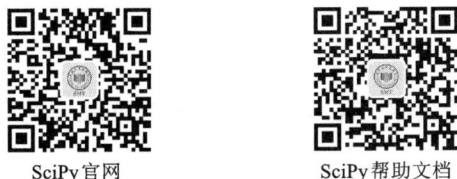

SciPy官网　　　　　SciPy帮助文档

图 5-18　SciPy 学习资源

5.4.1　使用 SciPy 解决优化问题　>>>

优化问题通常被描述为在某些约束条件下求函数的最小值的问题，使用 SciPy 中的优化模块就可以进行优化。在工程中，优化算法具有非常广泛的应用，对结构进行优化可以降低成本，提高效率。例 5-24 演示了一个简单的优化问题。

例 5-24

1. 问题描述与分析

如图 5-19 所示，要在墙体旁边用围栏围出一块矩形区域，当围栏长度为 100 m 时，求 a、b 的尺寸使围栏围出的面积最大。

显然，当围栏的长度为 100 m 时，a，b 满足：

$$b = 100 - 2a$$

围栏围出的面积可以表示为：

$$A = a(100 - 2a)$$

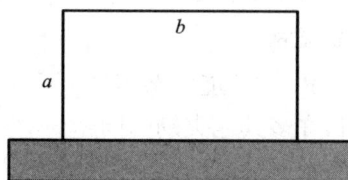

图 5-19　围栏尺寸示意图

2. 程序编制

求 A 的最大值即可得到最佳的 a、b 取值，具体求解代码如下：

```
1.  import scipy as sp
2.
3.  def reponsepFun(a):
4.      return - 1.0* a* (100- 2* a)
5.
6.  a= sp.optimize.minimize(reponsepFun, 10.0).x
```

上述代码中第 3~4 行定义了面积作为被优化函数，因 SciPy 中的优化需要表示为函数求最小值，因此对面积乘以 -1.0。第 6 行定义了优化过程，其中的 10.0 为 a 的初始值。

5.4.2　使用 SciPy 求解代数方程组

在科研和工程实践中常需要求解代数方程组，使用 SciPy 中的线性方程组模块可以轻松快捷地求解。例 5-26 演示了如何使用 SciPy 求解代数方程组。

例 5-26

1. 问题描述与分析

如图 5-20 所示的一个简支梁，在 C 点有个 100 N 的集中荷载。求 A 点和 B 点的竖向支座反力。

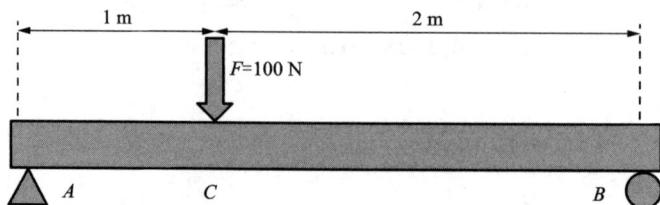

图 5-20　受集中荷载的简支梁

设 A、B 点的竖向支座反力分别为 F_A、F_B。根据力的平衡方程及对 C 点的力矩平衡方程有：

$$\begin{cases} F_A + F_B = 100 \\ F_A - 2F_B = 0 \end{cases}$$

求解上述方程组即可求 F_A、F_B。

2. 程序编制

使用 SciPy 求解上述方程组的具体步骤如下：

```
1.  import scipy as sp
2.
3.  def Equations(f):
4.    fa, fb = f
5.    return [fa+fb- 100, 1* fa- 2* fb]
6.
7.  fa, fb = sp.optimize.fsolve(Equations, [50, 50])
8.
9.  #验证
10.   err = Equations([fa, fb])
```

上述代码的第 3～5 行将需要求解的方程组定义为函数。SciPy 的方程求解器模块来自优化模块，通过将待求方程组表示为 f(x) = 0 的形式，并通过优化使 abs(f(x)) 取最小值的方法进行求解，第 5 行即为变形后的方程组。第 7 行演示了 SciPy 的求解过程，其中的 [50, 50] 为 fa 和 fb 的初始值。初始值可以根据方程估算，较为准确的初始值可以加快求解速度。第 10 行采用求解的数据对所求方程进行了验证。

5.4.3　使用 SciPy 求解微分方程　>>>

工程和生活中的许多现象都可以用微分方程描述，如例 5-25 所示。

例 5-25

1. 问题描述与分析

弹簧振子是结构动力学中最常见的单自由度体系，很多实际结构如水塔、单层厂房等都可以简化为单自由度弹簧振子进行求解。图 5-21 所示的弹簧振子的运动方程可以描述为：

$$m\ddot{u} + c\dot{u} + ku = 0$$

式中：m、c、k 分别为系统的质量、阻尼、刚度；u 为系统中质量的位移。

图 5-21　弹簧振子

以图 5-21 所示的弹簧振子为例，求解上述微分方程得到弹簧振子的运动轨迹。假设结构刚度为 100 N/m，阻尼为 10 N·s/m，振子质量为 20 kg，初始位移为 0.1 m，初始速度为 0。

2. 程序编制

SciPy 中的微分方程求解一般采用一阶微分方程的形式输入。在求解二阶微分方程时，通常将二阶微分方程化为一阶微分方程组。上述控制方程可以化为：

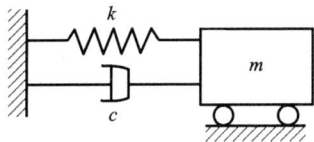

$$\begin{cases} \dot{u}=v \\ \dot{v}=-\dfrac{cv+ku}{m} \end{cases}$$

经过变换后的控制方程中只含有一阶导数，v 表示质量块的运动速度。使用 SciPy 求解上述微分方程组的代码如下：

```
1.  import scipy as sp
2.  import numpy as np
3.  import matplotlib.pyplot as plt
4.
5.  #定义待求解方程
6.  def Equations(y, t, m, c, k):
7.      u, v=y
8.      dydt=[v, -1* (c* v+k* u)/m]
9.      return dydt
10.
11. m=20
12. c=10
13. k=100
14.
15. init=[1.0, 0.0]
16. t=np.linspace(0, 10, 201)
17.
18. res=sp.integrate.odeint(Equations, init, t, args=(m, c, k))
19.
20. plt.plot(t, res[: , 0], label=' Displacement' )
21.
22. plt.legend()
23. plt.xlabel(' Time/s' )
24. plt.ylabel(' Dsiplacement/m' )
```

代码中第 6~9 行以函数的形式定义了待求解的微分方程，其输入参数中应当包含微分方程中的所有参数，输出参数应为待解微分方程的等号左侧部分。第 11~14 行定义方程中参数的取值。第 16 行定义了求解范围和步长。第 18 行为求解命令。第 20 行绘制了求解结果。第 22~24 行对求解结果绘制的图进行了美化，增加了一些图表元素。

5.5　综合实例

5.5.1　使用蒙特卡罗算法计算圆周率

蒙特卡罗方法也称统计模拟方法，是 20 世纪 40 年代中期根据科学技术的发展和电子计算机的发明而提出的一种以概率统计理论为指导的数值计算方法，是指使用随机数（或更常见的伪随机数）来解决很多计算问题的方法。

通常蒙特卡罗方法可以粗略地分成两类：一类是所求解的问题本身具有内在的随机性，借助计算机的运算能力可以直接模拟这种随机的过程。例如在核物理研究中，分析中子在反应堆中的传输过程。中子与原子核作用受到量子力学规律的制约，人们只能知道它们相互作用发生的概率，却无法准确获得中子与原子核作用时的位置以及裂变产生的新中子的行进速率和方向。科学家依据其概率进行随机抽样得到裂变位置、速度和方向，这样模拟大量中子的行为后，经过统计就能获得中子传输的范围，作为反应堆设计的依据。另一类是所求解的问题可以转化为某种随机分布的特征数，比如随机事件出现的概率，或者随机变量的期望值。通过随机抽样的方法，以随机事件出现的频率估计其概率，或者以抽样的数字特征估算随机变量的数字特征，并将其作为问题的解。这种方法多用于求解复杂的多维积分问题。

1. 问题描述和求解思路

本节拟通过使用蒙特卡罗算法估算圆周率，具体的计算原理如图 5-22 所示。在边长为 1 的正方形中有一个半径为 1、圆心角为 90° 的扇形。显然，正方形的面积为 1，扇形的面积为 $0.25\pi r^2$。因此，当在正方形中随机取一个点时，这个点正好位于扇形内部的概率为：

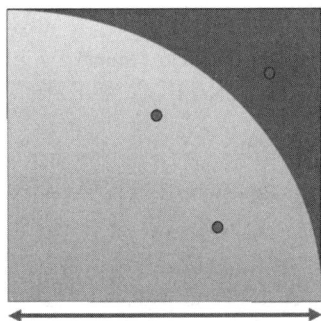

图 5-22　蒙特卡罗算法求圆周率示意图

$$P = \frac{0.25\pi}{1}$$

对上式变换可得：

$$\pi = 4P$$

当取足够多的点时，点在圆内的频率可以足够接近点分布在圆内的概率，从而可以估算圆周率。

2. 问题求解过程和结果

例 5-26 演示了如何通过蒙特卡罗算法求解圆周率。例 5-26 中，第 6~11 行定义了一个函数，输入一个点的 x 和 y 坐标，可以查询该点是否位于圆内。第 16~17 行借助 NumPy 随机生成了 100 个点，并在第 19 行将这些点写入一个 DataFrame。第 22 行判断每个点是否位于圆内，第 25 行通过求和的方式对在圆内的点进行计数。第 29~30 行绘制了所有的数据点，第 35~39 行绘制了圆的边界，帮助读者直观地观察数据点是否在圆内（图 5-23）。

例 5-26

```
1.  import numpy as np
2.  import pandas as pd
3.  import matplotlib.pyplot as plt
4.
5.  #判断点是否在圆内
6.  def inCircle(x, y):
7.
8.     if np.sqrt(x* * 2+y* * 2)<=1:
9.        return 1
```

```
10.        else:
11.            return 0
12.
13.    #点的数量
14.    pNum=500
15.
16.    x=np.random.rand(pNum)
17.    y=np.random.rand(pNum)
18.
19.    loc=pd.DataFrame({'x': x, 'y': y})
20.
21.    #判断点是否在圆内
22.    loc['inCircle']=loc.apply(lambda x: inCircle(x['x'], x['y']), axis=1)
23.
24.    #计数和估算
25.    count=loc['inCircle'].sum()
26.    pi=    count/pNum* 4
27.
28.    #画图
29.    plt.figure(figsize=[5, 5])
30.    plt.plot(loc['x'], loc['y'], 'ro')
31.    #打印结果，每次运行结果会有不同
32.    plt.title(' The result is Pi=%f' % pi)
33.
34.    #辅助线
35.    rad=np.linspace(0, np.pi/2, 21)
36.    xr=np.cos(rad)
37.    yr=np.sin(rad)
38.
39.    plt.plot(xr, yr, 'g--')
```

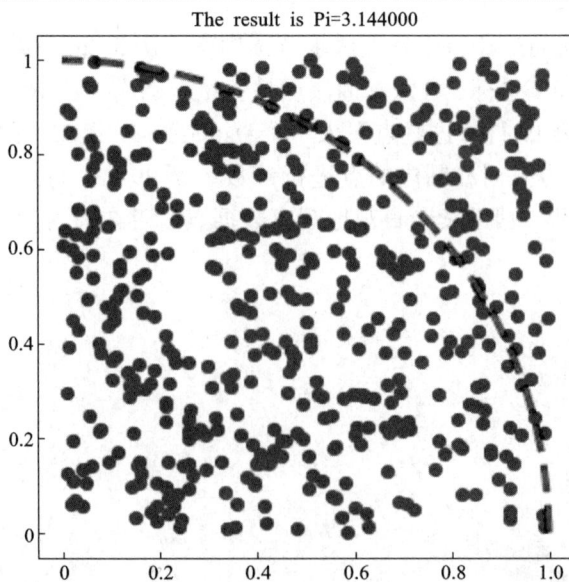

图5-23 蒙特卡罗算法求圆周率过程示意图

3. 思考与扩展

如何通过编程研究并直观展示取不同数量的随机点对圆周率估算精度的影响？

5.5.2　使用随机游走算法解方程

$$>>>$$

布朗运动是指悬浮在液体或气体中的微粒所做的永不停息的无规则运动，因英国植物学家罗伯特·布朗发现而得名。做布朗运动的微粒直径一般为 $10^{-5} \sim 10^{-3}$ cm，这些小的微粒处于液体或气体中时，由于分子的热运动，受到来自各个方向分子的碰撞，当受到不平衡的冲撞时而运动，由于这种不平衡的冲撞，微粒的运动不断地改变方向而使微粒出现不规则的运动。布朗运动的剧烈程度随着流体温度升高而增加。布朗运动可以用于求解最优化问题或解方程。

1. 随机运动与随机运动的可视化

例 5-27 演示了如何模拟一个粒子的随机运动。其中，第 5 行定义了需要模拟的步数。第 9～10 行建立了列表用于记录粒子的运动过程，并将初始坐标[0, 0]写入。第 13～17 行循环写入每次随机运动后的坐标值，其中第 14 行生成了两个区间(0, 1)内的随机数，并通过给随机数减去[0.5, 0.5]的方式将其取值范围调整至(-0.5, 0.5)。例 5-27 运行的效果如图 5-24 所示。

例 5-27

```
1.   import numpy as np
2.   import pandas as pd
3.   import matplotlib.pyplot as plt
4.
5.   #随机运动的次数
6.   stepNum=500
7.
8.   #初始点为原点
9.   xHistory=[0]
10.  yHistory=[0]
11.
12.  #游走并记录
13.  for i in range(stepNum):
14.     xInc, yInc=np.random.rand(2)- np.array([0.5, 0.5])
15.
16.     xHistory.append(xHistory[- 1]+xInc)
17.     yHistory.append(yHistory[- 1]+yInc)
18.
19.  #绘制路径和起讫点
20.  plt.plot(xHistory, yHistory)
21.  plt.plot(xHistory[0], yHistory[0], 'ro')
22.  plt.plot(xHistory[- 1], yHistory[- 1], 'r* ')
```

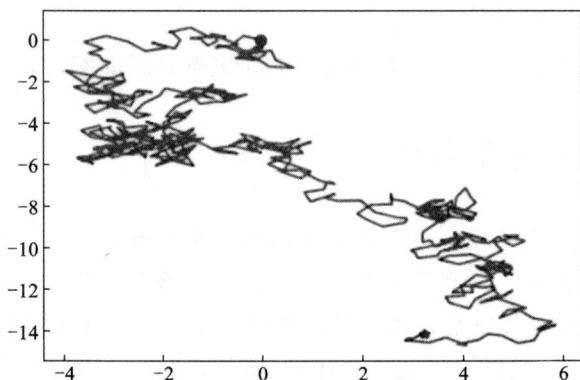

图 5-24　单个粒子的运动过程

2. 问题描述和求解思路

在机器学习、结构优化等领域，常需要求解函数的最小值，方程的求解过程也可以变形为求函数的最小值问题。对于函数求极值问题，有线性规划、梯度下降等多种算法，也可以使用随机游走的方式求函数最小值。当采用随机游走算法求函数最小值时，不要求求解者掌握相应的数学理论，也不要求所求函数具有连续或可导性，因此这是一种简单高效的求解方法。随机游走算法求函数最小值的过程可以用图 5-25 概括。

3. 问题求解过程和结果

例 5-28 演示了如何通过随机游走求函数的最小值的详细过程。其中，第 5~6 行定义了待求函数，第 9~12 行定义了求解参数，第 14 行定义了自变量的初始值。对于非凸函数，可能会存在多个局部最小值，此时不同的初始值可能会导致求解结果不同。从第 19 行开始正式进入求解过程。采用 for 循环的主要目的是控制总循环次数，防

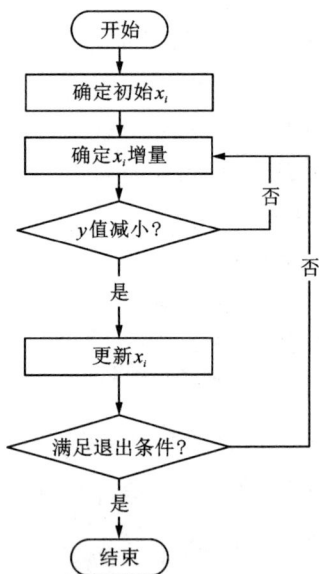

图 5-25　随机游走求函数最小值流程

止出现死循环。第 21 行生成自变量的随机增量，并在第 22 行对自变量的增量进行归一化，使得每一步的自变量增量均一致。第 24~27 行处理了当新的函数值小于历史最小函数值时的情况，当出现此类情况时，在记录中写入新的自变量和函数值，并将本点的尝试次数重置为 0。第 29 行的含义为当尝试失败时，记录尝试失败的次数。第 32 行的作用是在求解遇到困难时及时退出，避免死机。第 35 行将自变量的历史记录写入一个 DataFrame，主要是为了方便画图。第 38~40 行绘制了求解过程。第 42~48 行通过遍历的方式求解了自变量取值范围内的每个点，绘制了背景等高线图以供读者直观地观察求解的过程。求解过程如图 5-26 所示。

例 5-28

```
1.  import numpy as np
```

```
2.   import pandas as pd
3.   import matplotlib.pyplot as plt
4.
5.   def respFunc(x):
6.       return np.cos(x[0])+np.sin(x[1])
7.
8.   #参数: 最大步数, 最大失败步数, 步长, 尝试失败次数
9.   maxSteps=1000
10.  convergenceTarget=10
11.  stepLen=0.1
12.  convergenceFlag=0
13.
14.  xHist=[[2, 2]]
15.  yHist=[respFunc(xHist[0])]
16.
17.  #循环尝试
18.
19.  for i in range(maxSteps):
20.      #生成增量
21.      inc=np.random.rand(2)-[0.5, 0.5]
22.      xInc=inc/np.linalg.norm(inc, 2)* stepLen
23.      #判断新生成的点是否更优
24.      if respFunc(xHist[-1]+xInc)<yHist[-1]:
25.          xHist.append((xInc+xHist[-1]).tolist())
26.          yHist.append(respFunc(xHist[-1]))
27.          convergenceFlag=0
28.
29.      else:
30.          convergenceFlag=convergenceFlag+1
31.      #连续10次无法更新, 退出程序
32.      if convergenceFlag >=convergenceTarget:
33.          break
34.
35.  xHist=pd.DataFrame(xHist, columns=['x1', 'x2'])
36.
37.  #绘制求解路径
38.  plt.plot(xHist['x1'], xHist['x2'], 'r-')
39.  plt.plot(xHist['x1'][0], xHist['x2'][0], 'ro')
40.  plt.plot(xHist['x1'].tail(1).item(), xHist['x2'].tail(1).item(), 'r*')
41.  #绘制背景
42.  x1p=np.linspace(xHist['x1'].min()-0.5, xHist['x1'].max()+0.5, 51)
43.  x2p=np.linspace(xHist['x2'].min()-0.5, xHist['x2'].max()+0.5, 51)
44.
45.  x1p, x2p=np.meshgrid(x1p, x2p)
46.  yp=respFunc([x1p, x2p])
47.
48.  plt.contourf(x1p, x2p, yp)
```

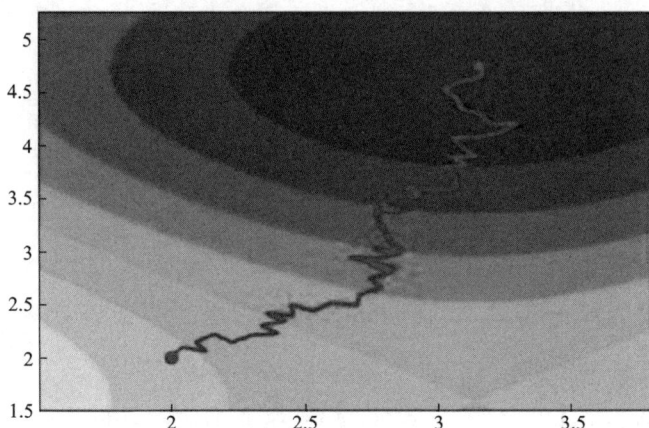

图5-26　随机游走求函数最小值过程

4. 思考与扩展

如何研究不同的初始值对求解结果的影响？

5.5.3　使用 SciPy 求解原木的最佳切割方案 >>>

中国传统木结构建筑是由柱、梁、檩、枋、斗拱等大木构件组成框架结构，承受来自屋面、楼面的荷载以及风力、地震力，至迟在公元前2世纪的汉代就形成了以抬梁式和穿斗式为代表的两种主要形式的木结构体系。这两种木结构体系的关键技术是榫卯结构，即木质构件间的连接不需要其他材料制成的辅助连接构件，主要依靠两个木质构件之间的插接。这种构件间的连接方式使木结构具有柔性的结构特征，抗震性强，并具有可以预制加工、现场装配、营造周期短的明显优势。榫卯结构早在距今约七千年的河姆渡文化遗址建筑中就已发现。

1. 问题描述和背景

在传统木结构构件中，柱和部分梁、檩等构件通常使用圆木，而穿枋等构件多使用矩形木材。矩形木材是由近圆形的原木加工而来的。在《营造法式》一书中，关于造房子的梁的规范有这样的描述，"凡梁之大小，各随其广分为三分，以二分为厚"。意思是说，梁的横截面高宽比3∶2为最佳。可以通过 SciPy 中的优化工具寻找最优的切割方法，并与《营造法式》中的结果对比。

2. 求解思路

可以用惯性矩和抗弯截面系数分别表征截面的抗弯刚度和强度。对于高度为 h、宽度为 b 的矩形截面，其截面惯性矩 I 和抗弯截面系数 W 可以表示为：

$$\begin{cases} I = \dfrac{bh^3}{12} \\ W = \dfrac{bh^2}{6} \end{cases}$$

现假定有一根直径为 1 m 的圆木(图 5-27),将其切割为外形尺寸为 h×h 的矩形木材,求使该矩形木材可以获得最大刚度(I 达到最大)和最大承载力(W 达到最大)时 b 和 h 的取值。

3. 问题求解过程和结果

由勾股定理可知,b 和 h 并不是独立的参数,b 和 h 之间的关系可以描述为:

$$b^2 + h^2 = 1$$

为方便描述,选用图 5-27 中的 α 描述 b 和 h,显然,α 的取值范围为 $(0°,90°)$。例 5-29 演示了如何通过 SciPy 中的优化工具求横梁的最佳高宽比。

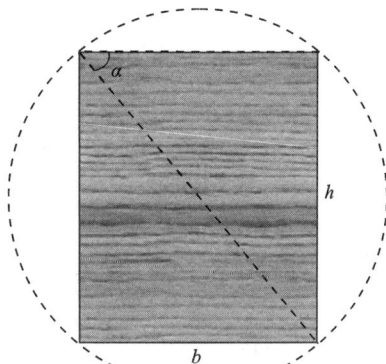

图 5-27 圆木切割为矩形示意图

其中,第 6~16 行定义了一个矩形梁类,方便后续对不同的梁进行求解。第 19~23 行定义了两个函数,作为优化的目标函数。第 20 和 23 行给计算结果乘以 -1 是为了将求最大值问题转化为求最小值问题。第 26 和 27 行分别定义了两个不同的优化过程,分别针对矩形梁的强度和刚度进行优化。第 20~35 行以 3° 的间隔计算了 0°~90° 范围内所有梁的截面特性,用于画图。第 38~48 行用于画图,其中第 48 行以《营造法式》中建议的结果($b:h=2:3$)绘制了图中的竖向虚线。对比结果证实,《营造法式》中给出的切割建议位于最大承载力和最大刚度的切割方法之间,且非常接近按最大承载力切割的结果,两者仅相差 2.9%。例 5-29 的运行结果如图 5-28 所示。

例 5-29

```
1.  import numpy as np
2.  import scipy as sp
3.  import matplotlib.pyplot as plt
4.
5.  #定义矩形梁
6.  class RectBeam():
7.
8.    def __init__(self, r, alpha):
9.
10.       alpha=np.deg2rad(alpha)
11.
12.       b=r* np.cos(alpha)
13.       h=r* np.sin(alpha)
14.
15.       self.I=b* h*.* 3/12.
16.       self.W=b* h* * 2/6.
17.
18.  #通过乘-1,将求最大值改为求最小值
19.  def getI(alpha):
20.    return RectBeam(1, alpha).I* - 1.0
21.
```

```
22.  def getW(alpha):
23.      return RectBeam(1, alpha).W* - 1.0
24.
25.  #优化 刚度优先 从45°开始
26.  resI = sp.optimize.minimize(getI, 45)
27.  resW = sp.optimize.minimize(getW, 45)
28.
29.  alphaMaxI = resI.x
30.  alphaMaxW = resW.x
31.
32.  #通过遍历验证
33.  a = np.linspace(0, 90, 31)
34.  I = getI(a)* - 1
35.  W = getW(a)* - 1
36.
37.  #画图
38.  plt.plot(a, I, label = 'I')
39.  plt.plot(a, W, label = 'W')
40.
41.  plt.plot(alphaMaxI, getI(alphaMaxI)* - 1, '*')
42.  plt.plot(alphaMaxW, getW(alphaMaxW)* - 1, '*')
43.
44.  plt.legend()
45.  plt.xlabel('alpha')
46.  plt.ylabel('I or W')
47.
48.  plt.axvline(np.rad2deg(np.arctan(3.0/2.0)), ls = '- -')
```

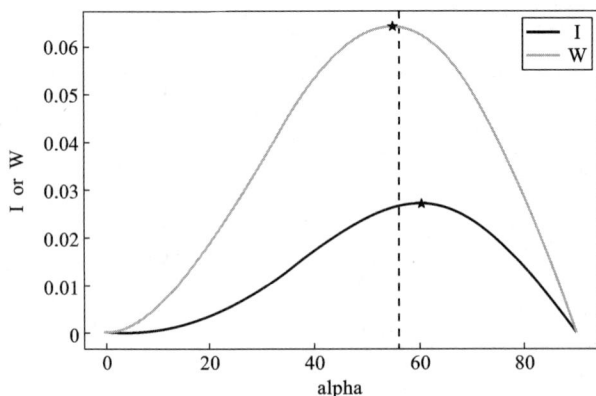

图 5-28 圆木切割优化结果

智慧启思

原木切割问题中的中国智慧

认知拓展

实践创新

思考题

参考答案

1. 和 Python 列表相比，NumPy 数组在科学计算领域具有哪些优势？

2. Pandas 中的 Series 和 Python 中的列表有什么区别？

3. 如何使用 sklearn 中的线性模型进行非线性函数拟合？

Python 在智能建造中的简单应用

本章思维导图

AI微课

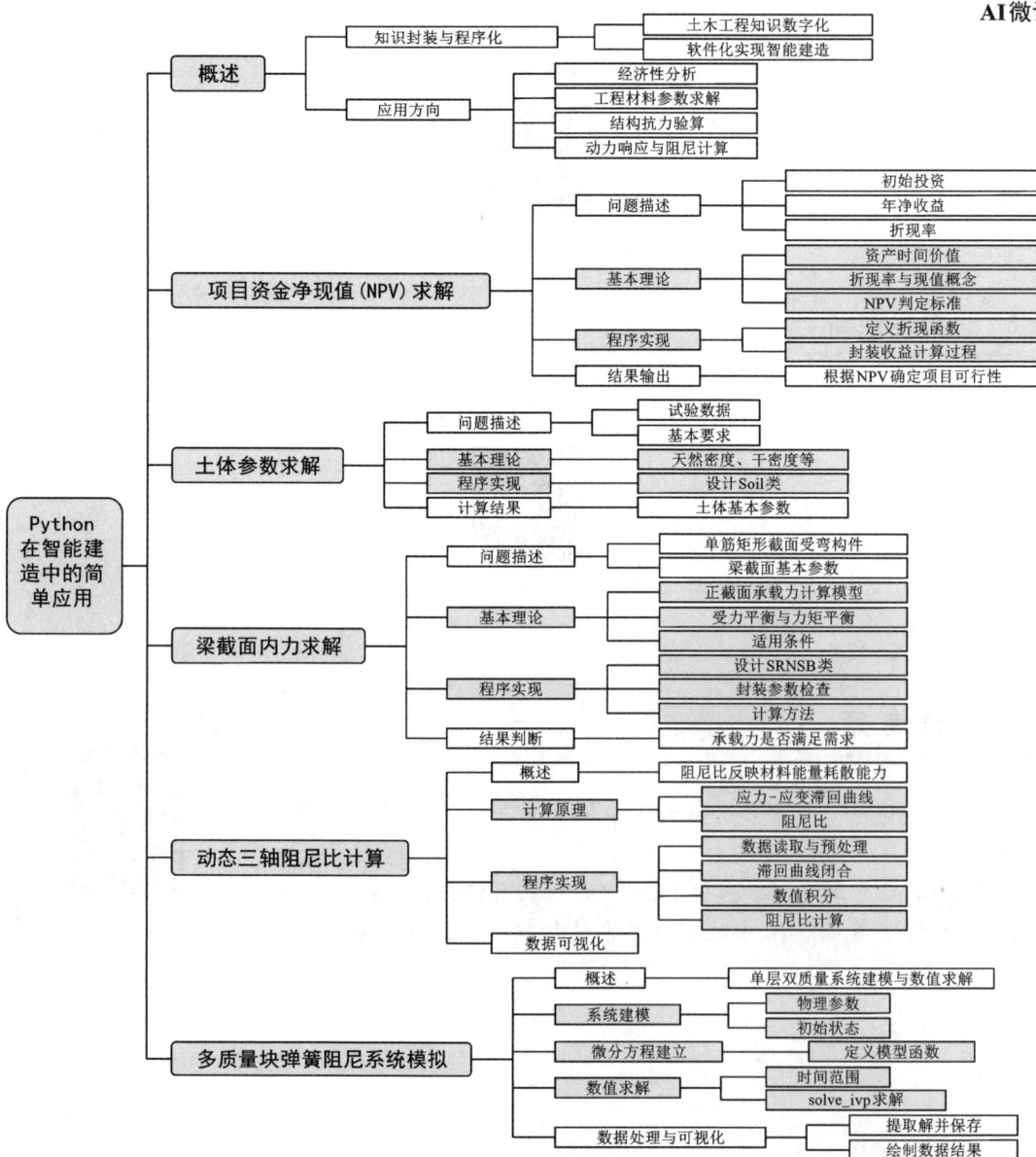

6.1　概述

智能建造得以实现的前提是知识的封装，也就是知识的程序化。智能建造专业并没有脱离传统的土木工程大方向，而是需要将传统的土木工程知识数字化，所谓的数字化就是将知识程序化、软件化。下面将通过实例讲解如何使用 Python 将这些知识程序化。

6.2　实例 1：项目资金净现值（NPV）求解

6.2.1　问题描述

某建筑投资项目需初始投资 100 万元，预计未来 4 年每年净收益为 30 万元，折现率为 10%。该项目的净现值是多少？项目是否可行？

6.2.2　基本概念介绍

首先要弄清几个概念，资产是有时间价值的，不同时间等额的资金价值并不相同。

折现率（discount rate）是指将未来有限期预期收益折算成现值的比率。也就是说，每年的净收益都需要折算成现值才能进行项目可行性分析。

净现值（NPV）为未来报酬总现值减去建设投资总额，公式为：

$$R_{\text{NPV}} = \sum_{t=1}^{n} \frac{R_t}{(1+r)^t} - C_0$$

式中：C_0 为建设项目总投资，R_t 为每年净收益，r 为折现率，n 为年限。

一般而言，如果净现值（NPV）为正，则表示项目可行；其值为负，则表示项目不可行。

下面通过 Python 编程来解决这类问题。

6.2.3　程序实现

1. 思路分析

通过计算公式不难看出，首先要计算出不同年份收益的现值，然后再求和。其中不同年份收益的现值需要重复计算，可以定义为函数或方法。函数的输入为当年的收益率 R_t 和折现率。每年的收益现值折算后求和，再减去总投资就是净现值。

2. 程序实现

（1）面向过程版。

首先定义折现函数如下：

```
1.  def present(rt, r, t):
2.      p=rt/(1+r)* * t
3.      return p
```

然后再计算每年收益的现值：

```
1.  C0=100                  #总投资
2.  rts=[30, 30, 30, 30]     #逐年的收益
3.  rs=[0.1, 0.1, 0.1, 0.1] #逐年的折现率
4.  NPV=0                   #初始化净现值
5.  for i, rt in enumerate(rts):
6.      NPV+=present(rt, rs[i], i+1) #累计计算每年的收益折现
7.  NPV- =C0    #总折现减去总投资
8.  print(f"项目的净现值为: {NPV}")
9.  if NPV>0:
10.     print("项目可行")
11. else:
12.     print("项目不可行")
```

计算结果如下：

```
1.  项目的净现值为: - 4.904036609521228
2.  项目不可行
```

（2）面向对象版。

面向对象版将求解过程进行封装。

```
1.  class NPV:
2.
3.      def __init__(self, rts, rs, C0):
4.          self.rts=rts  #逐年的收益
5.          self.rs=rs    #逐年的折现率
6.          self.C0=C0    #投资总额
7.
8.      def eval(self):
9.          value=0
10.         for i, rt in enumerate(self.rts):
11.             r=self.rs[i]
12.             t=i+1
13.             p=rt/(1+r)* * t
14.             value+=p
15.         value- =self.C0
16.         print(f"项目的净现值为: {value}")
17.         if value>0:
18.             print("项目可行")
19.         else:
20.             print("项目不可行")
21.
22. C0=100
23. rts=[30, 30, 30, 30]
24. rs=[0.1, 0.1, 0.1, 0.1]
25. npv=NPV(rts, rs, C0)
26. npv.eval()
```

计算结果如下：

1. 项目的净现值为：- 4.904036609521228
2. 项目不可行

6.3　实例 2：土体参数求解

AI 微课
构建多质量块弹簧阻尼系统

6.3.1　问题描述

万丈高楼平地起，大多数建筑物都修建在地表，建筑物的基础都修建在地基上，而地基的主要材料是土体。土体在进行承载力计算时，最先需要的是物理参数。比如下面的问题：

某住宅工程地质勘察中取原状土做试验。用天平称 50 cm³ 湿土质量为 95.15 g，烘干后质量为 75.05 g，土粒相对密度为 2.67。计算此土样的天然密度、干密度、饱和密度、天然含水率及孔隙比。

6.3.2　基本概念介绍

天然土由固、液、气三相组成。固相主要由土粒组成，包括土壤矿物质、有机质及生物体；液相是土壤水，实际上是土壤溶液；气相是存在于土壤中的各种气体的总称。

①土体的天然密度公式：

$$\rho = \frac{m}{v}$$

式中：ρ 为土体的天然密度；m 为土体的天然质量；v 为土体的体积。

②土体的干密度公式：

$$\rho_d = \frac{m_s}{v}$$

式中：ρ_d 为土体的干密度；m_s 为干土颗粒的质量。

③土体的天然含水率公式：

$$\omega = \frac{m_w}{m_s}$$

式中：ω 为土体的含水量；m_w 为土体中水的质量。

④土体的孔隙率公式：

$$e = \frac{\rho_w G_s (1+\omega)}{\rho} - 1$$

式中：e 为土体的孔隙率；ρ_w 为水的密度；ρ 为土体中土粒的相对密度。

⑤土体的孔隙比公式：

$$n = \frac{e}{1+e}$$

6.3.3　程序实现

　　鉴于该问题是以土体为主题，那么很容易将其抽象成类型，所以直接定义 Soil 类来解决一系列问题，以上提到的各种物理参数都可以看作土体的属性，设计土体的属性和方法如表 6-1 所示。

表 6-1　土体属性及方法

类名	字段类型	名称	描述
	属性	m	土体的质量
	属性	v	土体的体积
	属性	ms	土颗粒的质量
	属性	gs	土颗粒的相对密度
	属性	rho	土体的天然密度
	属性	rhod	土体的干密度
Soil	属性	w	土体的含水率
	属性	e	土体的孔隙率
	属性	n	土体的孔隙比
	方法	calc_rho( )	计算土体的密度
	方法	calc_rhod( )	计算土体的干密度
	方法	calc_w( )	计算土体含水率
	方法	calc_e( )	计算土体孔隙率
	方法	calc_n( )	计算土体孔隙比

　　根据上述设计，编写代码如下：

```
1.   class Soil:
2.       def __init__(self, m, v, ms, gs):    #初始化方法
3.           self.m=m
4.           self.ms=ms
5.           self.v=v
6.           self.gs=gs
7.       def calc_rho(self):    #计算密度
8.           self.rho=self.m/self.v
9.       def calc_rhod(self):    #计算干密度
10.          self.rhod=self.ms / self.v
11.      def calc_w(self):    #计算含水率
12.          self.w=(self.m- self.ms)/self.ms
```

```
13.      def calc_e(self):        #计算孔隙率
14.          self.e=1.0* self.gs* (1+self.w)/self.rho- 1
15.      def calc_n(self):        #计算孔隙比
16.          self.n=self.e/(1+self.e)
```

可以看出，计算孔隙率和方法 calc_e( ) 都用到了含水量，而含水量需要执行 calc_w( ) 方法才能计算出，所以调用 calc_e( ) 前，必须先调用 calc_w( ) 和 calc_rho( )；同理，calc_n( ) 的调用必须在 calc_e( ) 方法调用完后，所以修改代码如下。

```
1.  class Soil:
2.      def __init__(self, m, v, ms, gs):
3.          self.m=m
4.          self.ms=ms
5.          self.v=v
6.          self.gs=gs
7.          self.rho=None    #初始化密度
8.          self.w=None      #初始化含水量
9.          self.e=None      #初始化孔隙率
10.     def calc_rho(self):
11.         self.rho=self.m/self.v
12.     def calc_rhod(self):
13.         self.rhod=self.ms/self.v
14.     def calc_w(self):
15.         self.w=(self.m- self.ms)/self.ms
16.     def calc_e(self):
17.         if self.w is None:    #如果没有计算过含水量，则计算含水量
18.             self.calc_w()
19.         if self.rho is None:  #如果没有计算过密度，则计算密度
20.             self.calc_rho()
21.         self.e=1.0* self.gs* (1+self.w)/self.rho- 1
22.     def calc_n(self):
23.         if self.e is None:    #如果没有计算过孔隙率，则计算孔隙率
24.             self.calc_e()
25.         self.n=self.e/(1+self.e)
```

接下来解决问题：

```
1.  soil=Soil(95.15, 50, 75.05, 2067)
2.  soil.calc_rho()
3.  soil.calc_rhod()
4.  soil.calc_w()
5.  soil.calc_e()
6.  soil.calc_n()
```

计算结果为：

```
1.  土体的天然密度为: 1.903
2.  土体的干密度为: 1.501
3.  土体的含水率为: 0.2678214523650901
4.  土体的孔隙率为: 0.7788141239173887
5.  土体的孔隙比为: 0.43782771535580534
```

6.4 实例3：梁截面内力求解

6.4.1 问题描述

梁是建筑工程中非常重要的结构，梁的截面设计也是设计师频繁遇到的问题。下面将以常见的单筋矩形截面受弯构件为例，验算截面是否安全。

已知条件：梁截面尺寸 $b \times h = 250$ mm$\times 450$ mm；纵向受拉钢筋为 4 根直径为 16 mm 的 HRB500 级钢筋，$A_s = 804$ mm^2；混凝土等级为 C40；承受的弯矩 $M = 127$ kN $\cdot$ m。

6.4.2 基本概念介绍

单筋矩形截面受弯构件的正截面承载力计算简图如图 6-1 所示，图中 x 称为混凝土受压区高度，z 称为内力臂。

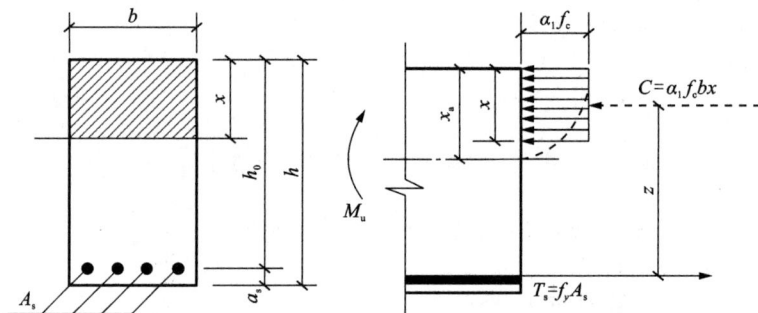

图 6-1 单筋矩形截面受弯构件的正截面承载力计算简图

由力的平衡条件，得

$$\alpha_1 f_c bx = f_y A_s$$

式中：α_1 为系数，取值如表 6-2 所示；f_c 为混凝土的抗压强度设计值；b 为截面宽度；f_y 为钢筋的抗拉强度设计值；A_s 为钢筋的截面面积。

表 6-2 标号范围内 α_1 取值

标号范围	<=C50	<=C55	<=C60	<=C65	<=C70	<=C75	<=C80
α_1	1.0	0.99	0.98	0.97	0.96	0.95	0.94

由力矩平衡条件，有

$$M_u = f_y A_s \left(h_0 - \frac{x}{2} \right)$$

$$M_u = \alpha_1 f_c bx\left(h_0 - \frac{x}{2}\right)$$

式中：M_u 为正截面承载力；h_0 为梁的有效截面高度。

该计算公式需要满足两个适用条件：

（1）

$$\rho \leqslant \rho_b = \alpha_1 \varepsilon_b \frac{f_c}{f_y}$$

（2）

$$\rho \geqslant \rho_{min} \frac{h}{h_0}$$

式中：ρ 为截面配筋率；ρ_b 为界限配筋率；ρ_{min} 为最小配筋率，取 0.20 和 0.45 $\frac{f_t}{f_y}$ 的较大值，其中 f_t 为混凝土轴心抗拉强度设计值；ε_b 为界限相对受压区高度，其取值与混凝土等级及钢筋强度等级有关；h_0 为截面有效高度，一般，$h_0 = h - a_s$，其中 a_s 为混凝土有效保护层厚度。

如果满足条件，则梁截面的最大承载力计算公式为：

$$M_{u,\,max} = \alpha_1 f_c b h_0^{\,2} \varepsilon_b (1 - 0.5 \varepsilon_b)$$

6.4.3　程序实现

鉴于上述问题的复杂性，采用面向对象的程序设计更适合，而求解过程是先判断适用条件，然后再套用计算公式。设计 SRNSB 类来描述单筋正截面梁，如表 6-3 所示。

表 6-3　SRNSB 类方法

类名	字段类型	名称	描述
SRNSB	属性	fc	混凝土的抗压强度设计值
	属性	ft	混凝土的抗拉强度设计值
	属性	fy	钢筋的抗拉强度设计值
	属性	b	梁的截面宽度
	属性	h	梁的高度
	属性	h0	梁的有效高度
	属性	C	混凝土的等级
	属性	M	梁能承受的弯矩值
	属性	As	钢筋的面积
	属性	a	混凝土保护层厚度
	属性	eb	界限相对受压区高度
	属性	e	相对受压区高度

续表 6-3

类名	字段类型	名称	描述
SRNSB	属性	rho	配筋率
	属性	rhob	界限配筋率
	属性	rhomin	最小配筋率
	属性	alpha1	系数
	属性	requirements_meeted	参数是否给定齐全标识
	属性	condition_no1_meeted	适用条件 1 满足标识
	属性	condition_no2_meeted	适用条件 2 满足标识
	方法	requirements_check	参数是否给定齐全检查
	方法	calc_h0( )	计算梁的有效高度
	方法	calc_rho( )	计算配筋率
	方法	calc_rhomin( )	计算最小配筋率
	方法	calc_alpha( )	计算 α_1
	方法	calc_e( )	计算相对受压区高度
	方法	eval_conditon_no1( )	判断适用条件（1）
	方法	eval_conditon_no2( )	判断适用条件（2）
	方法	calc_mu( )	计算承载力

根据上述设计，程序实现如下：

```
1.  class SRNSB:
2.      def __init__(self, * * kwargs):
3.          self.__dict__.update(kwargs)    #指定以字典方式传入不定数量参数
4.          self.requirements_meeted=True
5.          self.condition_no1_meeted=False
6.          self.condition_no2_meeted=False
7.          self.requirements_check()    #判断输入的参数是否满足条件
8.          self.h0=None
9.          self.rho=None
10.         self.rhob=None
11.         self.rhomin=None
12.         self.alpha1=None
13.         self.Mu=None
14.         self.e=None
15.     def requirements_check(self):
16.         #以下为必须给定的参数
17.         params=["ft", "fc", "fy", "b", "h", "a", "C", "M", "As", "eb"]
18.         for para in params:
19.             if para not inself.__dict__:
```

```
20.                    self.requirements_meeted=False
21.                    print(f"输入参数缺失，名称: {para}")
22.                    return
23.        #计算梁的有效高度
24.        def calc_h0(self):
25.            if self.requirements_meeted and self.h0 is None:
26.                self.h0=self.h- self.a
27.        #计算配筋率
28.        def calc_rho(self):
29.            if self.h0 is None:
30.                self.calc_h0()
31.            if self.requirements_meeted and self.rho is None:
32.                self.rho=self.As/(self.b* self.h0)
33.        #计算最小配筋率
34.        def calc_rhomin(self):
35.            if self.requirements_meeted and self.rhomin is None:
36.                self.rhomin=max(0.002, 0.45* self.ft/self.fy)
37.        #计算系数
38.        def calc_alpha(self):
39.            if self.requirements_meeted and self.alpha1 is None:
40.                CS=[50, 55, 60, 65, 70, 75, 80]
41.                alpha1s=[1.0, 0.99, 0.98, 0.97, 0.96, 0.95, 0.94]
42.                for i, c in enumerate(CS):
43.                    if self.C>c:
44.                        self.alpha1=alpha1s[i]
45.                    else:
46.                        self.alpha1=1.0
47.        #计算相对受压区高度
48.        def calc_e(self):
49.            if self.rho is None:
50.                self.calc_rho()
51.            if self.alpha1 is None:
52.                self.calc_alpha()
53.            if self.requirements_meeted and self.e is None:
54.                self.e=self.rho* self.fy/(self.alpha1* self.fc)
55.        #计算界限受压区高度
56.        def calc_rhob(self):
57.            if self.alpha1 is None:
58.                self.calc_alpha()
59.            if self.requirements_meeted and self.rhob is None:
60.                self.rhob=self.alpha1* self.eb* self.fc/self.fy
61.        #评估是否满足适用条件 1
62.        def eval_conditon_no1(self):
63.            if self.rhob is None:
64.                self.calc_rhob()
65.            if self.rho is None:
66.                self.calc_rho()
```

```
67.          print(f"rho: {self.rho}")
68.          print(f"rhob: {self.rhob}")
69.          if self.rho<=self.rhob:
70.              self.condition_no1_meeted=True
71.              print("适用条件 1 满足")
72.          else:
73.              self.condition_no1_meedted=False
74.              print("适用条件 1 不满足")
75.      #评估是否满足条件 2
76.      def eval_conditon_no2(self):
77.          if self.rho is None:
78.              self.calc_rho()
79.          if self.rhomin is None:
80.              self.calc_rhomin()
81.          print(f"rho: {self.rho}")
82.          print(f"rhomin: {self.rhomin}")
83.          if self.h0 is None:
84.              self.calc_h0()
85.          if self.rho>=self.rhomin* self.h/self.h0:
86.              self.condition_no2_meeted=True
87.              print("适用条件 2 满足")
88.          else:
89.              self.condition_no2_meeted=False
90.              print("适用条件 2 不满足")
91.      #计算承载力
92.      def calc_Mu(self):
93.          if notself.condition_no1_meeted:
94.              print("不满足适用条件 1，无法计算")
95.              return
96.          if notself.condition_no1_meeted:
97.              print("不满足适用条件 2，无法计算")
98.              return
99.          if self.alpha1 is None:
100.             self.calc_alpha()
101.         if self.h0 is None:
102.             self.calc_h0()
103.         if self.e is None:
104.             self.calc_e()
105.         if self.requirements_meeted and self.Mu is None:
106.             self.Mu=self.alpha1* self.fc* self.b* self.h0* * 2* \
107.                         self.e* (1- 0.5* self.e)
108.     #判断梁截面是否安全
109.     def safe_check(self):
110.         if self.requirements_meeted and self.Mu is None:
111.             self.calc_Mu()
112.         if self.Mu is not None:
113.             print(f"M: {self.M}")
```

```
114.        print(f"Mu: {self.Mu}")
115.        if self.Mu>self.M:
116.            print("梁截面安全")
117.        else:
118.            print("梁截面不安全")
```

解决问题如下：

```
1.   srnsb=SRNSB(ft=1.71,
2.                fc=19.1,
3.                fy=435,
4.                b=250,
5.                h=450,
6.                a=34,
7.                C=45,
8.                M=127000000,
9.                As=804,
10.                eb=0.482)
11.
12.  srnsb.eval_conditon_no1()
13.  srnsb.eval_conditon_no2()
14.  srnsb.calc_Mu()
15.  srnsb.safe_check()
```

输入结果为：

```
1.   rho: 0.0077307692307692307
2.   rhob: 0.021163678160919543
3.   适用条件1满足
4.   rho: 0.0077307692307692307
5.   rhomin: 0.002
6.   适用条件2满足
7.   M: 127000000
8.   Mu: 132683665.38219896
9.   梁截面安全
```

6.5　计算动态三轴实验的阻尼比(选讲)

>>>

6.5.1　概述

>>>

动态三轴实验中的阻尼比是描述材料在振动过程中能量耗散能力的参数，如图6-2所示。在工程领域，阻尼比对评估结构的抗振性能、振动控制和动态响应分析等方面具有重要意义。本节将通过一个具体的案例，讲解如何利用 Python 编程语言，结合实验数据计算阻尼比。

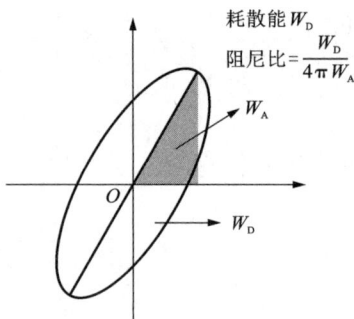

图 6-2　耗散能和阻尼比定义

6.5.2　阻尼比的计算

　　通过本节的学习，学生将理解阻尼比的计算原理，并掌握使用 Python 进行数据处理和分析的基本技能。阻尼比的计算基于滞回曲线，即在循环加载过程中应力与应变的关系曲线。阻尼比可以通过耗散能量与峰值能量的比值来计算。

1. 读取原始数据

　　导入所需的 Python 库，包括数据处理（pandas）、绘图（matplotlib）、数学运算（math 和 numpy）以及数值积分（scipy. integrate）。

```
1.  #导入数据库
2.  import pandas as pd
3.  import matplotlib.pyplot as plt
4.  import math
5.  import numpy as np
6.  from scipy.integrate import trapz
    from matplotlib import font_manager   # 导入字体管理模块
```

　　第 2 行：这行代码导入了 pandas 库，并给它起了一个别名 pd。

　　第 3 行：这行代码导入了 matplotlib 库的 pyplot 模块，并给它起了一个别名 plt。matplotlib 是 Python 的一个绘图库，它提供了一个类似于 MATLAB 的绘图框架。pyplot 是 matplotlib 的一个模块，它提供了一个接口，用于创建静态、交互式和动画的可视化图表。

　　第 4 行：这行代码导入了 Python 的内置 math 模块，它包含了许多用于执行数学运算的函数，比如三角函数、指数、对数等。

　　第 5 行：这行代码导入了 numpy 库，并给它起了一个别名 np。

　　第 6 行：这行代码从 scipy 库的 integrate 模块中导入了 trapz 函数。

　　第 7 行：这行代码从 matplotlib 库中导入了 font_manager 模块。

　　读取存储在 test. CSV 文件中的实验数据。计算样品的半径和横截面积，这些参数用于后续的应力计算。（样品半径以 150 mm，高度以 300 mm 为例）

```
1.  #读取实验基本参数和实验数据
2.  file_path="test.CSV"
3.  data_frame=pd.read_csv(file_path, encoding="gbk")
```

```
4.    sample_diameter=150
5.    sample_height=300
6.    sample_radius=sample_diameter/2000
7.    sample_area=math.pi* (sample_radius* * 2)
8.    columns=[' 当前振动次数', ' 阻尼比' ]
9.    output=pd.DataFrame(columns=columns)
```

第 2 行：这行代码定义了一个变量 file_path，并将其设置为字符串"test. CSV"。这个字符串是 CSV 文件的路径，该文件包含了将要被读取和分析的数据。

第 3 行：这行代码使用 pandas 库的 read_csv 函数来读取 file_path 中的 CSV 文件。encoding="gbk"参数指定了文件的编码方式，这是处理中文数据时常见的编码方式之一。读取的数据被存储在变量 data_frame 中，它是 pandas 的 DataFrame 对象，这是 pandas 中用于存储和操作结构化数据的主要数据结构。

第 4 行：这行代码定义了一个变量 sample_diameter，并将其设置为 150。这代表了样本的直径，单位是毫米。

第 5 行：这行代码定义了一个变量 sample_height，并将其设置为 300。这代表了样本的高度，单位是毫米。

第 6 行：这行代码计算样本的半径。由于直径是 150 mm，半径就是直径的一半，即 75 mm。但是，这里将直径除以 2000，是因为后续的计算需要半径以米为单位（因为 1 m=1000 mm，所以 150 mm=0. 15 m，0. 15/2=0. 075 m）。

第 7 行：这行代码计算样本的横截面积。使用圆的面积公式 $A=\pi r^2$，其中 r 是半径。这里使用 math. pi 来获取 π 的值，并将 sample_radius 平方后乘以 π，得到面积。

第 8 行：这行代码定义了一个列表 columns，其中包含了两个字符串，即' 当前振动次数'和' 阻尼比'。这个列表将被用作创建一个新的 DataFrame 的列名。

第 9 行：这行代码使用 pandas 的 DataFrame 构造函数来创建一个新的 DataFrame，其列名由 columns 列表指定。这个新的 DataFrame 将用于存储后续计算的阻尼比结果，其中每一行对应一个特定的振动次数。

创建一个新的 DataFrame，用于存储计算结果。

```
1.    #创建一个空的表格，用于存储数据，并指定表头
2.    columns=[' 当前振动次数', ' 阻尼比' ]
3.    output=pd.DataFrame(columns=columns)
```

第 2 行：这行代码创建了一个名为 columns 的列表，包含了两个字符串元素，即' 当前振动次数'和' 阻尼比'。这两个字符串代表了将要创建的 DataFrame 的列名。' 当前振动次数'用于存储每次振动循环的次数，而' 阻尼比'用于存储对应振动次数的阻尼比计算结果。

第 3 行：这行代码使用 pandas 库创建了一个新的 DataFrame 对象，并将其赋值给变量 output。DataFrame 是 pandas 中用于存储表格数据的主要数据结构，类似于 Excel 中的表格或 SQL 数据库中的表。columns=columns 参数指定了这个 DataFrame 的列名，即前面 columns 列表中定义的两个列名。此时，output DataFrame 是空的，列名已经被定义，但还没有添加任何行数据。在后续的代码中，将根据计算结果向这个 DataFrame 中添加行数据。

2. 原始数据预处理

获取最大振动次数，并初始化循环计数器。

```
1.  #阻尼比=耗散能量/(pi* 峰值能量)
2.  #找到最终的循环加载次数
3.  final_cycle_number=data_frame.iloc[：，0].max()
4.  i=1
5.  while i<=final_cycle_number:
6.      filter_data=data_frame[data_frame.iloc[：，0]==i]  # 从第3次循环开始计算，避免前2次产
            生的误差
7.      stress=filter_data.iloc[：，1]+filter_data.iloc[：，2]/sample_area  # 单位为 kPa
8.      strain=filter_data.iloc[：，3]/3  # 以%的形式
```

第 3 行：这行代码找到并存储了 data_frame DataFrame 中第一列（即当前振动次数列）的最大值，并将其赋值给变量 final_cycle_number。这个最大值代表了实验中进行的总振动次数。

第 4 行：这行代码初始化了一个循环计数器变量 i，并将其设置为 1。这个变量将在后续的循环中跟踪当前的振动次数。

第 5 行：这行代码开始了一个 while 循环，该循环将一直执行，直到 i 的值大于 final_cycle_number。在循环的每次迭代中，i 的值将增加 1，直到等于 final_cycle_number。

第 6 行：这行代码使用布尔索引从 data_frame 中筛选出所有'当前振动次数'等于 i 的行，并将这些行存储在变量 filter_data 中。注释中提到，从第 3 次循环开始计算，以避免前 2 次循环可能产生的误差。

第 7 行：这行代码计算了 filter_data 中每一行的应力。它将第二列（围压，单位为 kPa）和第三列（轴向荷载，单位为 kN）分别除以样本横截面积（单位为 m²）的值后再相加，得到总应力（单位为 kPa）。计算结果存储在变量 stress 中。

第 8 行：这行代码计算了 filter_data 中每一行的应变。它将第四列（轴向位移，单位为 mm）除以 3（因为样本高度为 300 mm，所以位移除以 3 得到百分比应变），得到应变（%）。计算结果存储在变量 strain 中。

对每个振动次数，筛选出对应的数据，并计算应力和应变。

```
1.  #滞回曲线数据处理，将第一个数据点添加到末尾，形成滞回圈
2.  hysteresis_loop_stress=np.append(stress, stress.iloc[0])
3.  hysteresis_loop_strain=np.append(strain, strain.iloc[0])
```

第 2 行：这行代码使用 numpy 库的 append 函数将 stress 数组（包含当前循环的所有应力）与它的第一个值（即循环的起始应力）相连接。这样做是为了形成滞回曲线的一个完整循环，因为滞回曲线需要从同一个点开始和结束，形成一个闭环。stress.iloc[0]获取 stress 序列中的第一个元素，即第一个应力。

第 3 行：这行代码与上面类似，使用 append 函数将 strain 数组（包含当前循环的所有应变）与它的第一个值（即循环的起始应变）相连接。这样，strain 数组也被闭合成一个循环，与 stress 数组对应，以便计算整个循环的滞回曲线。

3. 耗散能及阻尼比计算

将第一个数据点添加到滞回曲线的末尾，形成闭环。

```
1.  #计算耗散能量
2.  hysteresis_loop_area=trapz(hysteresis_loop_stress, hysteresis_loop_strain)
3.  dissipated_energy=abs(hysteresis_loop_area)
```

第 2 行：这行代码调用了 scipy. integrate 模块中的 trapz 函数，使用梯形规则来近似计算由 hysteresis_loop_stress 和 hysteresis_loop_strain 定义的滞回曲线下的面积。trapz 函数的第一个参数是应力的数组，第二个参数是对应的应变的数组。这个函数通过将曲线下的区域划分为多个梯形，然后计算每个梯形的面积并将它们相加来近似总面积。

第 3 行：这行代码计算耗散能量，它取 hysteresis_loop_area 计算出的滞回曲线下的面积的绝对值，并将其存储在变量 dissipated_energy 中。取绝对值是为了确保耗散能量是一个正值，因为能量是一个标量，不应该有负值。这个耗散能量代表了在一次循环加载中材料或结构耗散的能量，是计算阻尼比所需的关键参数之一。

计算峰值能量和阻尼比，如下：

```
1.  #计算峰值能量
2.  peak_energy=(stress.max()- stress.iloc[0])* (strain.max()- strain.iloc[0]- (strain.iloc[-1]- strain.iloc[0])/2)/2
3.  #计算阻尼比
4.  damping_ratio=dissipated_energy/(math.pi* peak_energy* 4)
```

第 2 行：这行代码计算峰值能量。首先，stress. max( ) 找到应力的最大值，stress. iloc[0] 是应力的初始值，所以 stress. max( )−stress. iloc[0] 是应力的最大变化量。接着，strain. max( ) 找到应变的最大值，strain. iloc[0] 是应变的初始值，strain. iloc[−1] 是应变的最终值，所以 strain. max( )−strain. iloc[0]−(strain. iloc[−1]−strain. iloc[0])/2 是应变的最大变化量减去应变变化的一半（因为滞回曲线是闭合的，所以应变变化的一半是循环中应变的净变化量）。最后，将这两个变化量相乘并除以 2，得到峰值能量。

第 4 行：这行代码计算阻尼比。dissipated_energy 是之前计算的耗散能量，peak_energy 是刚刚计算的峰值能量。阻尼比定义为耗散能量与 4π 倍的峰值能量的比值。因此，这行代码将耗散能量除以 4π 倍的峰值能量，得到阻尼比。

将计算结果添加到 DataFrame 中并保存到 CSV 文件中。

```
1.  #将结果添加到 DataFrame
2.  output.loc[i]=[i, damping_ratio]
3.  i+=1
4.  #指定保存路径
5.  save_path=' result_damping_ratio.CSV'
6.  #将结果保存到 CSV 文件
7.  output.to_csv(save_path, index=False, encoding="gbk")
8.  print("结果已经保存至 result_damping_ratio.CSV")
```

第 2 行：这行代码将当前循环次数 i 和对应的阻尼比 damping_ratio 添加到之前创建的 output DataFrame 中。output. loc[i] 是指定位于索引为 i 的行，[i, damping_ratio] 是一个列表，包含两个元素：振动次数 i 和计算得到的阻尼比 damping_ratio。这表示在 DataFrame 中为当前振动次数添加一行数据。

第 3 行：这行代码将循环计数器 i 的值增加 1，以便在下一次循环中处理下一个振动次数的数据。

第 5 行：这行代码定义了一个变量 save_path，并将其设置为字符串' result_damping_ratio. CSV'，这个字符串代表了将要保存 CSV 文件的文件名。

第 7 行：这行代码使用 output DataFrame 的 to_csv 方法将 DataFrame 中的数据保存到 CSV 文件中。save_path 参数指定了文件的保存路径和文件名，index=False 参数表示在保存时不包含 DataFrame 的索引（即行号），encoding="gbk"参数指定了文件的编码方式，确保中文字符能够正确保存。

第 8 行：这行代码打印了一条消息，告知用户计算结果已经成功保存到了名为 result_damping_ratio.CSV 的文件中。

4. 数据可视化

读取保存的结果，并绘制阻尼比随加载次数变化的图表。

```
1.   #绘制图片
2.   font=font_manager.FontProperties(fname="C: /WINDOWS/Fonts/STSONG.TTF")
3.   result_csv_path=' result_damping_ratio.CSV'
4.   plot_data_frame=pd.read_csv(result_csv_path, encoding="gbk")
5.   number_of_cycle=plot_data_frame.iloc[: , 0]
6.   result_damping_ratio=plot_data_frame.iloc[: , 1]
7.   plt.plot(number_of_cycle, result_damping_ratio)
8.   plt.xlabel(' 加载次数', fontproperties=font)
9.   plt.ylabel(' 阻尼比', fontproperties=font)
10.  plt.grid(alpha=0.5)
11.  plt.show()
```

第 2 行：这行代码使用 matplotlib 的 font_manager 模块创建一个 FontProperties 对象，用于指定图表中使用的字体。这里指定了字体文件路径"C: /WINDOWS/Fonts/STSONG.TTF"，这通常用于支持中文显示，确保图表中的中文标签能够正确显示。

第 3 行：这行代码定义了一个变量 result_csv_path，并将其设置为字符串' result_damping_ratio.CSV'，这个字符串代表了保存有阻尼比计算结果的 CSV 文件的文件名。

第 4 行：这行代码使用 pandas 库的 read_csv 函数读取之前保存的 CSV 文件，并将其内容存储在变量 plot_data_frame 中，这是一个 DataFrame 对象。encoding=" gbk"参数确保文件中的中文字符能够正确读取。

第 5 行：这行代码从 plot_data_frame DataFrame 中提取第一列数据（即索引为 0 的列，代表加载次数），并将其存储在变量 number_of_cycle 中。

第 6 行：这行代码从 plot_data_frame DataFrame 中提取第二列数据（即索引为 1 的列，代表阻尼比），并将其存储在变量 result_damping_ratio 中。

第 7 行：这行代码使用 matplotlib. pyplot 模块的 plot 函数，根据 number_of_cycle 和 result_damping_ratio 变量中的数据绘制折线图，横轴为加载次数，纵轴为阻尼比。

第 8 行：这行代码设置图表的 x 轴标签为"加载次数"，并使用之前定义的 font 变量来确保标签中的中文能够正确显示。

第 9 行：这行代码设置图表的 y 轴标签为"阻尼比"，同样使用 font 变量来确保标签中的中文能够正确显示。

第 10 行：这行代码在图表中添加网格线，alpha＝0.5 参数设置网格线的透明度为 0.5，使得网格线不会过于明显，同时又能帮助观察图表中的数据点。

第 11 行：这行代码显示最终的图表。在 Jupyter Notebook 或其他 IDE 中运行时，将弹出一个窗口显示图表；如果在脚本中运行，将直接在屏幕上显示图表，如图 6-3 所示。

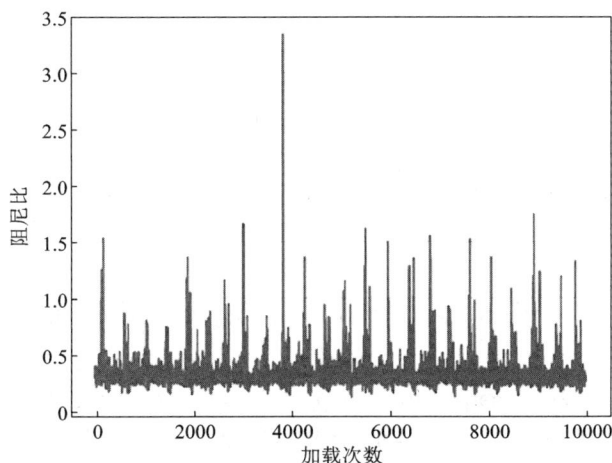

图 6-3　阻尼比结果示意图

6.6　构建多质量块弹簧阻尼系统(选讲)

6.6.1　概述

本节将通过一个经典的单层双质量弹簧阻尼系统模拟案例，讲解如何使用 Python 编程语言求解由弹簧和阻尼器组成的双质量振动系统(图 6-4)。该系统通常用于研究振动控制、结构响应等。通过数值解微分方程，计算质量块的位移与速度随时间的变化，帮助大家理解物理系统与数值方法的结合。

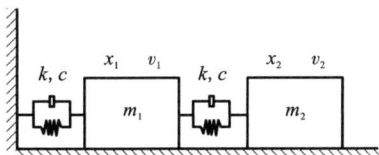

图 6-4　双质量振动系统示意图

6.6.2　弹簧阻尼系统模拟

在这一小节中，我们将使用 Python 进行系统建模与数值计算。首先，通过设定系统的物理参数，如质量、弹簧刚度、阻尼系数等，建立微分方程并求解。通过数值积分(使用 scipy.integrate.solve_ivp 函数)求得系统的动态响应，最终分析和展示质量块的位移与速度随时间的变化。

1. 系统建模与微分方程求解

导入所需的 Python 库, numpy 用于数值计算, scipy 用于求解常微分方程, csv 用于将数据保存为 csv 文件, matplotlib 用于绘制图形。

例如:

```
1.   #导入数据库
2.   import numpy as np
3.   from scipy.integrate import solve_ivp
4.   import csv
5.   import matplotlib.pyplot as plt
```

第 2 行: 这行代码导入了 numpy 库, 并给它起了一个别名 np。

第 3 行: 这行代码从 scipy 库的 integrate 模块中导入了 solve_ivp 函数, 用于后续微分方程的求解。

第 4 行: 这行代码导入了 Python 的内置 csv 模块, 可以对 csv 格式的文件进行读取和储存等操作。

第 5 行: 这行代码导入了 matplotlib 库的 pyplot 模块, 并给它起了一个别名 plt。matplotlib 是一个 Python 绘图库, 它提供了一个类似于 MATLAB 的绘图框架。pyplot 是 matplotlib 的一个模块, 它提供了一个接口, 用于创建静态、交互式和动画的可视化图表。

在这个例子中, 我们定义了两个质量块, 分别为 m1 和 m2, 并且给定了弹簧刚度 k、阻尼系数 c 和初始压缩量 x0_compression。之后, 我们设置了初始条件, 包括两个质量块的初始位移和速度, 并且规定 x 方向的正方向为右侧。

例如:

```
1.   #模型初始状态参数设置
2.   m1 = 1663.84        #左侧质量块 (kg)
3.   m2 = 1663.84        #右侧质量块 (kg)
4.   k1 = 1e10            #左侧弹簧刚度 (N/m)
5.   c1 = 5.5e5           #左侧阻尼系数 (N·s/m)
6.   k2 = 1e10            #质量块间弹簧刚度 (N/m)
7.   c2 = 5.5e5           #质量块间阻尼系数 (N·s/m)
8.   x0_compression = 0.001   #初始压缩量 (m)
```

第 2 行: 这行代码定义了一个变量 m1, 并将其设置为 1663.84。这代表了左侧质量块的质量, 单位是 kg。

第 3 行: 这行代码定义了一个变量 m2, 并将其设置为 1663.84。这代表了右侧质量块的质量, 单位是 kg。

第 4 行: 这行代码定义了一个变量 k1, 并将其设置为 1^{10}。这代表了左侧质量块与固定面之间弹簧的刚度, 单位是 N/m。

第 5 行: 这行代码定义了一个变量 c1, 并将其设置为 5.5^5。这代表了左侧质量块与固定面之间阻尼器的阻尼系数, 单位是 N·s/m。

第 6 行: 这行代码定义了一个变量 k2, 并将其设置为 1^{10}。这代表了两个质量块之间弹簧的刚度, 单位是 N/m。

第 7 行: 这行代码定义了一个变量 c2, 并将其设置为 5.5^5。这代表了两个质量块之间阻尼器的阻尼系数，单位是 N·s/m。

第 8 行：这行代码定义了一个变量 x0_compression，并将其设置为 1^{-3}。这代表了两个质量块之间弹簧的初始压缩量，单位是 m。

对两个质量块的运动状态进行初始化。

例如：

```
1.  #运动状态初始化
2.  x1_0=0.0              #左侧质量块的初始位移(未压缩状态)
3.  x2_0=-x0_compression  #右侧质量块的初始位移(弹簧压缩量)
4.  v1_0=0.0              #左侧质量块的初始速度
5.  v2_0=0.0              #右侧质量块的初始速度
```

第 2 行：这行代码定义了一个变量 x1_0，并将其设置为 0.0。这代表了左侧质量块并未移动，位移为 0。

第 3 行：这行代码定义了一个变量 x2_0，并将其设置为-x0_compression。这代表了右侧质量块向左侧的位移量为 x0_compression。

第 4 行：这行代码定义了一个变量 v1_0，并将其设置为 0.0。这代表了左侧质量块的初始速度为 0。

第 5 行：这行代码定义了一个变量 v2_0，并将其设置为 0.0。这代表了右侧质量块的初始速度为 0。

2. 系统建模与微分方程建立

获取最大振动次数，并初始化循环计数器。

例如：

```
1.  #定义微分方程组
2.  def spring_damper_system(t, y):
3.      x1, v1, x2, v2=y  #解向量包含位移和速度
4.      F1=-k*x1-c*v1+k*(x2-x1)+c*(v2-v1)
5.      F2=-k*(x2-x1)-c*(v2-v1)
6.      a1=F1/m1
7.      a2=F2/m2
8.      return [v1, a1, v2, a2]
```

第 2 行：这行代码定义了一个函数 spring_damper_system，用于描述弹簧阻尼系统的运动。该函数接受两个参数：t 表示时间，y 表示系统的状态向量。状态向量 y 包含了系统中所有变量的值(在本例中是位移和速度)。

第 3 行：这行代码在函数内部，首先将 y 解包为 x1、v1、x2、v2 四个变量，分别表示左侧质量块的位移和速度、右侧质量块的位移和速度。

第 4 行：这行代码计算左侧质量块所受的合力 F1。弹簧的恢复力由-k*x1 表示(假设左侧质量块与原点有位置偏移)，阻尼力由-c*v1 表示(与速度成正比)。此外，左侧质量块还受来自右侧质量块的弹簧力和阻尼力，分别由 k*(x2-x1)和 c*(v2-v1)表示。

第 5 行：这行代码计算右侧质量块所受的合力 F2。右侧质量块只受来自左侧质量块的弹簧力和阻尼力，分别由-k*(x2-x1)和-c*(v2-v1)表示。

第 6 行：这行代码根据牛顿第二定律，计算左侧质量块的加速度 a1，由合力 F1 与质量

m1 的比值得到。

第 7 行：这行代码与第 6 行相同，计算右侧质量块的加速度 a2。

第 8 行：返回一个列表，其中包含了系统中每个变量的变化率（即速度或加速度）。列表的顺序是[v1，a1，v2，a2]，表示左侧质量块的速度，左侧质量块的加速度，右侧质量块的速度，右侧质量块的加速度。

3. 时间设置与数值求解

设定整体计算时间，时间根据具体工况进行合理设置，但需要尽量大，以保证模型最终达到平衡状态。

例如：

```
1.  #时间设置
2.  t_span=(0, 0.1)   # 模拟时间范围 (s)
3.  t_eval=np.linspace(t_span[0], t_span[1], 1000)  # 时间点
```

第 2 行：这行代码定义了一个元组 t_span，表示模拟的时间范围。在本例中，从 0 s 到 0.1 s，模拟时间为 0.1 s。这个时间范围代表了整个仿真过程的时间。

第 3 行：这行代码使用 np.linspace 函数生成 1000 个时间点 t_eval，这些时间点均匀分布在 t_span 定义的时间范围内。np.linspace 函数返回的是一个包含 1000 个值的数组，作为数值积分的时间步长。

定义初始状态向量。

例如：

```
1.  #初始状态向量
2.  y0=[x1_0, v1_0, x2_0, v2_0]
```

第 2 行：这行代码定义了一个列表 y0，表示系统的初始状态。该状态包含了左侧质量块的初始位移 x1_0，左侧质量块的初始速度 v1_0，右侧质量块的初始位移 x2_0，右侧质量块的初始速度 v2_0。这些初始值用于数值积分的初始化。

对上述微分方程进行数值积分求解。

例如：

```
1.  #数值积分求解
2.  solution=solve_ivp(spring_damper_system, t_span, y0, t_eval=t_eval, method='RK45')
```

第 2 行：这行代码使用 scipy.integrate.solve_ivp 函数来求解常微分方程。solve_ivp 函数用于求常微分方程的数值解，它需要传入以下参数：

① spring_damper_system：定义的微分方程函数。

② t_span：时间范围，即模拟的开始时间和结束时间。

③ y0：初始状态向量，表示系统的初始条件。

④ t_eval：用于指定在解的时间点，函数将在这些时间点上求解系统状态。

⑤ method='RK45'：指定使用 Runge-Kutta 4(5)阶方法来进行数值积分，这是 solve_ivp 函数默认的数值积分方法。

⑥ solve_ivp 返回一个对象 solution，它包含了求解过程中的所有信息，例如时间序列、位移和速度等。

4. 提取数值解并保存数据结果

提取并保存数值计算结果。

例如：

```
1.  #提取解
2.  t=solution.t
3.  x1=solution.y[0]    # 左侧质量块的位移
4.  v1=solution.y[1]    # 左侧质量块的速度
5.  x2=solution.y[2]    # 右侧质量块的位移
6.  v2=solution.y[3]    # 右侧质量块的速度
```

第 2 行：这行代码从 solution 对象中提取时间序列 t，它包含了所有的时间点。

第 3 行：这行代码从 solution. y 中提取左侧质量块的位移 x1。solution. y 是一个二维数组，每一行分别表示左侧质量块、左侧质量块速度、右侧质量块、右侧质量块速度的解。

第 4 行：这行代码从 solution. y 中提取左侧质量块的速度，并将其存储在变量 v1 中。

第 5 行：这行代码从 solution. y 中提取右侧质量块的位移，并将其存储在变量 x2 中。

第 6 行：这行代码从 solution. y 中提取右侧质量块的速度，并将其存储在变量 v2 中。。

提取并保存数值计算结果。

例如：

```
1.  #保存数据到 CSV 文件
2.  def save_to_csv(filename, data, col_names):
3.      with open(filename, mode='w', newline='') as file:
4.          writer=csv.writer(file)
5.          writer.writerow(col_names)    # 写入表头
6.          writer.writerows(zip(* data))  # 写入数据
```

第 2 行：这行代码定义了一个函数 save_to_csv，该函数用于将模拟结果保存为 CSV 文件。该函数接收 3 个参数：

filename：保存数据的文件名。

data：要保存的数据，本案例是时间序列、位移和速度等。

col_names：数据的列名，用于设定 CSV 文件的表头。

第 3 行：这行代码使用 with 语句打开一个文件，文件名为 filename，模式为写入（'w'），并且指定 newline='' 以避免在 Windows 系统中出现多余的空行。file 是文件对象。

第 4 行：这行代码创建一个 CSV 写入器对象 writer，用于将数据写入文件。

第 5 行：这行代码使用 writer 对象的 writerow 方法将列名写入 CSV 文件的第一行。

第 6 行：这行代码使用 writer 对象的 writerows 方法将数据写入 CSV 文件的后续行。

5. 数据可视化与结果分析

读取保存的结果，并绘制两个质量块位移、速度随时间 t 变化的图表。输出代码如下：

```
1.  #绘制左侧质量块和右侧质量块的位移与速度随时间变化的图像
2.  def plot_displacement_velocity(t, x1, v1, x2, v2):
3.      plt.figure(figsize=(12, 8))
4.      plt.subplot(2, 1, 1)
```

```
5.      plt.plot(t, x1, label=' Mass 1 Displacement', color=' blue' )
6.      plt.plot(t, x2, label=' Mass 2 Displacement', color=' orange' )
7.      plt.title(' Displacement vs Time' )
8.      plt.xlabel(' Time/s' )
9.      plt.ylabel(' Displacement/m' )
10.     plt.legend()
11.     plt.grid(alpha=0.5)
12.     plt.subplot(2, 1, 2)
13.     plt.plot(t, v1, label=' Mass 1 Velocity', color=' green' )
14.     plt.plot(t, v2, label=' Mass 2 Velocity', color=' red' )
15.     plt.title(' Velocity vs Time' )
16.     plt.xlabel(' Time/s' )
17.     plt.ylabel(' Velocity/(m · s⁻¹)' )
18.     plt.legend()
19.     plt.grid(alpha=0.5)
20.     plt.tight_layout()
21.     plt.show()
```

第 2 行：这行代码定义了一个名为 plot_displacement_velocity 的函数，接受五个参数：t（时间）、x1（左侧质量块的位移）、v1（左侧质量块的速度）、x2（右侧质量块的位移）和 v2（右侧质量块的速度）。

第 3 行：这行代码创建了一个新的图形对象，并设置图形的大小为 12 英寸宽、8 英寸高。

第 4 行：这行代码在图形中创建了一个 2 行 1 列的子图，并激活第一个子图。

第 5 行：这行代码使用 matplotlib. pyplot 模块的 plot 函数，根据 t 和 x1 变量中的数据，横轴为时间，纵轴为位移，绘制左侧质量块的位移随时间变化的曲线，曲线标签为"Mass 1 Displacement"，颜色为蓝色。

第 6 行：这行代码与第 4 行类似，绘制右侧质量块的位移随时间变化的曲线，曲线标签为"Mass 2 Displacement"，颜色为橙色。

第 7 行：这行代码设置了第一个子图的标题为"Displacement vs Time"。

第 8 行：这行代码设置了图表的 x 轴标签为"Time/s"。

第 9 行：这行代码设置了图表的 y 轴标签为"Displacement/m"。

第 10 行：这行代码的作用是显示第一个子图的图例。

第 11 行：这行代码在图表中添加网格线，alpha=0.5 参数设置网格线的透明度为 0.5，使得网格线不会过于明显，同时又能帮助观察图表中的数据点。

第 12 行：这行代码的作用是在图形中创建一个 2 行 1 列的子图，并激活第二个子图。

第 13 行：这行代码将绘制左侧质量块的速度随时间变化的曲线，曲线标签为"Mass 1 Velocity"，颜色为绿色。

第 14 行：这行代码将绘制右侧质量块的速度随时间变化的曲线，曲线标签为"Mass 2 Velocity"，颜色为红色。

第 15 行：这行代码设置了第二个子图的标题为"Velocity vs Time"。

第 16 行：这行代码设置了第二个子图的横坐标标签为"Time/s"。

第 17 行：设置了第二个子图的纵坐标标签为"Velocity/(m · s⁻¹)"。

第 18 行：这行代码显示第二个子图的图例。

第 19 行：这行代码在图表中添加网格线，alpha＝0.5 参数设置网格线的透明度为 0.5，使得网格线不会过于明显，同时又能帮助观察图表中的数据点。

第 20 行：这行代码将自动调整子图参数，使之填满整个图形区域。

第 21 行：这行代码显示最终的图表。在 Jupyter Notebook 或其他 IDE 中运行时，将弹出一个窗口显示图表；如果在脚本中运行，将直接在屏幕上显示图表，如图 6-5 所示。

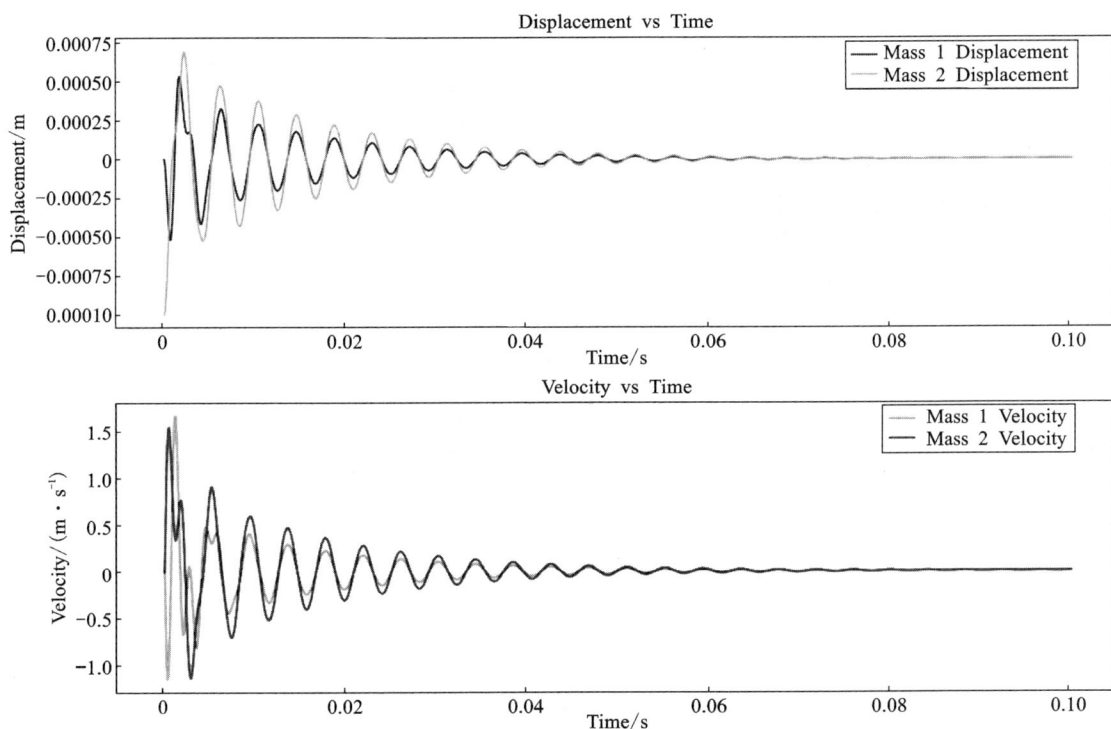

图 6-5　计算结果显示

调用绘制图表函数，进行绘图。

例如：

```
1.  #调用绘图函数
2.  plot_displacement_velocity(t, x1, v1, x2, v2)
```

第 2 行：这行代码的作用是调用之前定义的 plot_displacement_velocity 函数，并传入相应的参数 t（时间）、x1（左侧质量块的位移）、v1（左侧质量块的速度）、x2（右侧质量块的位移）和 v2（右侧质量块的速度），函数将根据这些参数绘制位移和速度随时间变化的图形。

智慧启思

工程数字化中的技术自强与时代担当

认知拓展

实践创新

第6章

思考题

1. 如何使用 Python 库读取和处理实验数据?

2. 数据可视化在实验结果分析中的重要性有哪些?

3. 在计算阻尼比的过程中,如何优化循环结构以提高代码效率?

4. 在计算阻尼比时,为什么需要考虑滞回曲线?

5. 在读取实验数据时,如何确保数据的完整性和准确性?

参考答案

Python 在智能建造设计中的应用

本章思维导图

AI微课

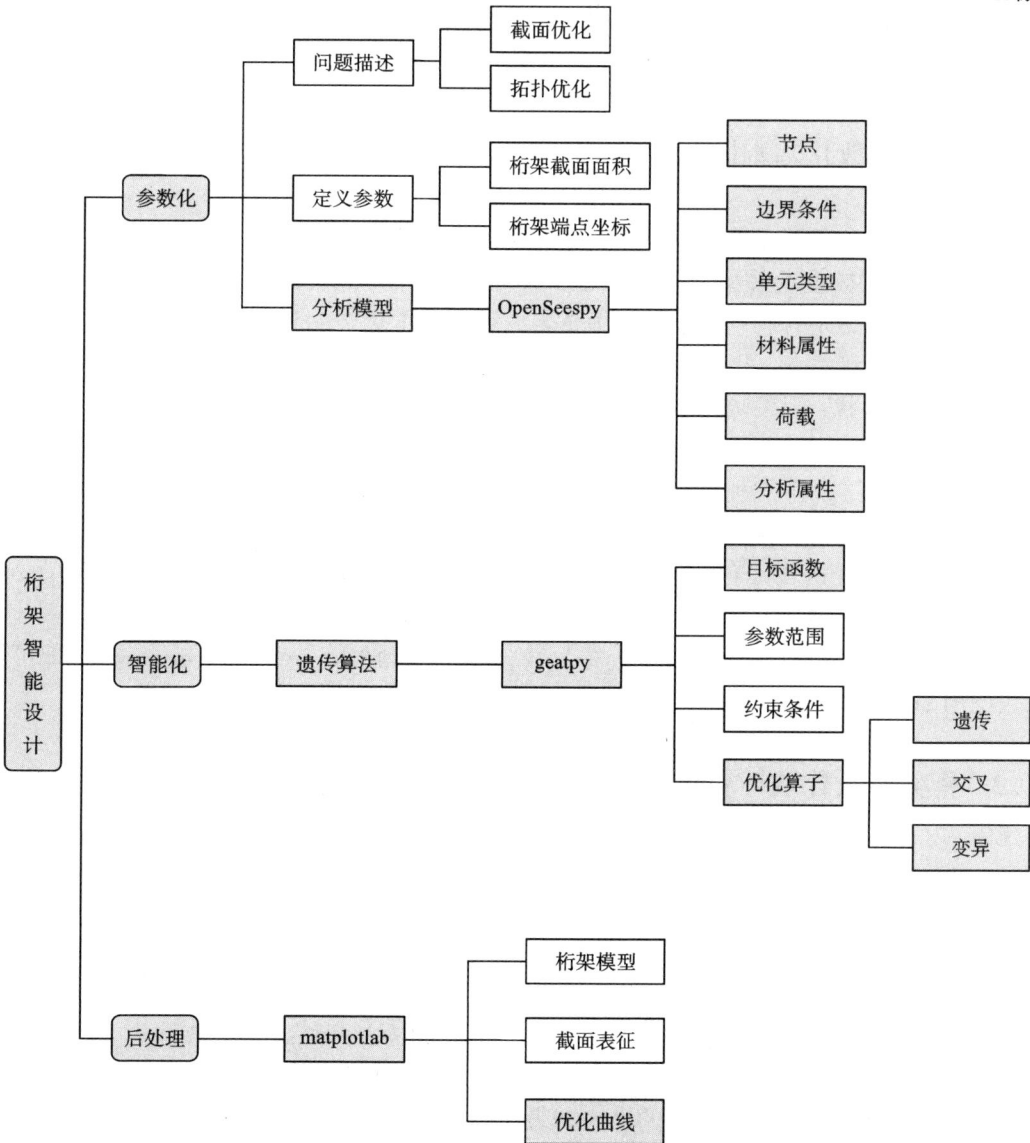

7.1 概述

本章将探讨如何利用 Python 实现遗传算法，并对桁架结构进行智能优化设计。桁架结构因其材料高效利用而被广泛应用于建筑和桥梁工程中，但传统的设计方法往往依赖于设计师的经验和试错法，耗时费力且设计结果非最优。本章首先介绍桁架参数化的概念，并采用 Python 中的 Openseespy 库建立桁架的有限元分析模型。之后，详细介绍了遗传算法的基础理论以及在 Python 中的实现方法。最后，对一单目标桁架挠度优化案例进行分析，实现了桁架截面尺寸的智能优化。

7.2 桁架参数化建模和计算

7.2.1 桁架参数化基本概念

桁架参数化的目的是便于依据有限的、待优化参数快速建立桁架模型。参数化中所指的参数一般是设计人员重点关注且待优化的参数，一般设置该参数为变量，而其他不重要的参数或已经确定的参数应保持不变，设置为常数。例如：①对于一种确定结构构型的平面钢桁架而言，桁架的形状不变，此时参数化的对象为桁架的截面大小；②而对于杆件确定的桁架，想要优化桁架的形状，则参数化对象可以是桁架连接节点的坐标。当然，以上①、②两种情况也可同时存在。

为了便于介绍，以第①种情况为例进行参数化说明。桁架的参数化建模采用 OpenSeespy 进行。OpenSees 全称是 Open System for Earthquake Engineering Simulation，是土木工程学术界广泛使用的有限元分析软件和地震工程模拟平台。OpenSeespy 则是为了便于其在 Python 环境中使用而开发的 Python 接口，可无缝利用 Python 生态系统中的各种数据处理和可视化库。

对于 OpenSeespy 的调用，首先要进行下载，在命令行输入 pip install OpenSeespy 即可，而引入包则用 import OpenSeespy. opensees as ops。

7.2.2 桁架参数化及计算实例

以一个简单桁架为例进行说明。

1. 问题描述

如图 7-1 所示，整个桁架共包含 4 个节点，分别是节点 1、2、3、4，坐标为 $(0, 0)$、$(144, 0)$、$(168, 0)$ 和 $(72, 96)$；杆件数目为 3 根，依靠底部节点 1、2、3 固定，而在顶部节点 4 处施加水平和竖向大小分别为 100 N 和 50 N 的力。这个案例以 3 根杆件的截面面积为变量，得到不同截面面积下节点 4 的横向和纵向位移。

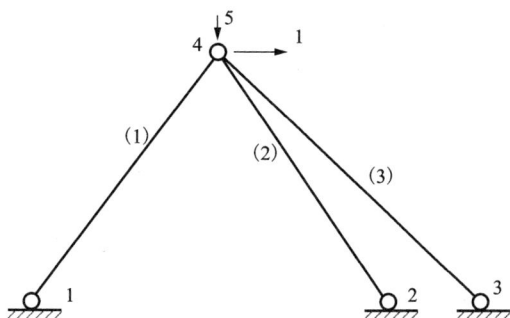

图 7-1　简单桁架

2. 问题分析

本案例中杆件截面是我们所需要调整的参数，将其设置为变量，3 根杆件的截面面积分别为 A1、A2 和 A3。在采用 Python 进行桁架模型建模时采用面向对象编程，定义桁架参数化模型为 Truss 类，里面包含建模 model 和运行 run 两个函数，代码如下：

```
1.  import openseespy.opensees as ops
2.  Class Truss
3.      def __init__(self, Areas):
4.          self.Areas＝Areas　#数组，包含所有杆件的截面面积
5.      def model(self, Areas):
6.          pass
7.      def run(self):
8.          pass
```

以上即定义了类的基本框架，之后需要用 Openseespy 中的相关函数进行建模。Openseespy 中的命令集详见网址 https：//opensees. github. io/OpenSeesDocumentation/。

3. 建模函数 model

模型函数 model 的内容包括设置节点、边界条件、材料属性、创建单元、施加荷载五部分内容，代码如下所示：

```
1.  def model(self, Areas):
2.      ops.wipe()
3.      ops.model('basic', '- ndm', 2, '- ndf', 2)
4.      ops.node(1, 0.0, 0.0)
5.      ops.node(2, 144.0, 0.0)
6.      ops.node(3, 168.0, 0.0)
7.      ops.node(4, 72.0, 96.0)
8.      ops.fix(1, 1, 1)
9.      ops.fix(2, 1, 1)
10.     ops.fix(3, 1, 1)
11.     ops.uniaxialMaterial("Elastic", 1, 3000.0)
12.     ops.element("Truss", 1, 1, 4, Areas[0], 1)
```

```
13.    ops.element("Truss", 2, 2, 4, Areas[1], 1)
14.    ops.element("Truss", 3, 3, 4, Areas[2], 1)
15.    ops.timeSeries("Linear", 1)
16.    ops.pattern("Plain", 1, 1)
17.    ops.load(4, 100.0, - 50.0)
```

第 2 行, ops. wipe 表示删除 OpenSeespy 里的所有模型信息, 包括节点、单元、材料、边界条件、计算结果等。当该函数在循环函数中重复调用时才起作用, 若仅运行一次则可删除, 不会影响计算结果。

第 3 行, -ndm 表示模型的维度(number of dimension), 本例为平面二维问题, 因此-ndm 后的数字为 2; 而-ndf 表示自由度数量(number of degree of freedom), 本例桁架只有 x、y 2 个自由度而没有转动自由度(桁架不能承担弯矩), 因此-ndf 后的数字为 2。

第 4 到第 7 行建立 4 个节点, ops. node 后的数字分别表示节点编号和该节点的 x 坐标和 y 坐标。

第 8~10 行表示约束条件, ops. fix 后的数字分别表示节点编号和是否对 x 和 y 方向的位移进行约束, 其中 1 表示约束、0 表示释放。代码行表示分别限制 1、2、3 号节点的 x 向和 y 向位移。

第 11 行表示建立单轴弹性材料, ops. uniaxialMaterial 后的 Elastic 表示弹性材料, 1 为材料编号, 3000.0 表示弹性材料的弹性模量为 3000.0。注意, OpenSees 中的单位由用户自己定义, 在整个模型中须统一。本例采用的单位为 mm、kN、MPa。

第 12~14 行为建立 3 个桁架单元, ops. element 后的 Truss 表示单元类型为桁架单元, 后面的数字依次表示单元编号、单元的起点节点号、单元的终点节点号、桁架截面面积、桁架所使用的材料编号。

第 15 行和 16 行表示加载模式, ops. timeSeries 后的 Linear 表示外力是线性增加的外力, 每一步实际外力为系统时间乘以外力系数; 1 表示标号, 与 ops. pattern 后的第三个数字 1 对应。

第 17 行为施加荷载, 表示在 4 号节点施加外力系数, 分别为 x 方向 100 的外力系数和 y 方向上-50 的外力系数。

通过传入 model 函数一个包含 3 个元素的一维数组, 即可建立图 7-1 所示的有限元模型。

4. 运行函数 run

运行函数 run 代码如下:

```
1.    def run(self):
2.    self.model(self.Areas)
3.    ops.system("BandSPD")
4.    ops.numberer("RCM")
5.    ops.contraints("Plain")
6.    ops.algorithm("Newton")
7.    ops.integrator("LoadControl", 1)
8.    ops.analysis("Static")
```

```
9.   ops.analyze(1)
10.  ux = ops.nodeDisp(4, 1)
11.  uy = ops.nodeDisp(4, 2)
12.  return ux, uy
```

第 3 行表示方程的存储和求解方式，采用 BandSPD 方法。

第 4 行表示结构自由度的编号方式，采用 RCM 方法。

第 5 行表示边界约束方程的处理方式，采用 Plain 方法。

第 6 行表示用牛顿迭代法计算，对于弹性问题其实不需要进行迭代计算。

第 7~9 行表示加载方式，ops. integrator 后的 LoadControl 表示用力加载控制方式，1 表示每次加载 1 倍的外力，相当于一次施加全部荷载，一般为小于 1 的数；ops. analysis 后的 Static 表示静力加载；ops. analyze 后的 1 表示分析采用 1 步完成全部外力的加载分析。

第 10 行和第 11 行表示提取节点位移，ops. nodeDisp 后的两个数字分别表示节点编号和自由度编号。如第 10 行表示提取 4 号节点的 x 向位移并赋值给变量 ux。

5. 代码输出

调用 Truss 类和输出的代码：

```
1.   Areas = [10., 5., 5.]
2.   trussmodel = Truss(Areas)
3.   UX, UY = trussmodel.run()
4.   print(f"当面积为{Areas}时，4 号节点的 X, Y 向位移分别为：UX = {UX}, UY = {UY}")
```

第 1 行表示创建存放桁架面积的数组变量 Areas，由于是 3 根杆件，因此 Areas 的维度为 3。需要注意的是，虽然这里的截面面积为整数，但是在计算时为了保证是浮点型数据需要加上小数点，如这里的 10 mm^2 写成 10. mm^2。

第 2 行创建一个 Truss 对象 trussmodel，在类初始化时需要传入创建的面积数组 Areas。使用类的好处是，对于复杂问题，可创建多个 Truss 对象并运用 Python 中的并行运算函数实现并行运算，从而加速结构的计算和优化过程。

第 3 行调用 trussmodel 对象的运行函数 run。run 函数包括建模、运行和返回节点位移。返回的节点位移存储在变量 UX 和 UY 中。

第 4 行运用 Python 自带的 print 函数将计算结果打印在屏幕上。

7.3　遗传算法简介和调用

7.3.1　遗传算法基本概念

遗传算法(genetic algorithm)是模拟生物的遗传和进化而形成的全局随机搜索算法，最早由 Holland 教授于 20 世纪 60 年代提出。之后，De Jong 在 20 世纪 70 年代基于遗传算法的思想在计算机上进行了大量的纯数值函数优化计算实验。而目前遗传算法的计算框架是由 Goldberg 在 20 世纪 80 年代提出的。遗传算法的相关专业术语介绍如下：

（1）个体：待优化的基本对象。

（2）种群：个体的集合。

（3）种群规模：种群中个体的个数。

（4）染色体：个体的编码，表示个体并反映个体的特征，方便进行交叉、变异等操作。

（5）基因：组成染色体的元素。

（6）个体基因型：个体的基因组成形式。

（7）个体表现型：由个体基因决定的个体的具体表现形式。

（8）编码：将问题参数映射为个体的基因结构。

（9）解码：将个体基因结构映射为问题参数。

（10）适应度：个体适应环境的能力。

（11）适应度函数：个体与适应度之间的对应关系。

（12）遗传算子：将父代特征遗传给子代的操作方法，具体包括选择、交叉和变异算子等。

（13）选择算子：从种群中选择若干个体的操作方法。

（14）交叉算子：染色体上基因交换的操作方法。

（15）变异算子：染色体上某个基因值发生变化的操作方法。

标准的遗传算法提供了一种求解优化问题的通用框架，不依赖于问题的领域和种类，对于实际问题，可按下述步骤进行求解：

（1）确定变量和约束条件，即确定个体表现型和问题的解空间。

（2）建立优化模型，即确定目标函数的类型、数学描述形式或量化方法。

（3）确定可行解的染色体编码方法，即确定个体基因型及相应的搜索空间。

（4）确定解码方法，即确定由个体基因型到个体表现型的对应关系或转换方法。

（5）确定个体适应度的量化评价方法，即确定目标函数值到个体适应度的转换规则。

（6）设计遗传算子，即设计选择、交叉、变异运算的具体操作方法。

（7）设置遗传算法的有关运行参数，包括种群大小、交叉概率、变异概率等。

7.3.2　遗传算法实例　　　　　　　　　　　　　　　　　　　　　>>>

以下针对一个简单函数最值求解问题，在不调用遗传算法包的情况下编程实现。现有函数：

$$f(x_1, x_2, x_3) = x_1^3 + x_2^3 + x_3^3$$

求解当 $0 \leqslant x_1 \leqslant 9$，$1 \leqslant x_2 \leqslant 7$，$2 \leqslant x_2 \leqslant 6$ 时的最小值。

采用面向对象的思路编写以上问题的遗传算法 Python 代码，首先是代码的逻辑框架，按照遗传算法的求解流程，遗传算法类包括参数输入（__init__ 函数）、二进制编码（code 函数）、解码函数（decode 函数）、选择算子（choose 函数）、适应度计算（F 函数）、交叉算子（cross_over 函数）、变异算子（mutate 函数）、优化迭代过程（train 函数）和结果显示（disp 函数）九个板块。代码如下：

```
1.    import numpy as np
2.    import matplotlib.pyplot as plt
3.    from tqdm import tqdm
4.
```

```
5.    class GA():
6.    def __init__(self, evo_num, pop_size, cross_ratio, mut_ratio, num_value, num_range):
7.        self.evo_num=evo_num   # 进化代数
8.        self.pop_size=pop_size   # 种群规模---种群中的样本数量
9.        self.cross_rat=cross_ratio   # 交叉率---建议取值为 0.7~1.0
10.       self.mut_ratio=mut_ratio   # 变异概率---取较小值 0.001
11.
12.       self.num_value=num_value   # 每个样本中自变量的数量
13.       self.num_range=num_range   # 与 num_value 对应, 存放每个样本中对应的上下界, 是一个二维数组
14.       self.num_value_i=[]   # 记录每个自变量对应的编码长度
15.       self.accurate_num=1   # 精度, 保留的小数位数
16.
17.       self.F_max=[]   # 最优适应度
18.       self.iter_ga=[]   # 迭代数
19.       self.answer=0   # 最优解
20.
21.       def code(self):     #采用二进制编码生成初始种群
22.           pass
23.
24.       def decode(self, code):     #对样本进行解码
25.           pass
26.
27.       def choose(self, code_all):   # 选择
28.           pass
29.
30.       def F(self, result_value_ten):   # 计算适应度函数
31.           pass
32.
33.       def cross_over(self, code1, code2):   # 交叉
34.           pass
35.
36.       def mutate(self, code, muta_num=1):   # 变异
37.           pass
38.
39.       def train(self):   #优化函数
40.           pass
41.
42.       def disp(self):   # 绘图
43.           pass
```

接下来分别介绍各个功能函数代码。

1. 二进制编码 (code 函数)

例如:

```
1.    def code(self):
2.        self.num_value_i=[]
3.        num_all_value=0
4.        for i in range(self.num_value):
```

```
5.        num=0
6.        avarage_num=(int(self.num_range[i][1])-int(self.num_range[i][0]))* 10* * self.accurate_num
7.        while True:
8.          if 2* * num>=avarage_num:
9.            break
10.         else:
11.           num+=1
12.         num_all_value+=num
13.         self.num_value_i.append(num)
14.    initial_case=np.random.randint(0, 2, size=(self.pop_size, num_all_value))
15.    return initial_case
```

code 函数采用二进制编码生成初始种群，用到两个私有变量，分别为 self. num_value 表示变量的数量和 self. num_range 表示变量的范围，对本例而言，self. num_range 是一个二维数组。函数返回代表初始种群的二进制矩阵。

第 6 行用于记录每个变量要等分为多少份。

第 7~13 行通过 while 循环，找出需要多少位二进制数才能表示变量。总的染色体长度为各变量染色体长度之和，存储在变量 num_all_value 中。

第 14 行生成初始种群，其中 np. random. randint 表示生成随机数，随机数为 0 和 1，维度为 self. pop_size 行和 num_all_value 列。

2. 解码函数(decode 函数)

例如：

```
1.   def decode(self, code):
2.     result_value_ten=[ ]
3.     index_i=np.cumsum(self.num_value_i)
4.     for i in range(len(self.num_value_i)):
5.       if i==0:
6.         code_i=code[0: index_i[i]]
7.       else:
8.         code_i=code[index_i[i-1]: index_i[i]]
9.       num=0
10.      for j in range(len(code_i)):
11.        num+=code_i[j]* 2* * (len(code_i)-j-1)
12.      value_ten=self.num_range[i][0]+num * (self.num_range[i][1]-self.num_range[i][0])/(2 * * self.
         num_value_i[i]-1)
13.      value_ten=float(format(value_ten, f'.{self.accurate_num}f'))
14.      result_value_ten.append(value_ten)
15.    return result_value_ten
```

变量 result_value_ten 用于存储由二进制转换成的十进制数结果组成的矩阵，并作为函数 decode 的返回值。

第 3 行 np. cumsum( )用于计算 self. num_value_i 的累加和组成的向量，作为各变量的起始向量索引，存储在变量 index_i 中。

第 4~14 行用于二进制的解码，是二进制编码的逆运算，将解码后的变量值存储在 result _value_ten 中。

3. 选择算子(choose 函数)

例如:

```
1.   def choose(self, code_all):
2.      f_matri=[ ]
3.      for i in range(len(code_all)):
4.         result_ten=self.decode(code_all[i])
5.         suit_calue=self.F(result_ten)
6.         f_matri.append(suit_calue)
7.      f_matri=np.array(f_matri)
8.      f_sum=np.array(f_matri).sum()
9.      f_ratio=f_matri/f_sum
10.     f_matri_add=f_ratio.cumsum()
11.     idx_choose=[ ]
12.     for i in range(len(code_all)):
13.        p=np.random.rand()
14.        for j in range(len(f_matri_add)):
15.           if p<=f_matri_add[j]:
16.              idx_choose.append(j)
17.              break
18.     code_all=np.array(code_all)
19.     choose_case=code_all[idx_choose]
20.     f_max=f_matri.max()
21.     idx_max=np.argmax(f_matri)
22.     pop_max=code_all[idx_max]
23.     return choose_case.tolist(), f_max, pop_max
```

选择函数采用轮盘赌的选择方法,第 2 行 f_matri 用于存储由所有样本适应度组成的矩阵。

第 3~6 行采用 for 循环遍历每个变量,采用适应度计算函数 F( )计算单个样本的适应度,并将计算得到的样本适应度放入矩阵 f_matri。

第 7~17 行为实现轮盘赌选择的代码,核心思想是产生一个随机数 p(第 13 行),看随机数落在哪个区间就选择哪个样本。而区间以矩阵的形式通过累加函数生成,即第 10 行代码。

第 18~22 行为对选择结果的进一步处理,包括得到所有选择的样本(第 19 行)、最大适应度函数(第 20 行)和最优样本(第 22 行)。

最后,将选择的样本、最大适应度和最优样本作为返回值返回。

4. 适应度计算(F 函数)

例如:

```
1.  def F(self, result_value_ten):
2.     f=lambda x1, x2, x3: x1* * 3+x2* * 3+x3* * 3
3.     re=1300.0- f(result_value_ten[0], result_value_ten[1], result_value_ten[2])
4.     return re
```

适应度函数代码较为简单,可将目标函数直接转换为适应度函数。需要注意的是,适应度函数越大越好,而目标函数是求最小值,因此需要添加负号。又因为适应度函数为大于 0

的值, 所以再加上一个正数(1300)使适应度函数大于 0。最终得到适应度函数的计算, 见第 3 行代码。

5. 交叉算子(cross_over 函数)

例如:

```
1.  def cross_over(self, code1, code2):
2.    indx_cross_over=np.random.randint(len(code1))
3.    code1[indx_cross_over: ], code2[indx_cross_over: ]=code2[indx_cross_over: ], code1[indx_cross_over: ]
```

交叉算子是对某个样本进行单点交叉, 其中 code1 和 code2 分别为待交叉的两个样本。

6. 变异算子(mutate 函数)

例如:

```
1.   def mutate(self, code, muta_num=1):
2.     indx_mutate=np.random.randint(len(code), size=muta_num).tolist()
3.     if muta_num==1:
4.       code[indx_mutate[0]]=1 if code[indx_ mutate [0]]==0 else 0
5.     else:
6.       for i in range(muta_num):
7.         if code[indx_mutate[i]]==1:
8.           code[indx_mutate[i]]=0
9.         else:
10.          code[indx_mutate[i]]=1
```

变异算子用于指定某一位或某几位基因做变异操作, 变异的基因位数为 muta_num, 默认 muta_num=1, 即只指定一位基因做变异操作。传入的变量 code 为待进行变异操作的由二进制数组成的样本。

需要进行变异的染色体索引 indx_mutate 采用随机数, 之后将对应位置的值进行变换, 如原本染色体是 1 的经变异后变成 0, 反之亦然。

7. 优化迭代过程(train 函数)

例如:

```
1.   def train(self):
2.     pop=self.code()
3.     self.F_max=[ ]
4.     self.iter_ga=[ ]
5.     p=0
6.     for i in tqdm(range(self.evo_num)):
7.       pop, f_max, idx_max=self.choose(pop)
8.       if p<f_max:
9.         p=f_max
10.        self.answer=idx_max
11.      for j in range(self.pop_size):
12.        p_tmp_corss=np.random.rand()
```

```
13.          if p_tmp_corss<=self.cross_rat:
14.             idx_tmp=np.random.randint(self.pop_size)
15.             while True:
16.                ifidx_tmp !=j:
17.                break
18.             else:
19.                idx_tmp=np.random.randint(self.pop_size)
20.          self.cross_over(pop[j], pop[idx_tmp])
21.       p_tmp_mut=np.random.rand()
22.       if p_tmp_mut<=self.mut_ratio:
23.          self.mutate(pop[j])
24.    self.iter_ga.append(i)
25.    self.F_max.append(p)
```

优化迭代过程按照遗传算法的实现步骤编写。self. F_max 为最优适应度，self. iter_ga 为迭代数，p 为历史最大值。

第 6 行为迭代循环，是否进行变异和交叉与类初始化变量中的交叉率 self. cross_rat 和变异率 self. mut_ratio 有关。

第 15 行代码是为了防止染色体与自己进行交叉。

8. 结果显示 (disp 函数)

例如：

```
1.  def disp(self):    # 绘图
2.    plt.figure()
3.    plt.plot(self.iter_ga, self.F_max)
4.    plt.show()
5.    answer=self.decode(self.answer)
6.    print(f"最优解为: {answer}")
7.    f=lambda x1, x2, x3: x1 * * 3+x2* * 3+x3* * 3
8.    f_min=f(answer[0], answer[1], answer[2])
9.    print(f' 最小值为{f_min}' )
```

第 2~4 行是用 matplotlib 绘制适应度函数随迭代次数变化的关系曲线。

第 5~9 行将目标函数的最小值和最优解打印在屏幕上。

代码创建了名为 GA 的类，创建时需传入有关的运行参数，包括进化代数 evo_num，种群规模 pop_size，交叉率 cross_ratio，变异率 mut_ratio，样本中自变量个数 num_value，以及每个自变量的取值范围 num_range。

GA 类中包括用于进行二进制编码的函数 code、解码函数 decode、选择算子函数 choose、适应度计算函数 F、交叉算子函数 cross_over、变异算子函数 mutate、用于迭代优化的函数 train 和用于展示结果的函数 disp。当处理其他类似问题时，只需修改适应度函数即可。本例的调用代码如下：

```
1.  if __name__=='__main__':
2.    ga=GA(300, 200, 1.0, 0.001, 3, [[0, 9], [1, 7], [2, 6]])
3.    ga.train()
4.    ga.disp()
```

除了自行编写遗传算法外，Python 库中还有不少遗传算法包。本教材使用 geatpy 遗传算法包，与自编遗传算法类似，代码主要包括目标函数设置、变量设置、染色体编码设置、遗传算法参数设置、优化迭代和输出结果 6 大板块。

1. 目标函数设置代码块

例如：

```
1.  import numpy as np
2.  import geatpy as ea
3.  import time
4.  def aim(Phen):
5.      x1＝Phen[：，[0]]
6.      x2＝Phen[：，[1]]
7.      x3＝Phen[：，[2]]
8.      return x1＊＊3+x2＊＊3+x3＊＊3
```

第 2 行为导入遗传算法包 geatpy。

第 5~7 行是从种群染色体矩阵 Phen 中取出自变量。以第 5 行为例，表示取出第一列，得到所有个体的第一个自变量并赋值给 x1。

第 8 行将目标函数值返回。

2. 变量设置代码块

例如：

```
1.  x1＝[0，9]
2.  x2＝[1，7]
3.  x3＝[2，6]
4.  b1＝[1，1]
5.  b2＝[1，1]
6.  b3＝[1，1]
7.  ranges＝np.vstack([x1，x2，x3]).T
8.  borders＝np.vstack([b1，b2，b3]).T
9.  varTypes＝np.array([0，0，0])
```

第 1~3 行定义决策变量的取值范围。

第 4~6 行定义决策变量的范围是否包含上下边界，其中 1 表示包含，0 表示不包含。

第 7 行生成自变量的范围矩阵，使得第 1 行定义的变量为所有决策变量的下界，第 2 行定义的变量为所有决策变量的上界。

第 8 行生成自变量的边界矩阵，格式与自变量的范围矩阵相同。

第 9 行设置决策变量的类型，其中 0 表示变量为连续变量，1 表示变量为离散变量。

3. 染色体编码设置代码块

例如：

```
1.  Encoding＝' BG'
2.  codes＝[1，1，1]
```

```
3.  precisions=[6, 6, 6]
4.  scales=[0, 0, 0]
5.  FieldD=ea.crtfld(Encoding, varTypes, ranges, borders, precisions, codes, scales)
```

第 1 行设置编码方式，BG 表示采用二进制/格雷编码。

第 2 行表示设置各决策变量的编码方式，全设为 1 表示所有变量均使用格雷编码。

第 3 行设置决策变量的编码精度，6 表示解码后能表示的决策变量精度可达小数点后 6 位。

第 4 行设置刻度方式，0 表示使用算术刻度，1 表示使用对数刻度。

第 5 行创建译码矩阵。

4. 遗传算法参数设置代码块

例如：

```
1.   NIND=200
2.   MAXGEN=300
3.   maxormins=np.array([1])
4.   selectStyle=' sus'
5.   recStyle=' xovdp'
6.   mutStyle=' mutbin'
7.   Lind=int(np.sum(FieldD[0, ：]))
8.   pc=0.9
9.   pm=1./Lind
10.  obj_trace=np.zeros((MAXGEN, 2))
11.  var_trace=np.zeros((MAXGEN, Lind))
```

第 1 行设置种群个体数目为 200。

第 2 行设置最大遗传代数为 300。

第 3 行设置求解目标函数的最大值还是最小值。其中 1 表示求目标函数的最小值，−1 表示求目标函数的最大值。

第 4 行设置选择方式，sus 表示随机抽样的选择方式。

第 5 行设置交叉方式，xovdp 表示两点交叉。

第 6 行设置变异方式，mutbin 表示二进制染色体的变异算子。

第 7 行计算染色体长度。

第 8 行和第 9 行分别设置交叉率和变异率，其中变异率与染色体的长度 Lind 有关。

第 10 行定义目标函数值记录器。

第 11 行为染色体记录器，用于记录历代最优个体的染色体。

5. 优化迭代代码块

例如：

```
1.   start_time=time.time()
2.   Chrom=ea.crtpc(Encoding, NIND, FieldD)
3.   variable=ea.bs2ri(Chrom, FieldD)
4.   ObjV=aim(variable)
5.   best_ind=np.argmin(ObjV)
```

```
6.  for gen in range(MAXGEN):
7.      FitnV = ea.ranking(maxormins *  ObjV)
8.      SelCh = Chrom[ea.selecting(selectStyle, FitnV, NIND-1), : ]
9.      SelCh = ea.recombin(recStyle, SelCh, pc)
10.     SelCh = ea.mutate(mutStyle, Encoding, SelCh, pm)
11.     Chrom = np.vstack([Chrom[best_ind, : ], SelCh])
12.     Phen = ea.bs2ri(Chrom, FieldD)
13.     ObjV = aim(Phen)
14.     best_ind = np.argmin(ObjV)
15.     obj_trace[gen, 0] = np.sum(ObjV) / ObjV.shape[0]
16.     obj_trace[gen, 1] = ObjV[best_ind]
17.     var_trace[gen, : ] = Chrom[best_ind, : ]
18.  end_time = time.time()
19.  ea.trcplot(obj_trace, [['种群个体平均目标函数值', '种群最优个体目标函数值']])
```

第 1 行和第 18 行分别用于记录优化迭代的开始时间和结束时间, 用于计算整个优化过程的用时。

第 2 行用于生成种群染色体矩阵。

第 3 行用于对初始种群进行解码。

第 4 行是计算初始种群个体的目标函数值。

第 5 行是计算当代最优个体的序号。

第 6~17 行是优化迭代循环。

第 7 行为根据目标函数大小分配适应度值。

第 8~10 行分别为选择、重组和变异。

第 11 行为精英保留策略, 即把父代精英个体与子代的染色体进行合并, 得到新一代种群。

第 15~17 行分别记录当代种群的目标函数均值, 记录当代种群最优个体目标函数值和记录当代种群最优个体染色体。

第 19 行绘制进化图像。

6. 输出结果代码块

例如:

```
1.  best_gen = np.argmin(obj_trace[:, [1]])
2.  print('最优解的目标函数值: ', obj_trace[best_gen, 1])
3.  variable = ea.bs2ri(var_trace[[best_gen], : ], FieldD)
4.  print('最优解的决策变量值为: ')
5.  for i in range(variable.shape[1]):
6.      print('x' +str(i)+' =', variable[0, i])
7.      print('用时: ', end_time- start_time, '秒')
```

第 3 行为解码得到的最优决策变量的表现型。

由 geatpy 遗传算法包得到的该问题的优化曲线如图 7-2 所示。

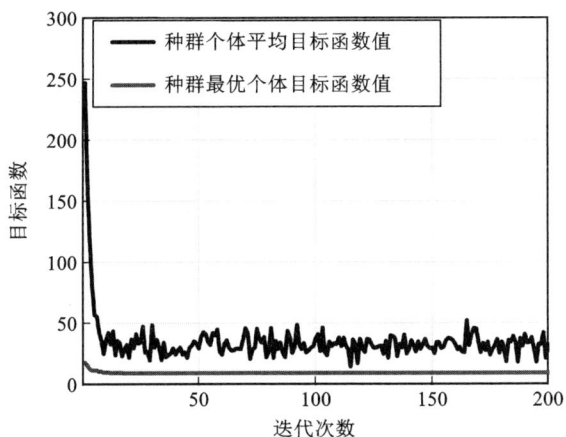

图 7-2　进化图像

7.4　桁架优化案例

结合 7.2 和 7.3 节内容对桁架进行优化。待优化桁架如图 7-3 所示，包含 17 个节点和 31 个桁架单元。由于是对称结构，这里取半结构进行分析。在桁架顶部各节点施加 1.5×10^5 的竖向荷载。

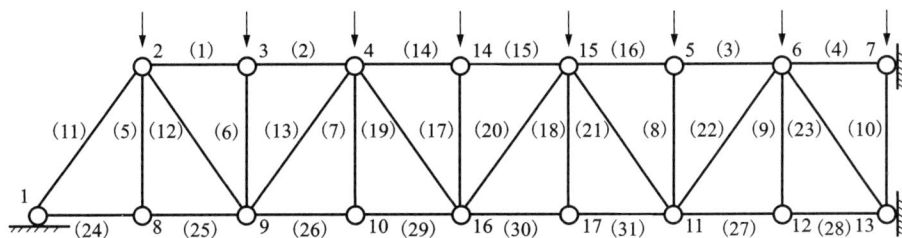

图 7-3　桁架示意图

优化代码主要包括 2 大模块，为了提高可读性可以分成 2 个 .py 文件，分别是桁架模型文件 TrussModel.py 和用于截面优化的文件 GA.py。

7.4.1　桁架模型文件

根据 7.2 节，以 31 根桁架的截面面积为参数进行参数化建模，代码如下：

```
1.   import openseespy.opensees as ops
2.   import opsvis as ovs
3.   import matplotlib.pyplot as plt
4.
5.   #建立一个桁架，可以改变截面面积和边界
6.   class Truss:
7.       def __init__(self, Areas):
```

```
8.        self.Areas = Areas   # 所有杆件的截面面积
9.
10.    def Model(self, Areas):
11.        """
12.        采用 openseespy 对桁架进行建模
13.        : param Areas: 桁架截面面积
14.        : return:
15.        """
16.        ops.wipe()
17.        ops.model(' basic', ' - ndm', 2, ' - ndf', 2)   # 平面桁架模型, 二维空间, 2 个自由度
18.
19.        #创建节点
20.        ops.node(1, 0.0, 0.0)    # 节点编号, x 坐标, y 坐标
21.        ops.node(2, 2000.0, 2300.0)
22.        ops.node(3, 4000.0, 2300.0)
23.        ops.node(4, 6000.0, 2300.0)
24.        ops.node(5, 12000.0, 2300.0)
25.        ops.node(6, 14000.0, 2300.0)
26.        ops.node(7, 16000.0, 2300.0)
27.        ops.node(8, 2000.0, 0.0)
28.        ops.node(9, 4000.0, 0.0)
29.        ops.node(10, 6000.0, 0.0)
30.        ops.node(11, 12000.0, 0.0)
31.        ops.node(12, 14000.0, 0.0)
32.        ops.node(13, 16000.0, 0.0)
33.        ops.node(14, 8000.0, 2300.0)
34.        ops.node(15, 10000.0, 2300.0)
35.        ops.node(16, 8000.0, 0.0)
36.        ops.node(17, 10000.0, 0.0)
37.
38.        #设置边界条件
39.        ops.fix(1, 1, 1)   # 节点编号, 是否限制 x 向自由度, 是否限制 y 向自由度, 1 表示限制, 0 表示释放
40.        ops.fix(7, 1, 0)
41.        ops.fix(13, 1, 0)
42.
43.        #设置材料属性
44.        ops.uniaxialMaterial("Elastic", 1, 1.999e5)   # 1 是材料编号, 3000 为弹性模量
45.
46.        #创建单元
47.        ops.element("Truss", 1, 2, 3, Areas[0], 1)   # 单元类型, 单元编号, 单元起点, 单元终点, 单元面
           积, 材料属性
48.        ops.element("Truss", 2, 3, 4, Areas[1], 1)
49.        ops.element("Truss", 3, 5, 6, Areas[2], 1)
50.        ops.element("Truss", 4, 6, 7, Areas[3], 1)
51.        ops.element("Truss", 5, 8, 2, Areas[4], 1)
52.        ops.element("Truss", 6, 9, 3, Areas[5], 1)
53.        ops.element("Truss", 7, 10, 4, Areas[6], 1)
54.        ops.element("Truss", 8, 11, 5, Areas[7], 1)
55.        ops.element("Truss", 9, 12, 6, Areas[8], 1)
```

```
56.      ops.element("Truss", 10, 13, 7, Areas[9], 1)
57.      ops.element("Truss", 11, 1, 2, Areas[10], 1)
58.      ops.element("Truss", 12, 9, 2, Areas[11], 1)
59.      ops.element("Truss", 13, 9, 4, Areas[12], 1)
60.      ops.element("Truss", 14, 4, 14, Areas[13], 1)
61.      ops.element("Truss", 15, 14, 15, Areas[14], 1)
62.      ops.element("Truss", 16, 15, 5, Areas[15], 1)
63.      ops.element("Truss", 17, 16, 14, Areas[16], 1)
64.      ops.element("Truss", 18, 17, 15, Areas[17], 1)
65.      ops.element("Truss", 19, 16, 4, Areas[18], 1)
66.      ops.element("Truss", 20, 16, 15, Areas[19], 1)
67.      ops.element("Truss", 21, 11, 15, Areas[20], 1)
68.      ops.element("Truss", 22, 11, 6, Areas[21], 1)
69.      ops.element("Truss", 23, 13, 6, Areas[22], 1)
70.      ops.element("Truss", 24, 1, 8, Areas[23], 1)
71.      ops.element("Truss", 25, 8, 9, Areas[24], 1)
72.      ops.element("Truss", 26, 9, 10, Areas[25], 1)
73.      ops.element("Truss", 27, 11, 12, Areas[26], 1)
74.      ops.element("Truss", 28, 12, 13, Areas[27], 1)
75.      ops.element("Truss", 29, 10, 16, Areas[28], 1)
76.      ops.element("Truss", 30, 16, 17, Areas[29], 1)
77.      ops.element("Truss", 31, 17, 11, Areas[30], 1)
78.
79.      #创建加载方法
80.      ops.timeSeries("Linear", 1)   # 采用线性增加的方法，编号为 1
81.      ops.pattern("Plain", 1, 1)   # 加载模式
82.
83.      #施加荷载
84.      ops.load(4, 0., - 1.5e5)
85.      ops.load(5, 0., - 1.5e5)
86.      ops.load(2, 0., - 1.5e5)
87.      ops.load(3, 0., - 1.5e5)
88.      ops.load(6, 0., - 1.5e5)
89.      ops.load(7, 0., - 1.5e5)
90.      ops.load(14, 0., - 1.5e5)
91.      ops.load(15, 0., - 1.5e5)
92.
93.  def run(self):
94.      """计算"""
95.      self.Model(self.Areas)
96.      ops.system("BandGeneral")
97.      ops.numberer("Plain")
98.      ops.constraints("Plain")
99.      ops.integrator("LoadControl", 1)   # 弹性问题，只加载一步
100.     ops.algorithm("Newton")
101.     ops.analysis("Static")
102.     p=ops.analyze(1)
103.
104.     #输出结果
```

```
105.    uy=ops.nodeDisp(16, 2)  # 13 号节点 y 方向位移
106.    returnuy
```

Truss 类创建时需要传入包含 31 个元素的一维数组。GA. py 通过 import 调用 TrussModel. py，通过 Truss 类创建桁架对象用于分析，这里用类的好处是可同时创建多个对象进行并行运算。

7.4.2 截面优化文件

GA. py 中的目标函数定义如下：

```
1.   import numpy as np
2.   import geatpy as ea
3.   import time
4.   from TrussModel import Truss
5.
6.   """=====================目标函数====================="""
7.
8.   def aim(Phen):    #传入种群染色体矩阵解码后的基因表现型矩阵，该矩阵的行数为个体数目 N，列数为每个染色体维度，这里是桁架面积
9.      OBjv=np.zeros((len(Phen), 1))  # 初始化目标函数值矩阵，是一个列向量，行数为染色体个数
10.     for i in range(len(Phen)):
11.        #提取每个个体的表现型，让总面积不超过 4000 * 31
12.        Areai=Phen[i] * 4000. * 31. / sum(Phen[i])
13.        Areai=np.clip(Areai, 1000, 6000)
14.        #创建 opensees 模型
15.        truss=Truss(Areai)
16.        uy=truss.run()  # 计算 13 号节点的竖向位移
17.        OBjv[i, 0]=abs(uy)  # 把计算结果赋予目标函数值矩阵，这里要把位移变成正值
18.     return OBjv
```

优化目标为在规定的桁架截面范围内，结构跨中挠度最小。之后，采用 geatpy 遗传算法包对目标函数进行优化：

```
1.   if __name__=='__main__':
2.      """=====================变量设置====================="""
3.      DIM=31  #决策变量的维度，这里有 31 个桁架，即 31 个桁架的面积，所以维度是 31
4.      X=[1000, 6000]  #决策变量的范围，面积最小不小于 1000，最大不超过 6000
5.      B=[1, 1]  #决策变量的边界，1 表示包含范围的边界，0 表示不包含
6.      #生成自变量的范围矩阵，每一列对应一个决策变量的下界和上界
7.      ranges=np.array([X] * DIM).T
8.      #生成自变量的边界矩阵，每一列对应一个决策变量是否取到下界和上界
9.      borders=np.array([B] * DIM).T
10.     varTypes=np.array([0] * DIM)  # 决策变量的类型，0 表示连续，1 表示离散
11.
12.     """=====================染色体编码设置====================="""
13.     Encoding='BG'  # 'BG' 表示采用二进制/格雷编码
14.     codes=[1]* DIM  #决策变量的编码方式，DIM 个 1 表示变量均使用格雷编码
15.     precisions=[2]* DIM  #决策变量的编码精度，表示解码后能表示的决策变量的精度可达到小数点后 2 位
```

```
16.    scales=[0]* DIM   # 0 表示采用算术刻度, 1 表示采用对数刻度#调用函数创建译码矩阵
17.    #生成译码矩阵, 该矩阵实现表现型和基因型的转换
18.    FieldD=ea.crtfld(Encoding, varTypes, ranges, borders, precisions, codes, scales)
19.
20.    """====================遗传算法参数设置===================="""
21.    NIND=50   #种群个体数目
22.    MAXGEN=200  #最大遗传代数
23.    maxormins=np.array([1])  # 表示目标函数是最小化, 元素为-1 则表示对应的目标函数是最大化
24.    selectStyle=' sus'  # 采用随机抽样选择
25.    recStyle=' xovdp'  # 采用两点交叉
26.    mutStyle=' mutbin'  # 采用二进制染色体的变异算子
27.    Lind=int(np.sum(FieldD[0, : ]))  # 计算染色体长度
28.    pc=0.9  #交叉概率
29.    pm=1./Lind  #变异概率
30.    obj_trace=np.zeros((MAXGEN, 2))  # 定义目标函数记录器
31.    var_trace=np.zeros((MAXGEN, Lind))  # 染色体记录器, 记录历代最优个体的染色体
32.
33.    """==================开始遗传算法进化=================="""
34.    start_time=time.time()  # 开始计时
35.    # 初代种群生成
36.    Chrom=ea.crtpc(Encoding, NIND, FieldD)  # 生成种群染色体矩阵
37.    Phen=ea.bs2ri(Chrom, FieldD)  # 对初始种群进行解码
38.    ObjV=aim(Phen)  # 计算初始种群个体的目标函数值
39.    FitnV=ea.ranking(ObjV *  maxormins)
40.    best_ind=np.argmax(FitnV)  # 计算当代最优个体的序号
41.
42.    #开始进化
43.    for gen in range(MAXGEN):
44.      FitnV=ea.ranking(maxormins *  ObjV)  # 根据目标函数大小分配适应度值
45.      SelCh=Chrom[ea.selecting(selectStyle, FitnV, NIND-1), : ]  #选择
46.      SelCh=ea.recombin(recStyle, SelCh, pc)  # 重组
47.      SelCh=ea.mutate(mutStyle, Encoding, SelCh, pm)  # 变异
48.      # #把父代精英个体与子代的染色体进行合并, 得到新一代种群
49.      Chrom=np.vstack([Chrom[best_ind, : ], SelCh])
50.      Phen=ea.bs2ri(Chrom, FieldD)  # 对种群进行解码(二进制转十进制)
51.      ObjV=aim(Phen)  # 求种群个体的目标函数值
52.      #记录
53.      FitnV=ea.ranking(maxormins *  ObjV)
54.      best_ind=np.argmax(FitnV)  # 计算当代最优个体的序号
55.      obj_trace[gen, 0]=np.sum(ObjV) / ObjV.shape[0]  # 记录当代种群的目标函数均值
56.      obj_trace[gen, 1]=ObjV[best_ind]  # 记录当代种群最优个体目标函数值
57.      var_trace[gen, : ]=Chrom[best_ind, : ]  # 记录当代种群最优个体的染色体
58.      print(f"目前第{gen}次迭代, 最优目标函数值为{ObjV[best_ind]}")
59.      #进化完成
60.    end_time=time.time()  # 结束计时
61.    ea.trcplot(obj_trace, [['种群个体平均目标函数值', '种群最优个体目标函数值']])  # 绘制图像
62.
```

```
63.     """========================输出结果========================"""
64.
65.     best_gen=np.argmin(maxormins * obj_trace[:, [1]])
66.     print('最优解的目标函数值: ', obj_trace[best_gen, 1])
67.     variable=ea.bs2ri(var_trace[[best_gen], :], FieldD)  # 解码得到表现型(即对应的决策变量值)
68.     variable=variable * 4000. * 31. /np.sum(variable)
69.     variable=np.clip(variable, 1000, 6000)
70.     print('最优解的决策变量值为: ')
71.     for i in range(variable.shape[1]):
72.         print('x'+str(i)+' =', variable[0, i])
73.     print('用时: ', end_time- start_time, '秒')
```

注意,一般设计问题会给出参数优化范围,例如混凝土常用材料强度为 C30~C60。作为示例,这里对截面面积进行限制,规定单根桁架截面面积为 1000~6000(代码第 4 行)。

对于本例桁架优化问题,采用 geatpy 的优化效率很高,当采用 AMD Ryzen 7 4800H 处理器时优化用时不超过 20 秒。图 7-4 为优化曲线,图 7-5 为桁架优化结果,其中跨中挠度的最小值为 163.8。

从本例可以看出,桁架的上、下弦杆和斜腹杆对桁架框中挠度的影响较大,因此优化结果中对应截面面积较大。反之,杆件的截面面积较小。

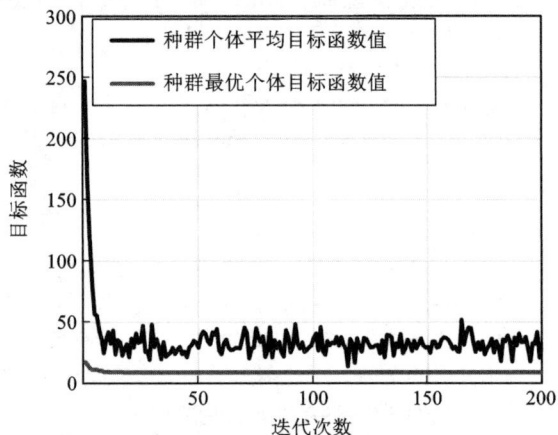

图 7-4 优化曲线

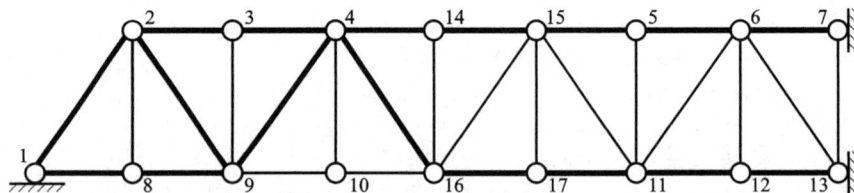

图 7-5 桁架优化结果

智慧启思

智能优化铸脊梁——港珠澳大桥中的桁架"智"造

认知拓展

实践创新

思考题

1. 试用 OpenSeespy 求解包含 10 根杆件的桁架结构，材料的弹性模量为 20000 MPa，截面面积为 15 mm²，如图 7-6 所示。

参考答案

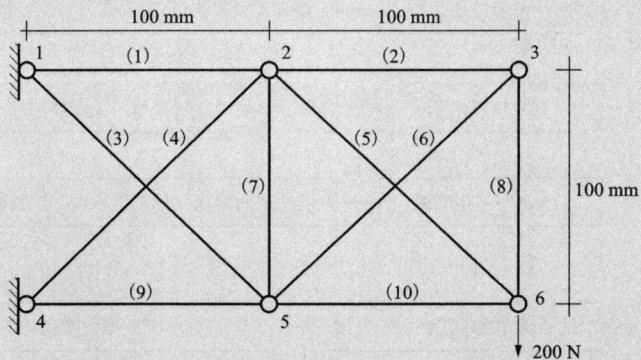

图 7-6　包含 10 根杆件的桁架结构

2. 试简述遗传算法中选择、交叉和变异算子的功能。

3. 遗传算法一般对多个目标进行优化时可采用罚函数法把多个目标转换成一个目标。例如，对于思考题 1 中的桁架算例，假定桁架截面面积范围为 2 ~ 30 mm²，杆件的密度为 0.1 kg/mm³，6 号节点的竖向位移为 y_1，桁架质量为 y_2，试采用遗传算法工具箱 geatpy 对截面尺寸进行优化，使得 $F = y_1/0.759 + 0.5y_2/3497$ 最小。

Python 在智能建造施工中的应用

本章思维导图

AI微课

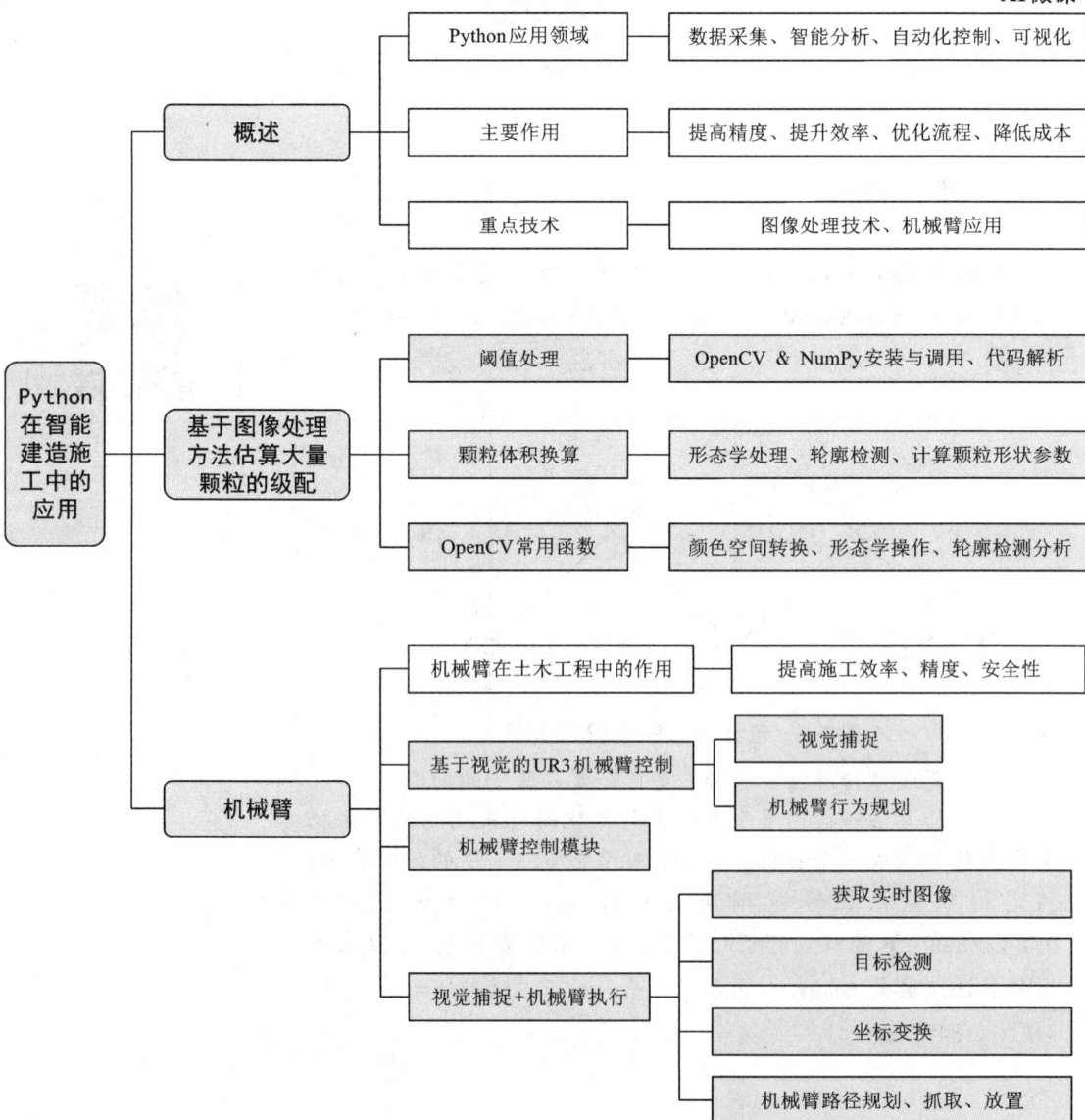

8.1　概述

>>>

Python 在智能建造施工中广泛应用于数据采集与处理、智能分析与优化、自动化控制、可视化展示以及与 BIM 系统集成等方面。通过强大的数据分析和机器学习框架，Python 可以实现施工质量监控、进度预测和工艺优化；借助物联网设备和实时监测技术，实现设备自动化控制和施工现场动态管理；同时，通过与数据可视化工具和 BIM 结合，提供直观的工程状态展示与决策支持，全面助力土木行业的数字化与智能化升级。

8.2　基于图像处理方法估算大量颗粒的级配

>>>

本节将探讨如何使用 Python 实现图像处理，并基于图像处理的方法估算大量颗粒的级配。利用该方法估算土石颗粒级配具有重要意义，它提供了一种高效、无损的分析手段，能够快速获取颗粒尺寸分布和形态特征，大幅提升传统筛分方法的效率和精度。同时，图像处理技术支持实时监测和动态分析，适用于施工现场的颗粒分布评估，为土石力学性能分析、材料配比优化以及工程设计与施工的智能化发展提供科学依据。

8.2.1　针对 RGB 像素值特征进行阈值处理

>>>

基于图像处理方法估算大量颗粒级配的目的在于快速、精准地获取颗粒的粒径分布和形态特征，为颗粒材料的性能分析与工程应用提供可靠依据。针对图像分割，可以尝试使用阈值处理、边缘检测或分水岭算法等对颗粒进行分割提取。以一张分散堆积的土石颗粒图像为例，如图 8-1 所示，明确绿幕背景的像素特征以及边缘特征等将有利于目标物的分割。

本案例将使用 Python 中的 OpenCV 与 NumPy 库进行图像处理。对于 OpenCV 与 NumPy 库的调用，要先进行安装。在命令行/终端中依次输入并

图 8-1　土石颗粒图像

执行以下命令：pip install opencv-python、pip install numpy。

安装完成后，可以在 Python 脚本中通过 import 语句调用它们，即

```
1.  import cv2 # OpenCV 库
2.  import numpy as np # NumPy 库
```

之后便需要调用 OpenCV 与 NumPy 库中的函数来对图像进行阈值处理，内容包括读取图像、图像空间转换、创建掩码、对图像应用掩码等。

例如：

```
1.  image = cv2.imread(' ./images/particles.png')
2.  hsv = cv2.cvtColor(image, cv2.COLOR_BGR2HSV)
3.  lower_green = np.array([35, 50, 50])
4.  upper_green = np.array([90, 255, 255])
5.  mask = cv2.inRange(hsv, lower_green, upper_green)
6.  res = cv2.bitwise_and(image, image, mask=mask)
```

第 1 行，代表读取图像文件并返回一个多维数组表示的图像对象。函数 cv2. imread（filepath，flags）中参数 filepath 代表图像文件的路径，flags（可选）表示指定读取模式，默认是 cv2. IMREAD_COLOR（彩色模式）。函数返回值为图像的多维数组对象，每个像素的值包含 BGR 通道值。这里读取路径为"./images/particles. png"的文件，返回一个三维数组表示彩色图像。

第 2 行，代表转换图像的颜色空间。函数 cv2. cvtColor（src，code）中参数 src 代表输入图像，code 代表转换代码，指定目标颜色空间，这里 cv2. COLOR_BGR2HSV 将图像从 BGR 转换为 HSV。函数返回值为转换后的图像，以便对颜色范围（绿色）进行分割。

其中，HSV 颜色空间中色相（hue，H）代表颜色的基本属性，如红、绿、蓝；饱和度（saturation，S）代表颜色的纯度；亮度（value，V）代表颜色的明暗程度。目的：方便对颜色范围（绿色）进行分割。

第 3、4 行，创建一个 NumPy 数组，用于存储 HSV 颜色范围的下限和上限。函数 np. array（ ）的参数为列表或其他可迭代对象，函数返回值为对应的 NumPy 数组。HSV 颜色空间中，绿色的 H 范围为 35~90（在 HSV 中，绿色色相为 60±30）。S 和 V 的范围限制为中等到高（50~255），过滤灰色或暗色。

第 5 行，代表根据指定范围过滤图像，生成二值掩膜。函数 cv2. inRange（src，lowerb，upperb）中参数 src 代表输入图像（HSV 格式），lowerb 代表范围下限（数组），upperb 代表范围上限（数组）。函数返回值为二值掩膜图像（单通道），白色像素（255）表示符合范围的区域，黑色像素（0）表示不符合范围的区域。这里是为了只保留 HSV 颜色空间中绿色范围内的像素，将其余像素变为黑色。

第 6 行，代表逐像素进行按位"与"操作，用于结合掩膜提取感兴趣的区域。函数 cv2. bitwise_and（src1，src2，mask=None）的参数 src1 代表第一个输入图像；src2 代表第二个输入图像（这里为同一个图像）；mask 代表应用掩膜，掩膜中非零值对应的像素会被保留。函数返回值为按位"与"操作后的图像。这里是为了结合掩膜，将原图像中绿色范围的像素保留，其他部分变为黑色。

完成上述操作后，可以将原始图像与处理后的图像进行对比：

```
1.  cv2.imshow(' Original Image', image)
2.  cv2.imshow(' Segmented Image', res)
3.  cv2.waitKey(0)
4.  cv2.destroyAllWindows()
```

第 1、2 行，代表将图像显示在窗口中。函数 cv2. imshow（window_name，image）中参数 window_name 代表窗口名称；image 代表要显示的图像。这里是为了展示原始图像和分割后的图像。

第 3、4 行，代表等待按键输入，保持窗口打开直到用户按键关闭。函数 cv2. waitKey

（delay）中参数 delay 为等待的时间（毫秒），0 表示无限等待，函数返回值为按键值。函数 cv2. destroyAllWindows（ ）是为了关闭所有已打开的 OpenCV 窗口。

代码运行后得到的图像如图 8-2 所示。

图 8-2　土石颗粒图像分割效果

8.2.2　对颗粒体积进行换算

经过上述命令对图像进行阈值处理、掩码应用，后续将利用经验公式对所有颗粒体积进行换算，如有效球体积、最小外接矩形宽度等，并将其作为颗粒的筛分直径，以此来代替颗粒的级配计算。首先需要对图像进行开运算处理，以去除噪点，再寻找单个颗粒的边界。

1. 图像处理

例如：

```
1.  gray=cv2.cvtColor(res, cv2.COLOR_BGR2GRAY)
2.  _, thresh=cv2.threshold(gray, 1, 255, cv2.THRESH_BINARY)
3.  kernel=np.ones((5, 5), np.uint8)
4.  opening=cv2.morphologyEx(thresh, cv2.MORPH_OPEN, kernel)
5.  contours, _=cv2.findContours(opening, cv2.RETR_TREE, cv2.CHAIN_APPROX_SIMPLE)
6.  max_contour=max(contours, key=cv2.contourArea)
7.  max_area=cv2.contourArea(max_contour)
```

第 1 行，代表将分割后的图像 res 从 BGR 颜色空间转换为灰度图，简化处理。这里 cv2. COLOR_BGR2GRAY 代表从 BGR 到灰度，函数的返回值为灰度图像 gray。

第 2 行，代表将灰度图像 gray 转换为二值图像（黑白图像）。函数 cv2. threshold（src, thresh, maxval, type）中参数 src 代表输入图像；thresh 代表阈值，低于此值的像素设为 0；maxval 代表高于阈值的像素值设置为此值；type 代表阈值化类型，这里为 cv2. THRESH_BINARY（二值化）。函数的返回值为二值图像 thresh，像素值为 0 或 255。

第 3 行，代表创建一个 5×5 的形态学内核，用于后续形态学操作。函数 np. ones（shape, dtype）中参数 shape 代表数组的形状；dtype 代表数据类型，这里为无符号的 8 位整数。这里函数的返回值为全 1 数组 kernel。

第4行，代表使用开运算（先腐蚀再膨胀）去除小噪点。函数 cv2. morphologyEx (src，op，kernel) 中参数 src 代表输入图像；op 代表操作类型，这里为 cv2. MORPH_OPEN（开运算）；kernel 代表形态学内核。这里的函数返回值为去噪后的二值图像 opening。

第5行，代表检测二值图像中的轮廓。函数 cv2. findContours (image，mode，method) 中参数 image 代表输入图像（二值图像）；mode 代表检索模式，这里为 cv2. RETR_TREE（层次化检索）；method 代表轮廓逼近方法，这里为 cv2. CHAIN_APPROX_SIMPLE（压缩水平、垂直和对角点）。这里的函数返回值 contours 为轮廓列表，每个轮廓是一个点的列表；_为轮廓的层次结构（未使用），二值化后得到的图像如图 8-3 所示。

第6、7行，代表找到轮廓列表中面积最大的轮廓及其面积。函数 cv2. contourArea (contour) 中的参数为轮廓，返回值为轮廓的面积。

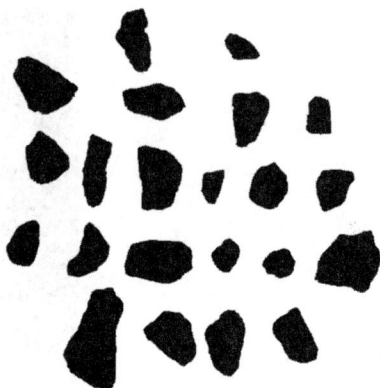

图8-3　土石颗粒图像分割二值化效果

2. 遍历轮廓及绘制矩形

例如：

```
1.  for contour in contours:
2.      area = cv2.contourArea(contour)
3.      if area != max_area:
4.          rect = cv2.minAreaRect(contour)
5.          box = cv2.boxPoints(rect)
6.          box = np.int0(box)
7.          cv2.drawContours(image, [box], 0, (0, 255, 0), 2)
```

第1行，代表对所有轮廓进行遍历，逐一处理。

第2、3行，代表过滤掉最大轮廓（一般为图像边缘）。

第4~6行，代表计算轮廓的最小外接矩形。函数 cv2. minAreaRect (contour) 的参数为轮廓，函数返回值为包含中心点、宽高、旋转角度的矩形。函数 cv2. boxPoints (rect) 的参数为最小外接矩形，函数返回值为矩形的4个顶点坐标。函数 np. int0 (array) 的参数为数组，返回值为将顶点坐标转换为整数后的数组。

第7行，代表在原始图像上绘制矩形。函数 cv2. drawContours (image，contours，contourIdx，color，thickness) 中参数 image 代表输入图像；contours 代表轮廓；contourIdx 代表绘制第几个轮廓，-1 表示所有轮廓；color 代表颜色；thickness 代表线条厚度。

3. 最小外接矩形和圆绘制

例如：

```
1.  center = (int(rect[0][0]), int(rect[0][1]))
2.      cv2.circle(image, center, 5, (255, 0, 0), -1)
3.      width = int(rect[1][0])
```

```
4.  height=int(rect[1][1])
5.  cv2.putText(image, f' W: {width}, H: {height}', (center[0]+10, center[1]-10), cv2.FONT_HERSHEY_
    SIMPLEX, 0.5, (255, 0, 0), 2)
6.  circle_d=np.sqrt(4 *  area / np.pi)
7.  cv2.circle(image, (int(rect[0][0]), int(rect[0][1])), int(circle_d/2), (0, 0, 255), 2)
8.    volume=int((4.0/3.0)* np.pi* (circle_d* * 3))
9.  cv2.putText(image, f' V: {volume}', (center[0]+10, center[1]+5), cv2.FONT_HERSHEY_SIMPLEX,
    0.5, (255, 0, 0), 2)
```

第 1 行，代表计算最小外接矩形中心坐标的公式。

第 2 行，代表绘制矩形中心点，函数 cv2. circle(image，center，radius，color，thickness)中参数 center 代表中心点坐标，radius 代表半径，color 代表颜色，thickness 代表填充或线宽。

第 3~5 行，代表在图像上绘制宽度和高度尺寸。

第 6~9 行，代表计算等效圆直径，并在原始图像中绘制出等效圆。同时，计算假定为球体的体积，并在图像上绘制出等效球体积。

4. 显示结果

```
1.  cv2.imshow(' Original Image', image)
2.  cv2.waitKey(0)
3.  cv2.destroyAllWindows()
```

第 1、2、3 行代表显示处理结果并等待用户关闭窗口。绘制出最小外接矩形和等效圆的图像，分别如图 8-4、图 8-5 所示。

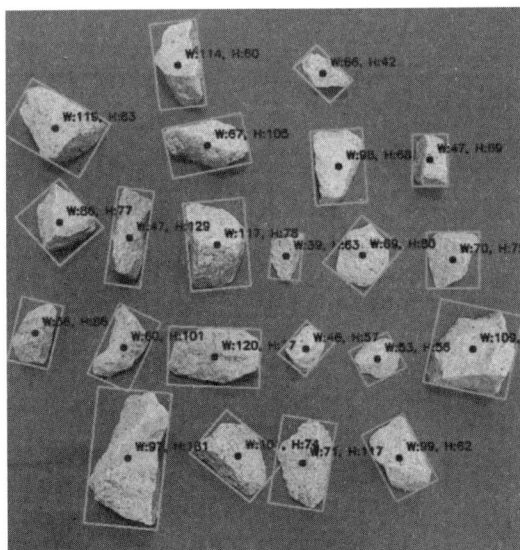

图 8-4　最小外接矩形绘制效果

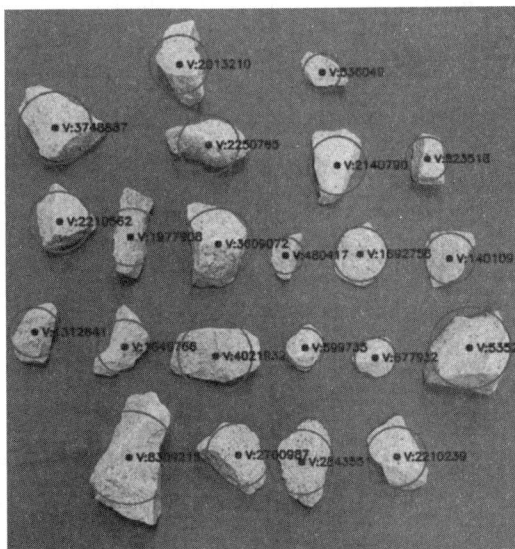

图 8-5　等效圆绘制效果

8.2.3 Python 中 OpenCV 库的常用函数

>>>

OpenCV(open source computer vision library)是一个功能强大的开源计算机视觉和机器学习库，广泛用于图像和视频处理。它提供了丰富的工具，用于图像读取与写入、颜色空间转换、几何变换(旋转、缩放等)、滤波去噪、边缘检测、轮廓提取、形态学操作，以及高级功能如人脸检测、目标跟踪、机器学习和深度学习模型的集成。此外，OpenCV 支持实时视频流处理，并可与 NumPy 等库结合，轻松处理多维数组数据，满足各种计算机视觉应用需求。现列出一些常用的函数。

1. 读取图像

函数 image=cv2.imread(' path_to_image' , flags)的功能为从文件加载图像，返回值为图像的 NumPy 数组表示。

参数：path_to_image，图像文件的路径。

flags，cv2.IMREAD_COLOR(默认)表示加载彩色图像，cv2.IMREAD_GRAYSCALE 表示加载灰度图像，cv2.IMREAD_UNCHANGED 表示加载图像，包括其 alpha 通道。

2. 保存图像

函数 cv2.imwrite(' output_path' , image)的功能为将图像保存到指定路径。

参数：output_path，保存图像的路径。

image，需要保存的图像(NumPy 数组)。

3. 在窗口中显示图像

函数 cv2.imshow(' Window Name' , image)的功能为显示图像。

函数 cv2.waitKey(0)的功能为等待键盘事件。参数为等待时间(毫秒)，0 表示无限等待。

函数 cv2.destroyAllWindows()的功能为关闭所有窗口。

4. 转换颜色空间

函数 gray=cv2.cvtColor(image, cv2.COLOR_BGR2GRAY)的功能为将图像从一种颜色空间转换为另一种。

常用转换代码：

cv2. COLOR_BGR2GRAY：BGR 转换为灰度。

cv2. COLOR_BGR2HSV：BGR 转换为 HSV。

cv2. COLOR_BGR2RGB：BGR 转换为 RGB。

5. 图像裁剪

函数 cropped=image[y1：y2，x1：x2]的功能为裁剪图像，提取特定区域。

参数 y1：y2 表示垂直方向的范围；参数 x1：x2 表示水平方向的范围。

6. 图像缩放

函数 resized＝cv2. resize(image,(width,height), interpolation＝cv2. INTER_LINEAR)的功能为调整图像大小。

参数：(width,height)，目标大小。

interpolation，插值方法，cv2. INTER_LINEAR 表示双线性插值(默认)，cv2. INTER_CUBIC 表示三次插值，适合放大，cv2. INTER_AREA 表示像素区域插值，适合缩小。

7. 图像旋转

rows，cols＝image. shape[: 2]

M＝cv2. getRotationMatrix2D((cols／2，rows／2)，angle，scale)

rotated＝cv2. warpAffine(image，M，(cols，rows))

功能：以图像中心为原点旋转图像。

参数：angle，旋转角度(逆时针)。

scale，缩放因子。

8. 图像翻转

函数 flipped＝cv2. flip(image，flipCode)的功能为翻转图像。

参数：flipCode＝0，垂直翻转。

flipCode＝1，水平翻转。

flipCode＝-1，同时水平和垂直翻转。

9. 高斯模糊

函数 blurred＝cv2. GaussianBlur(image，(kernel_size，kernel_size)，sigmaX)的功能为使用高斯核对图像进行模糊处理。

参数：kernel_size，卷积核大小(奇数)。

sigmaX，高斯核标准差。

10. 中值模糊

函数 median＝cv2. medianBlur(image，kernel_size)的功能为去噪，保留边缘信息。

参数：kernel_size，卷积核大小(必须为奇数)。

11. Canny 边缘检测

函数 edges＝cv2. Canny(image，threshold1，threshold2)的功能为检测图像边缘。

参数：threshold1 和 threshold2，低、高阈值。

12. 腐蚀

函数 eroded＝cv2. erode(image，kernel，iterations＝1)的功能为减少白色区域，去除噪点。

参数：kernel，形态学内核。

iterations，腐蚀次数。

13. 膨胀

函数 dilated = cv2. dilate(image，kernel，iterations = 1) 的功能为扩大白色区域，填补小洞。

14. 检测轮廓

函数 contours，hierarchy = cv2. findContours(image，mode，method) 的功能为找到图像中的轮廓。返回值 contours 为轮廓列表；hierarchy 为轮廓层次。

参数：mode，轮廓检索模式(如 cv2. RETR_TREE)。

method，轮廓逼近方法(如 cv2. CHAIN_APPROX_SIMPLE)。

15. 画线

函数 cv2. line(image，pt1，pt2，color，thickness) 的功能为在图像上绘制线条。

16. 画圆

函数 cv2. circle(image，center，radius，color，thickness) 的功能为在图像上绘制圆。

8.3　矿山井壁裂缝识别方法 >>>

8.3.1　深度学习的优势 >>>

裂缝监测是井筒结构健康监测的一项重要内容。裂缝作为混凝土结构服役性能的重要表征指标，其产生、发展的全过程信息的获取，是科学合理地量化评价结构当前服役性能的重要依据。基于传统图像处理的裂缝识别方法如形态学、边缘检测等算法，对成像测井数据的噪声非常敏感，难以自动表达裂缝特征，需要大量人为干预，耗时耗力，且对裂缝种类的判断仍然需要研究人员进一步识别。随着新的智能算法的不断涌现，机器学习与深度学习逐渐成为裂缝识别领域的主流研究方向之一。深度学习(deep learning，DL) 是机器学习的一个分支领域，深度学习算法能够自主地学习数据中的高层次语义特征和低层次细节特征，并将它们结合起来，自动地分析或者识别用户感兴趣的对象。相对于机器学习模型，深度学习模型通常更复杂。深度学习模型在迭代训练的过程中，会不断地比较预测结果和真实结果的差异并自动更新模型内部参数，从而学习数据的不同层次抽象特征，并且裂缝参数计算方法也能为监测过程中裂缝参数的量化提供一个有效的手段。裂缝识别的流程如图 8-6 所示。

语义分割(semantic segmentation) 同样是计算机视觉中的重要研究方向之一，它通过识别图像中特定对象的像素区域，达到提取图像中感兴趣物体的目的。目前该技术被广泛应用到医学图像分割、自动驾驶等领域。

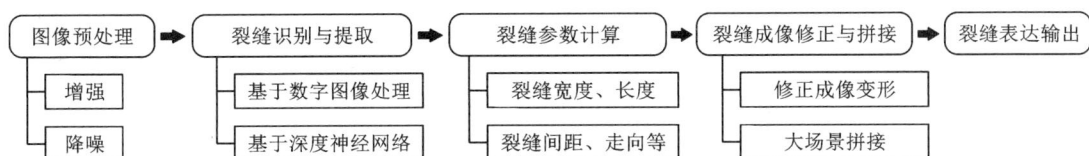

图 8-6 裂缝识别流程

8.3.2 FCN 原理

>>>

裂缝图像分割算法所选的模型其分割精度是最重要的, 裂缝分割效果直接影响裂缝参数的量化结果。因此, 基于文献对比分析得到的 DeepLabv3＋、DenseNet121－FCN、SegNet 及 BiSeNetV2 等几种流行的分割算法性能的研究结果, 选取适用于井壁裂缝图像识别的 FCN (fully connected network)结构, 其结构如图 8-7 所示。

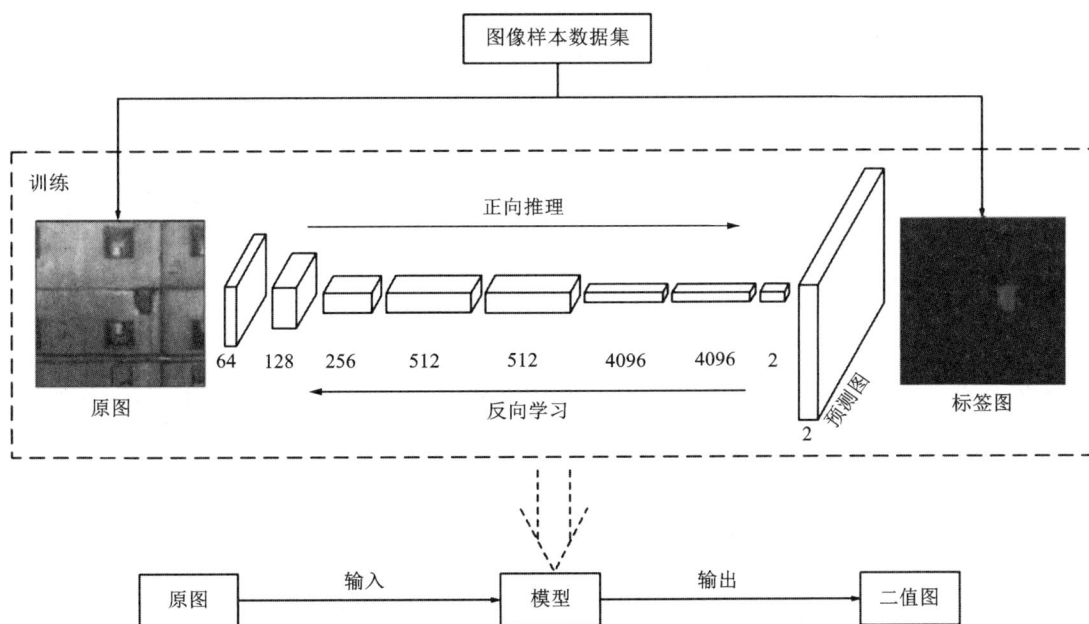

图 8-7 FCN 结构图

首先将图像样本数据集中的原图和标签图输入 FCN。在原图的基础上, 进行多次卷积运算和池化运算后, 产生抽象的特征图(图中间横向数字即为每个卷积层输出的特征图数量), 再通过反卷积运算将这些抽象的特征图恢复到与输入图像相同的尺寸, 从而对每个像素都产生一个预测, 同时保留原始输入图像中的空间信息。通过总体误差函数度量网络输出的预测图与对应标签图之间的误差, 完成一次迭代中的正向推理运算。随后采用随机梯度下降方法对总体误差函数进行最小化, 并通过反向传播算法将误差的梯度进行反向传递, 实现权值的更新, 完成一次迭代中的反向学习运算。经过多次迭代运算, 误差值趋于收敛, 得到 FCN 的一组最优权值集。这组最优权值集经保存后，即为训练得到的模型。

将样本数据集之外的井壁裂缝图像输入到 FCN 后，调用模型中的权重集便可对图像中的每个像素进行预测，此时只进行正向推理，不进行反向学习。属于裂缝的像素被预测为灰度值等于 1 的前景像素，不属于裂缝的像素（如管片拼缝、螺栓孔、管线、阴影等干扰物）被预测为灰度值等于 0 的背景像素，从而实现裂缝图像识别。

8.3.3 检测流程

1.数据集构建

罐笼以 0.2 m/s 的速度下降，在罐笼顶部持拍摄设备从顶部开始对井壁录制 1080 p、60 Hz 的视频。为减少罐笼抖动以及井下渗水、亮度不足等不利条件的影响，采用光照亮度为 750 lux 的补光灯进行光源补偿，并将拍摄设备通过 1.5 m 高的三脚架固定在罐笼顶部。在视频录制过程中，根据井下实况调整光源的亮度和角度，尽量减少反光和光源间的相互影响，保证绝大多数来自井壁目标的光线能进入对应镜头，在有限条件下尽可能提高井壁图像的采集质量。

对采集的数据进行处理，将一个方位录制的视频每隔 5 s 截取一帧，共计 724 张井壁图像，可等效为每隔 1 m 拍摄一张。再将每张 16∶9 的图像裁剪为 3 张分辨率为 640 像素×640 像素的正方形图像，即每一水平获得 3 张井壁图像。从中选取 200 张带有裂缝的图像，为进一步扩充数据集的数量以及多样性，防止网络训练过程中出现过拟合的现象，采用空间极化（旋转、翻转、裁剪、变形缩放等）的数据增强方式对已有的井壁裂缝图像进行处理，形成共计 1200 张图像样本数据集。将图像和标签文件的路径放入列表中，按照"训练集∶验证集∶测试集＝7∶2∶1"的比例将图像样本数据集进行划分。

2.数据集标注

在图像样本数据集中，每张原图对应一张标签图（ground truth），标签图是通过 Labelme 标注软件对数据集中的裂缝进行像素级标注得到的参考基准，形成包含渗漏水标签的轮廓位置和标签名称等信息的 JSON 文件，并通过软件内置函数进行信息提取，形成可视化标签图像，用于后续模型的训练和测试。在标签图中，通过不同的颜色区分图像中不同的类别，将渗漏水标记为 $(R, G, B) = (128, 0, 0)$ 的红色区域，将背景标记为 $(R, G, B) = (0, 0, 0)$ 的黑色区域，共计 2 类。图 8-8 为图像样本数据集中的部分原图和标签图。

3.网络搭建

使用 Generator 批量读取数据，在 Python 3.8 的环境里采用 jupyter notebook 搭建 FCN-32s 模型，模型的结构和参数数量如图 8-9 所示，为减少 CPU 负载，每次训练样本数（batch size）设为 1，将训练集在网络中进行 16 轮训练，训练时间 4.5 h，模型精确度达 0.79。

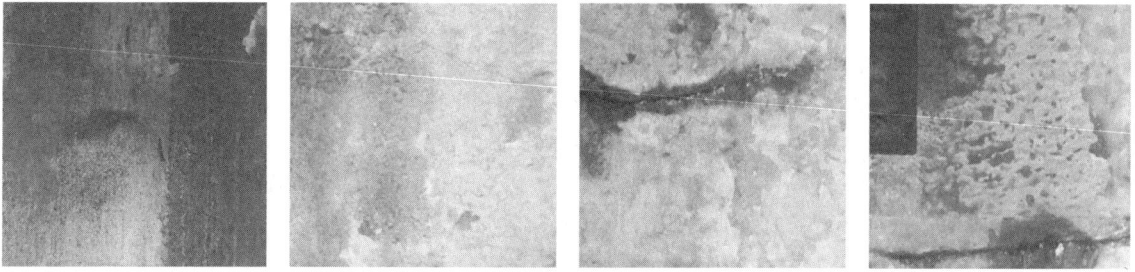

(a) 原图

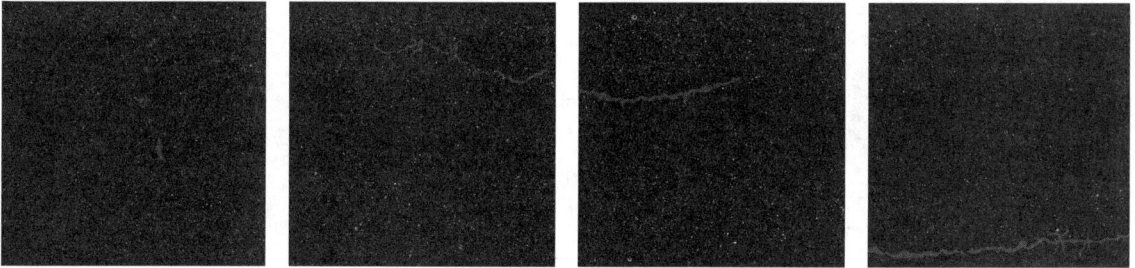

(b) 标签图

图 8-8 裂缝图像样本数据

```
Model: "fcn_segment"

_____
Layer (type)                    Output Shape              Param #
=================================================================
conv_1 (Conv2D)                 (None, 320, 320, 32)      896

max_pool_1 (MaxPooling2D)       (None, 160, 160, 32)      0

conv_2 (Conv2D)                 (None, 160, 160, 64)      18496

max_pool_2 (MaxPooling2D)       (None, 80, 80, 64)        0

conv_3 (Conv2D)                 (None, 80, 80, 128)       73856

max_pool_3 (MaxPooling2D)       (None, 40, 40, 128)       0

conv_4 (Conv2D)                 (None, 40, 40, 256)       295168

max_pool_4 (MaxPooling2D)       (None, 20, 20, 256)       0

conv_5 (Conv2D)                 (None, 20, 20, 512)       1180160

max_pool_5 (MaxPooling2D)       (None, 10, 10, 512)       0

upsampin_6 (UpSampling2D)       (None, 320, 320, 512)     0

conv_7 (Conv2D)                 (None, 320, 320, 1)       4609

=================================================================
Total params: 1573185 (6.00 MB)
Trainable params: 1573185 (6.00 MB)
Non-trainable params: 0 (0.00 Byte)
```

图 8-9 搭建模型的结构及参数

8.3.4 检测结果

根据预测的结果可知，上部井壁出现较为严重的剥落现象，但裂缝较少且尺寸小，一般出现在井筒节段连接处，如235 m 处出现明显的水平方向开裂，但大多为类似裂缝的竖向划痕；370 m 后开始出现渗漏水现象，裂缝集中在540~700 m 处，为宽度较宽的斜裂缝，倾斜角度为30°~45°，长度为5~10 m。典型的裂缝形态如图8-10 所示。

55 m 处微小裂缝及大面积剥落

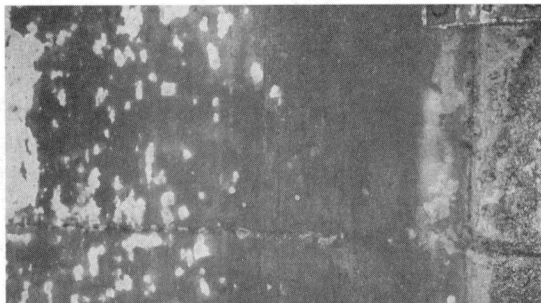

上部多次出现的竖向划痕

235 m 处水平裂缝

561 m 处开始出现斜裂缝

583 m 处斜裂缝

596 m 处斜裂缝

第8章

629 m处较为严重的斜裂缝和水平裂缝

666 m处宽度较宽的斜裂缝

672 m处严重的斜裂缝及连接处剥落

689 m处集中出现多条斜裂缝

图 8-10　裂缝的多种形态

将图 8-10 中 561~689 m 的 7 张图像放入模型中进行验证, 得到网络预测的结果如图 8-11 所示。

图 8-11　模型与预测结果对比

通过原图与预测结果对比可以看出，该模型基本能准确识别裂缝具体位置，不足之处是未能达到像素级精度，在后续裂缝宽度计算中可能会引起误差。

8.3.5　代码实现

1.导入模块

```
1.   #!/usr/bin/env python3
2.   # - * - coding: utf- 8 - * -
3.   import sys
4.   import os
5.   import os.path as osp
6.   import cv2 as cv
7.   import matplotlib.pyplot as plt
8.
9.   from random import shuffle
10.  from PIL import Image
11.
12.  import numpy as np
13.  import tensorflow as tf
14.
15.  from tensorflow import keras
16.  from keras.callbacks import ModelCheckpoint
```

2.处理数据，划分训练集测试集

```
1.   #取得 data_set 目录中的文件
2.   #data_set_path: 数据集所在文件夹，可以是文件夹列表，因为你有可能将不同类别数据放到不同文件中
3.   #split_rate: 这些文件中用于训练、验证、测试所占的比例
4.   #如果为 None，则不区分，直接返回全部
5.   #如果只写一个小数，如 0.8，则表示 80% 为训练集，20% 为验证集，没有测试集
6.   #如果是一个 tuple 或 list，只有一个元素的话，同上面一个小数的情况
7.   #shuffle_enable: 是否要打乱顺序
8.   #返回训练集、验证集和验证集路径列表
9.   def get_data_path(data_set_path, split_rate=(0.7, 0.2, 0.1), shuffle_enable=True):
10.    #用于存放图像和标签文件路径，里面的元素是一个 (img, label) 这样的 tuple
11.    data_pairs=[ ]
12.
13.    #将 data_set_path 变成列表可以以下面的 for 循环的方式统一进行操作
14.    if notisinstance(data_set_path, (tuple, list)):
15.      data_set_path=[ data_set_path]
16.
17.    #如果数据存放在多个路径，像[r"D: \crack", r"D: \background"]，这样的
18.    #则分别添加其中的图像与标签
19.    for dsi in data_set_path:
20.      #列出 dsi 中所有的文件夹，此时 dsi 就相当于 r"D: \raccoon" 这样的多个中的一个
```

```
21.        folders = os.listdir(dsi)
22.        for pth in folders:
23.            #图像标签对文件夹路径
24.            pair_path = osp.join(dsi, pth)
25.            #如果 pair_path 不是文件夹就跳过
26.            if notosp.isdir(pair_path):
27.                continue
28.
29.            #列出 pair_path 中的所有文件
30.            #pair_path 里面有 3 张图, 一张是原图, 一张是标签, 另外一张是可视化图像
31.            #但是如果一张图中有多个限制区域时, 就会大于 3
32.            #此时文件的命名后面还有数字, 如果只有 3 张则不带数字
33.            # https: //blog.csdn.net/yx123919804/article/details/107285881 标签生成命名规则
34.            files = os.listdir(pair_path)
35.            train_files = len(files)//3
36.
37.            for i in range(train_files):
38.                image_name = "img.png" if 1 == train_files else "img- % d.png" % (i+1)
39.                label_name = "label.png" if 1 == train_files else "label- % d.png" % (i+1)
40.
41.                image_path = osp.join(pair_path, image_name)
42.                label_path = osp.join(pair_path, label_name)
43.                data_pairs.append((image_path, label_path))
44.
45.    if shuffle_enable:
46.        shuffle(data_pairs)
47.
48.    if None == split_rate:
49.        return data_pairs
50.
51.    total_num = len(data_pairs)
52.
53.    #以下是拆分数据为 训练集、验证集、测试集
54.    #如果只写一个小数
55.    if isinstance(split_rate, float) or 1 == len(split_rate):
56.        if isinstance(split_rate, float):
57.            split_rate = [ split_rate ]
58.        train_pos = int(total_num *  split_rate[0])
59.        train_set = data_pairs[: train_pos]
60.        valid_set = data_pairs[ train_pos: ]
61.
62.        return train_set, valid_set
63.
64.    elif isinstance(split_rate, (tuple, list)):
65.        list_len = len(split_rate)
66.        assert(list_len>1)
67.
```

```
68.        train_pos=int(total_num *  split_rate[0])
69.        valid_pos=int(total_num *  (split_rate[0]+split_rate[1]))
70.
71.        train_set=data_pairs[: train_pos]
72.        valid_set=data_pairs[train_pos: valid_pos]
73.        test_set  =data_pairs[valid_pos: ]
74.
75.        return train_set, valid_set, test_set
76.
77.  data_path=r"C: \Users\20705\Crack_identification\image\label_image"
78.  train_path, valid_path=get_data_path(data_path, split_rate=0.8)
79.
80.  print("Total number: ", len(train_path)+len(valid_path),
81.    " Train number: ", len(train_path),
82.    " Valid number: ", len(valid_path))
```

3. 图像增强

```
1.   #读图像和标签 segment_reader
2.   #data_set: 就是上面 get_data_path 返回的路径
3.   #batch_size: 一次加载图像的数量
4.   #augment_fun: 数据增强函数
5.   #padding_size: 扩展尺寸, 如果为 0 表示不扩展
6.   #zero_based: True, 右边和底边扩展, False, 四周扩展
7.   #train_mode: 训练模式, 对应的是测试模式, 测试模式会返回 roi 矩形, 方便还原原始尺寸
8.   #shuffle_enable: 是否要打乱数据, 这和上面 get_data_path 打乱有什么不一样呢?
9.   #          这个打乱是每一个 epoch 会打乱一次
10.  def segment_reader(data_set, batch_size=1, augment_fun=None,
11.                  padding_size=32, zero_based=False,
12.                  train_mode=True, shuffle_enable=True):
13.      assert(isinstance(data_set, tuple) or isinstance(data_set, list))
14.
15.      stop_now=False
16.      data_nums=len(data_set)
17.      index_list=[x for x in range(data_nums)] # 用这个列表序号来打乱 data_set 排序
18.
19.      image=[ ] #图像
20.      label=[ ] #标签
21.
22.      max_rows=0 # 记录一个 batch 中图像的最大行数
23.      max_cols=0 # 记录一个 batch 中图像的最大列数
24.
25.      while False==stop_now:
26.        if train_mode and shuffle_enable:
27.          shuffle(index_list)
28.
29.        for i in index_list:
```

```
30.        is_with_label=2==len(data_set[i]) # 如果 2==data_set[i]，表示带标签输入，否则只有图像
31.        data_list=[] # 暂时存放用
32.
33.        if is_with_label:
34.          x=cv.imread(data_set[i][0], cv.IMREAD_UNCHANGED) #读出图像
35.          #如果标签图像像素值就是类别的话，可以这样读
36.          y = cv. imread(data_set[i][1], cv. IMREAD_GRAYSCALE) #读出标签，注意是 IMREAD
_GRAYSCALE
37.
38.          #这里如果标签图像是索引图像的话，可以这样读
39.          # y=np.array(Image.open(data_set[i][1], 'r'))
40.
41.          data_list.append([x, y])
42.
43.          if train_mode:
44.            if augment_fun: # 如果提供了数据增强函数且为训练模式
45.            #将增强后的数据放到 data_list 中，注意这里要用 extend data_list.extend(augment_fun(x, y))
46.            else: #否则用默认的增强方式，就是上下左右翻转
47.              for axis in (-1, 0, 1):
48.                x_flip=cv.flip(x, axis)
49.                y_flip=cv.flip(y, axis)
50.
51.                data_list.append([x_flip, y_flip])
52.        else:
53.          train_mode=False
54.          x=cv.imread(data_set[i], cv.IMREAD_UNCHANGED)
55.          data_list.append([x, (0, 0, 0, 0)]) # 这里只有 x，没有 y，先用 0 占位，下面会修改
56.
57.      for data in data_list:
58.        max_rows=max(64, max_rows, data[0].shape[0])
59.        max_cols=max(64, max_cols, data[0].shape[1])
60.
61.        image.append(data[0])
62.        label.append(data[1])
63.
64.        if len(image)>=batch_size:
65.          #一个 batch 中图像的尺寸不一样是不能一起训练的，所以要将其统一到相同的尺寸
66.          #加 padding_size 是为了扩展边缘，不然边缘的像素可能分割不好
67.          if padding_size>0:
68.            max_rows=max_rows//padding_size* padding_size+padding_size
69.            max_cols=max_cols//padding_size* padding_size+padding_size
70.
71.          for i in range(batch_size):
72.            image_shape=image[i].shape
73.
74.            #扩展宽度与高度
75.            w=max_cols- image_shape[1]
```

```
76.              h=max_rows- image_shape[0]
77.
78.              #判断是四周扩展还是右面下面扩展
79.              x=0 if zero_based else w//2
80.              y=0 if zero_based else h//2
81.
82.              #扩展边界
83.              image[i]=cv.copyMakeBorder(image[i], y, h- y, x, w- x, cv.BORDER_CONSTANT, (0, 0, 0))
84.              #转换成 0~1 的范围
85.              image[i]=np.array(image[i]).astype(np.float32)/255.0
86.
87.              if is_with_label and train_mode:
88.                  label[i]=cv.copyMakeBorder(label[i], y, h- y, x, w- x, cv.BORDER_CONSTANT, (0, 0, 0))
89.
90.                  label[i]=np.array(label[i]).astype(np.float32) #注意这里不用除以 255
91.              else: #如果不带标签或者是测试模式，则返回原图像在扩展图像中的位置
92.                  label[i]=(x, y, image_shape[1], image_shape[0])
93.          yield (np.array(image), np.array(label))
94.          image=[]
95.          label=[]
96.          max_rows=0
97.          max_cols=0
98.
99.      if False==train_mode:
100.         stop_now=True
```

4. 模型搭建

```
1.  #读图像和标签 segment_reader
2.  #data_set: 就是上面 get_data_path 返回的路径
3.  #batch_size: 一次加载图像的数量
4.  #augment_fun: 数据增强函数
5.  #padding_size: 扩展尺寸, 如果为 0 表示不扩展
6.  #zero_based: True, 右边和底边扩展, False, 四周扩展
7.  # train_mode: 训练模式, 对应的是测试模式, 测试模式会返回 roi 矩形, 方便还原原始尺寸
8.  #shuffle_enable: 是否要打乱数据, 这和上面 get_data_path 打乱有什么不一样呢?
9.  #          这个打乱是每一个 epoch 会打乱一次
10. def segment_reader(data_set, batch_size=1, augment_fun=None,
11.         padding_size=32, zero_based=False,
12.         train_mode=True, shuffle_enable=True):
13.     assert(isinstance(data_set, tuple) or isinstance(data_set, list))
14.
15.     stop_now=False
16.     data_nums=len(data_set)
17.     index_list=[x for x in range(data_nums)] # 用这个列表序号来打乱 data_set 排序
18.
19.     image=[] #图像
```

```
20.      label=[] #标签
21.
22.  max_rows=0 # 记录一个 batch 中图像的最大行数
23.  max_cols=0 # 记录一个 batch 中图像的最大列数
24.
25.  while False==stop_now:
26.      if train_mode and shuffle_enable:
27.          shuffle(index_list)
28.
29.      fori in index_list:
30.          is_with_label=2==len(data_set[i]) # 如果 2==data_set[i]，表示带标签输入，否则只有图像
31.          data_list=[] # 暂时存放用
32.
33.          if is_with_label:
34.              x=cv.imread(data_set[i][0], cv.IMREAD_UNCHANGED) #读出图像
35.              #如果标签图像像素值就是类别的话，可以这样读
36.              y = cv. imread(data_set[i][1], cv.IMREAD_GRAYSCALE) #读出标签，注意是 IMREAD
      _GRAYSCALE
37.
38.              #这里如果标签图像是索引图像的话，可以这样读
39.              # y=np.array(Image.open(data_set[i][1], 'r'))
40.
41.              data_list.append([x, y])
42.
43.              if train_mode:
44.                  if augment_fun: # 如果提供了数据增强函数且为训练模式
45.                      #将增强后的数据放到 data_list 中，注意这里要用 extend
46.                      data_list.extend(augment_fun(x, y))
47.                  else: #否则用默认的增强方式，就是上下左右翻转
48.                      for axis in (-1, 0, 1):
49.                          x_flip=cv.flip(x, axis)
50.                          y_flip=cv.flip(y, axis)
51.
52.                          data_list.append([x_flip, y_flip])
53.          else:
54.              train_mode=False
55.              x=cv.imread(data_set[i], cv.IMREAD_UNCHANGED)
56.              data_list.append([x, (0, 0, 0, 0)]) # 这里只有 x, 没有 y, 先用 0 占位，下面会修改
57.
58.          for data in data_list:
59.              max_rows=max(64, max_rows, data[0].shape[0])
60.              max_cols=max(64, max_cols, data[0].shape[1])
61.
62.              image.append(data[0])
63.              label.append(data[1])
64.
65.              if len(image)>=batch_size:
```

```
66.        #一个 batch 中图像的尺寸不一样是不能一起训练的，所以要将其统一到相同的尺寸
67.        #加 padding_size 是为了扩展边缘，不然边缘的像素可能分割不好
68.        if padding_size>0:
69.            max_rows=max_rows//padding_size * padding_size+padding_size
70.            max_cols=max_cols // padding_size *  padding_size+padding_size
71.
72.        for i in range(batch_size):
73.            image_shape=image[i].shape
74.
75.            #扩展宽度与高度
76.            w=max_cols- image_shape[1]
77.            h=max_rows- image_shape[0]
78.
79.            #判断是四周扩展还是右面下面扩展
80.            x=0 ifzero_based else w//2
81.            y=0 ifzero_based else h//2
82.
83.            #扩展边界
84.            image[i]=cv.copyMakeBorder(image[i], y, h- y, x, w- x,
85.                            cv.BORDER_CONSTANT, (0, 0, 0))
86.            #转换成 0~1 的范围
87.            image[i]=np.array(image[i]).astype(np.float32)/255.0
88.
89.            if is_with_label and train_mode:
90.                label[i]=cv.copyMakeBorder(label[i], y, h- y, x, w- x,
91.                            cv.BORDER_CONSTANT, (0, 0, 0))
92.
93.                label[i]=np.array(label[i]).astype(np.float32) #注意这里不用除以 255
94.            else: #如果不带标签或者是测试模式，则返回原图像在扩展图像中的位置
95.                label[i]=(x, y, image_shape[1], image_shape[0])
96.
97.        yield (np.array(image), np.array(label))
98.        image=[ ]
99.        label=[ ]
100.       max_rows=0
101.       max_cols=0
102.
103.   if False==train_mode:
104.       stop_now=True
```

5. 结果预测

```
1.    #定义模型
2.    #segment_reader 方式预测
3.    #test_path 可以是 get_data_path 返回的 test 目录，要分割成三部分，可以像下面这样
4.    # train_path, valid_path, test_path=get_data_path(data_path, (0.7, 0.2, 0.1))
5.    #test_path 也可以是你手动列出的目录
```

```
6.   #
7.   #train_mode=False 可以返回 roi, 运行一次可以预测一个 batch_size
8.   test_path=r"C: \Users\20705\Crack_identification\image\test"
9.   test_path=[osp.join(test_path, x) for x in os.listdir(test_path)]
10.  test_reader=segment_reader(test_path, batch_size=1, train_mode=False)
11.
12.  #运行一次测试一个 batch_size
13.  batch_x, batch_roi=next(test_reader)
14.
15.  batch_y=model.predict(batch_x)
16.
17.  #显示预测结果
18.  show_index=0 # 显示 batch_size 中的序号, 这里显示第 0 个
19.  roi=batch_roi[show_index]
20.
21.  #从扩展后的图像中裁出来
22.  x=batch_x[show_index][roi[1]: roi[1]+roi[3], roi[0]: roi[0]+roi[2]]
23.  y=batch_y[show_index][roi[1]: roi[1]+roi[3], roi[0]: roi[0]+roi[2]]
24.
25.  plt.figure("segment", figsize=(8, 4))
26.  plt.subplot(1, 2, 1)
27.  plt.axis("on")
28.  plt.title("test", color="orange")
29.  plt.imshow(x[..., : : -1])
30.
31.  plt.subplot(1, 2, 2)
32.  plt.axis("on")
33.  plt.title("predict", color="orange")
34.  plt.imshow(np.squeeze(y), cmap="gray")
35.  plt.show()
36.
37.  #标记预测结果
38.  img_marked=x.copy();  # 标记后的图像
39.
40.  #单独使用的 Mask
41.  img_mask=np.zeros((img_marked.shape[0], img_marked.shape[1], 1), dtype=np.uint8)
42.
43.  for r in range(img_marked.shape[0]):
44.    for c in range(img_marked.shape[1]):
45.      if y[r][c]>=0.5: #阈值
46.        img_marked[r][c]+=[0, 0, 0.3] # 在 img_marked 上标记为红色
47.                        #三个值分别是 BGR 颜色, 值越小越透明
48.        img_mask[r][c]=255
49.
50.  plt.figure("mark_image", figsize=(6, 3))
51.
52.  plt.subplot(1, 1, 1)
```

```
53.  plt.axis("on")
54.  plt.title("img_marked", color="orange")
55.  plt.imshow(img_marked[..., : : -1])
```

8.4　机械臂

机械臂在土木工程中的应用旨在提高施工效率、精度和安全性，尤其是在建筑施工、桥梁建造、隧道挖掘和危险环境作业中。通过机械臂的精准控制和自动化操作，可以完成焊接、喷涂、装配、混凝土浇筑等高风险或高重复性任务，有效减少人工投入，降低施工风险，同时提升工程质量和加快施工速度，为现代化土木工程建设提供高效、安全的技术支持。

提高机械臂控制的自动化水平对于其在工程上的应用十分必要，基于视觉的机械臂控制方法是近年来机械臂自动化控制的主流方法之一。本案例旨在基于视觉的 UR3 机械臂行为规划方法，建立 UR3 机械臂与计算机、计算机与立体相机之间的通信，通过 Python 编程进行图像处理和坐标转换，根据图像处理数据和机器人运动学对机械臂的运动路径进行规划，实现对红色积木块的识别与抓取。实现方法为：安装立体相机实时获取外界图像，图像通过火线接口传输到计算机端，在计算机端应用计算机视觉和图像处理技术进行实时处理，主要包括目标的识别与定位，然后计算机将处理后的位置及运动信息发送到机械臂，让机械臂按照所接收的指令运动，从而完成对目标物体的抓取。该设计实现了系统对外界视觉环境的感知，并根据环境自主规划运动路径，以实现对目标物的识别与抓取。

8.4.1　机械臂控制模块

针对需求，首先可以定义一个 RobotiqGripper 类，用于通过 UR RTDE 控制接口与 Robotiq 机械爪进行通信和控制。它封装了多个常用的机械爪操作，如激活、设置速度、设置抓取力量、移动、开合等。通过 call 方法，类能够发送定制的脚本命令，控制机械爪的各种动作。每个方法都接收相应的参数（如速度、力量、位置等），并将命令传递给机械臂，以实现精确的抓取操作。该类的意义在于提供了一种与机械爪交互的高效方式，使得在自动化应用中能够灵活、方便地控制机械爪的行为，满足抓取任务的需求。

1.导入模块

```
1.  impor trtde_control
2.  from robotiq_preamble import ROBOTIQ_PREAMBLE
3.  import time
```

这里 rtde_control 为导入 UR RTDE 控制接口库，用于与 UR3 机械臂进行通信和控制；ROBOTIQ_PREAMBLE 为从 robotiq_preamble 模块导入一个预定义的字符串常量，可能是与 Robotiq 机械爪相关的初始化或配置脚本；time 为导入 time 模块，用于实现延时。

2. 类的定义

```
1.  class RobotiqGripper(object):
2.      """
3.      RobotiqGripper is a class for controlling a robotiq gripper using the
4.      ur_rtde robot interface.
5.
6.      Attributes:
7.      rtde_c (rtde_control.RTDEControlInterface):  The interface to use for the communication
8.      """
```

以上代码是对 RobotiqGripper 类的定义，该类用于通过 Robotiq RTDEControlInterface 与机械爪进行交互，控制机械爪的各种动作（如开、关、设置速度、力量等）。rtde_c 是一个 RTDEControlInterface 的实例，用于与机械臂进行通信。

3. 构造通信函数

```
1.  def __init__(self, rtde_c):
2.      """
3.      The constructor forRobotiqGripper class.
4.
5.      Parameters:
6.      rtde_c (rtde_control.RTDEControlInterface):  The interface to use for the communication
7.      """
8.      self.rtde_c=rtde_c
```

以上代码定义了一个构造函数，即初始化 RobotiqGripper 类的实例，并将 RTDEControlInterface 实例 rtde_c 存储为实例变量。这个接口用于与机械臂或机械爪进行通信。

4. 定义 call 函数

```
1.  def call(self, script_name, script_function):
2.      return self.rtde_c.sendCustomScriptFunction(
3.          "ROBOTIQ_" +script_name,
4.          ROBOTIQ_PREAMBLE +script_function
5.          )
```

以上代码定义了 call 函数，用于通过 RTDEControlInterface 调用自定义的脚本函数。它将脚本名称与脚本内容拼接起来，并发送给机械臂控制接口。script_name 和 script_function 都是传入的参数，分别是脚本的名称和函数的实现内容。该方法的作用是发送 Robotiq 相关的命令到机械臂。

5. 激活机械爪

```
1.  def activate(self):
2.      """
3.      Activates the gripper. Currently the activation will take 5 seconds.
```

```
4.
5.    Returns:
6.       True if the command succeeded, otherwise it returns False
7.    """
8.    ret=self.call("ACTIVATE", "rq_activate()")
9.    time.sleep(5)   # HACK
10.    return ret
```

以上代码定义了 activate 函数，用于激活机械爪。首先调用 call 方法发送激活命令（rq_activate( )），然后延时 5 s。这个 5 s 的延时可能是因为机械爪激活需要一定的时间。返回值是 True 或 False，表示激活命令是否成功执行。

6. 设置机械爪速度

```
1.    def set_speed(self, speed):
2.       """
3.       Set the speed of the gripper.
4.
5.       Parameters:
6.          speed (int): speed as a percentage [0- 100]
7.
8.       Returns:
9.          True if the command succeeded, otherwise it returns False
10.       """
11.       return self.call("SET_SPEED", "rq_set_speed_norm("+str(speed)+")")
```

以上代码定义了 set_speed 函数，设置机械爪的速度。speed 参数是一个百分比值，范围是 0 到 100。通过 call 方法发送速度设置命令（rq_set_speed_norm(speed)）到机械臂。返回值表示命令是否成功执行。

7. 设置抓取力量

```
1.    def set_force(self, force):
2.       """
3.       Set the force of the gripper.
4.
5.       Parameters:
6.          force (int): force as a percentage [0- 100]
7.
8.       Returns:
9.          True if the command succeeded, otherwise it returns False
10.       """
11.       return self.call("SET_FORCE", "rq_set_force_norm("+str(force)+")")
```

以上代码定义了 set_force 函数，设置机械爪的抓取力量。force 参数是一个百分比值，范围是 0~100。通过 call 方法发送力量设置命令（rq_set_force_norm(force)）到机械臂。返回值表示命令是否成功执行。

8. 设置移动位置

```
1.    def move(self, pos_in_mm):
2.        """
3.        Move the gripper to a specified position in (mm).
4.
5.        Parameters:
6.          pos_in_mm (int): position in millimeters.
7.
8.        Returns:
9.          True if the command succeeded, otherwise it returns False
10.       """
11.       return self.call("MOVE", "rq_move_and_wait_mm("+str(pos_in_mm)+")")
```

以上代码定义了 move 函数,用于将机械爪移动到指定位置,单位为毫米。pos_in_mm 是目标位置(mm),通过 call 方法发送移动命令(rq_move_and_wait_mm(pos_in_mm))给机械臂。返回值表示命令是否成功执行。

9. 设置打开机械爪

```
1.    def open(self):
2.        """
3.        Open the gripper.
4.
5.        Returns:
6.          True if the command succeeded, otherwise it returns False
7.        """
8.        return self.call("OPEN", "rq_open_and_wait()")
```

以上代码定义了 open 函数,用于打开机械爪。通过 call 方法发送打开命令(rq_open_and_wait())给机械臂。返回值表示命令是否成功执行。

10. 设置关闭机械爪

```
1.    def close(self):
2.        """
3.        Close the gripper.
4.
5.        Returns:
6.          True if the command succeeded, otherwise it returns False
7.        """
8.        return self.call("CLOSE", "rq_close_and_wait()")
```

以上步骤定义了 close 函数,用于关闭机械爪。通过 call 方法发送关闭命令(rq_close_and_wait())给机械臂。返回值表示命令是否成功执行。

8.4.2　视觉捕捉并利用机械臂进行抓取

项目中图像处理的目的是识别并定位抓取目标物体(红色积木块),如图 8-12 所示,同时为了便于机械爪的抓取,还需求得目标物的偏转角。考虑到相机拍摄的原始图像具有一定畸变,定位的目标像素坐标将有所偏移,因此在识别和定位目标之前要对图像进行校正。

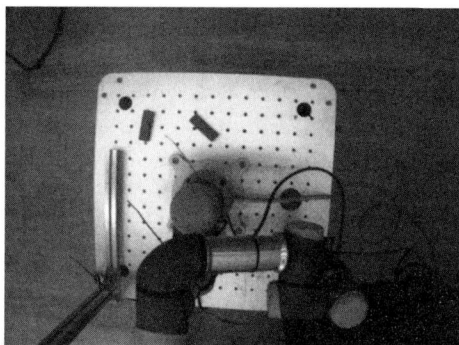

图 8-12　机械臂设备

在进行视觉捕获并利用机械臂进行抓取的代码实现中,有下列相关操作及代码。

1. 导入数据库

```
1.    import rtde_control
2.    import rtde_receive
3.    from robotiq_gripper_control import RobotiqGripper   # library for ur3
4.    import cv2 as cv
5.    import PyCapture2
6.    import imutils
7.    import glob   # lib for image processing
8.    import time
9.    import math
10.   import numpy as np   # lib for coordinate transform and control
```

上述代码中,rtde_control 和 rtde_receive 用于控制和获取 UR3 机械臂状态;RobotiqGripper 用于操作 Robotiq 机械爪;cv2 为计算机视觉库 OpenCV;PyCapture2 用于相机连接和图像采集;imutils 用于简化 OpenCV 图像操作;glob 用于处理文件路径和文件匹配;time 用于控制时间延迟;math 和 numpy 用于数学计算和矩阵操作。

2. 初始化函数

```
1.    def setUr_init():
2.        # joint_q=[-1.5400, -1.5400, -2.0000, -1.2000, 1.6000, 0.0000]
3.        #rtde_c.moveJ(joint_q)
4.        joint_q=[1.5626, -1.4186, -2.0448, -1.2493, 1.5689, 0]
```

```
5.    rtde_c.moveJ(joint_q)
6.    return
```

以上代码用于初始化函数，设置 UR3 机械臂的初始关节角度为 joint_q。函数 rtde_c. moveJ( )用于控制机械臂移动到目标关节角位置。

3. 坐标变换

```
1.    def getT_fromPose(x, y, z, rx, ry, rz):
2.        Rx=np.mat([[1, 0, 0], [0, math.cos(rx), - math.sin(rx)], [0, math.sin(rx), math.cos(rx)]])
3.        Ry=np.mat([[math.cos(ry), 0, math.sin(ry)], [0, 1, 0], [- math.sin(ry), 0, math.cos(ry)]])
4.        Rz=np.mat([[math.cos(rz), - math.sin(rz), 0], [math.sin(rz), math.cos(rz), 0], [0, 0, 1]])
5.        t=[x, y, z]
6.        unit_v=[0, 0, 0, 1]
7.
8.        R=Rz * Ry * Rx
9.        T=np.row_stack((np.column_stack((R, t)), unit_v))
10.
11.       return T
```

以上代码用于将位置转换为齐次变换矩阵，这里的输入为位置（x，y，z）和旋转（rx，ry，rz）（旋转角用弧度表示），输出为4×4齐次变换矩阵，用于描述坐标变换。

4. 反坐标变换

```
1.    def getPose_fromT(T):
2.        x=T[0, 3]
3.        y=T[1, 3]
4.        z=T[2, 3]
5.        rx=math.atan2(T[2, 1], T[2, 2])
6.        ry=math.asin(- T[2, 0])
7.        rz=math.atan2(T[1, 0], T[0, 0])
8.
9.        return np.array([x, y, z, rx, ry, rz])
```

以上代码用于从齐次变换矩阵反推出位置与姿态，输入为4×4齐次变换矩阵，输出为位置和姿态（x，y，z，rx，ry，rz）。

5. 转换为旋转矢量形式

```
1.    def rpy2rv_pose(x, y, z, roll, pitch, yaw):
2.        """
3.            将使用 RPY 欧拉角的位姿向量转化为 UR3 机器臂需要的使用旋转矢量的位姿向量
4.        """
5.        yawMatrix=np.matrix([[math.cos(yaw), - math.sin(yaw), 0],
6.                              [math.sin(yaw), math.cos(yaw), 0],
7.                              0, 0, 1]])
8.        pitchMatrix=np.matrix([[math.cos(pitch), 0, math.sin(pitch)],
9.                               [0, 1, 0],
```

```
10.                 [- math.sin(pitch),  0,  math.cos(pitch)]])
11.     rollMatrix=np.matrix([[1,  0,  0],
12.                 [0,  math.cos(roll),  - math.sin(roll)],
13.                 [0,  math.sin(roll),  math.cos(roll)]])
14.
15.     R=yawMatrix* pitchMatrix *  rollMatrix
16.     theta=math.acos(((R[0,  0]+R[1,  1]+R[2,  2])- 1)/2)
17.     multi=1/(2* math.sin(theta))
18.
19.     rx=multi* (R[2,  1]- R[1,  2])* theta
20.     ry=multi* (R[0,  2]- R[2,  0])* theta
21.     rz=multi* (R[1,  0]- R[0,  1])* theta
22.
23.     return np.array([x,  y,  z,  rx,  ry,  rz])
```

以上代码使用 RPY(roll-pitch-yaw)的姿态表示将其转换为旋转矢量形式。

6. 转换 RPY 表示

```
1.    def rv2rpy(x,  y,  z,  rx,  ry,  rz):
2.        theta=math.sqrt(rx* rx+ry* ry+rz* rz)
3.        kx,  ky,  kz=rx/theta,  ry/theta,  rz/theta
4.        cth,  sth,  vth=math.cos(theta),  math.sin(theta),  1- math.cos(theta)
5.
6.        r11,  r12,  r13=kx* kx* vth+cth,  kx* ky* vth- kz* sth,  kx* kz* vth+ky* sth
7.        r21,  r22,  r23=kx* ky* vth+kz* sth,  ky* ky* vth+cth,  ky* kz* vth- kx* sth
8.        r31,  r32,  r33=kx* kz* vth- ky* sth,  ky* kz* vth+kx* sth,  kz* kz* vth+cth
9.
10.       beta=math.atan2(- r31,  math.sqrt(r11* r11+r21* r21))
11.
12.       if beta >math.radians(89.99):
13.          beta=math.radians(89.99)
14.          alpha=0
15.          gamma=math.atan2(r12,  r22)
16.       elif beta<- math.radians(89.99):
17.          beta=- math.radians(89.99)
18.          alpha=0
19.          gamma=- math.atan2(r12,  r22)
20.       else:
21.          cb=math.cos(beta)
22.          alpha=math.atan2(r21/cb,  r11/cb)
23.          gamma=math.atan2(r32/cb,  r33/cb)
24.
25.       return np.array([x,  y,  z,  gamma,  beta,  alpha])
```

以上代码为逆向计算, 将旋转矢量形式转换回 RPY 表示。

7. 开运算

```
1.  def open_mor(src):
2.      kernel = np.ones((3, 3), np.uint8)
3.      opening = cv.morphologyEx(src, cv.MORPH_OPEN, kernel, iterations = 3)   # iterations 进行 3 次操作
4.      return opening
```

以上代码为开运算，这里输入为二值图像，输出为经过开运算（去除小噪点后）的图像。

8. 获取实时图像并处理

```
1.  def get_realtime_images(i):
2.
3.      bus = PyCapture2.BusManager()
4.      camera = PyCapture2.Camera()
5.      uid = bus.getCameraFromIndex(0)
6.      camera.connect(uid)
7.      camera.startCapture()
8.      # getting the image data from buffer, 0 is the right camera, 1 is the center camera, 2 is the left camera
9.      image = camera.retrieveBuffer()
10.     # mode 3, image reshape to 3dimension representing the data from the 3 camera of the bumblebee
11.     cam = image.getData().reshape((image.getRows(), image.getCols(), 3))
12.     # camera1: the right camera
13.     cv_image = cam[:, :, i]
14.     #convert to color BGR image
15.     cv_color_image = cv.cvtColor(cv_image, cv.COLOR_BAYER_GB2RGB)
16.
17.     return cv_color_image
```

以上代码是为了获取实时图像，从相机获取图像并处理成 RGB 格式。

9. 标定及校正

```
1.  def get_cameraIntrinsicMtrx():
2.      # termination criteria
3.      criteria = (cv.TERM_CRITERIA_EPS+cv.TERM_CRITERIA_MAX_ITER, 30, 0.001)
4.
5.      # prepare object points, like (0, 0, 0), (1, 0, 0), (2, 0, 0) ...., (6, 5, 0)
6.      # Defining the dimensions of checkerboard
7.      a = 11
8.      b = 8
9.      objp = np.zeros((b * a, 3), np.float32)
10.     objp[:, : 2] = np.mgrid[0: a, 0: b].T.reshape(- 1, 2) * 30
11.
12.     # Arrays to store object points and image points from all the images.
13.     objpoints = [ ]   # 3d point in real world space
14.     imgpoints = [ ]   # 2d points in image plane.
15.
```

```
16.     images＝glob.glob(' images/calibrate_images/* .png' )
17.
18.     for fname in images:
19.         img＝cv.imread(fname)
20.         gray＝cv.cvtColor(img, cv.COLOR_BGR2GRAY)
21.
22.         # Find the chess board corners
23.         ret, corners＝cv.findChessboardCorners(gray, (a, b), None)
24.
25.         # If found, add object points, image points (after refining them)
26.         if ret＝＝True:
27.             objpoints.append(objp)
28.
29.             corners2＝cv.cornerSubPix(gray, corners, (11, 11), (- 1, - 1), criteria)
30.             imgpoints.append(corners2)
31.
32.     # Calibration
33.     ret, mtx, dist, rvecs, tvecs＝cv.calibrateCamera(objpoints, imgpoints, gray.shape[: : - 1], None, None)
34.     mtx＝np.matrix(mtx)
35.     mtx[0, 2]＝640
36.     mtx[1, 2]＝480
37.     print(mtx)
38.
39.     return mtx
```

　　这段代码通过加载棋盘格图片，检测其角点并优化位置，结合已知的棋盘格世界坐标，利用 OpenCV 的标定函数计算相机的内参矩阵，包括焦距和主点坐标，以及畸变系数等参数，并调整主点位置为固定值（640，480），最终返回内参矩阵，用于相机的标定和校正任务。

10. 图像的畸变校正

```
1.  def image_rectify(initial_image):
2.      # termination criteria
3.      criteria＝(cv.TERM_CRITERIA_EPS+cv.TERM_CRITERIA_MAX_ITER, 30, 0.001)
4.
5.      # prepare object points, like (0, 0, 0), (1, 0, 0), (2, 0, 0) ...., (6, 5, 0)
6.      # Defining the dimensions of checkerboard
7.      a＝11
8.      b＝8
9.      objp＝np.zeros((b* a, 3), np.float32)
10.     objp[: , : 2]＝np.mgrid[0: a, 0: b].T.reshape(- 1, 2) *  30
11.
12.     # Arrays to store object points and image points from all the images.
13.     objpoints＝[ ]    # 3d point in real world space
14.     imgpoints＝[ ]    # 2d points in image plane.
15.
16.     images＝glob.glob(' images/calibrate_images/* .png' )
17.
```

```
18.    for fname in images:
19.        img = cv.imread(fname)
20.        gray = cv.cvtColor(img, cv.COLOR_BGR2GRAY)
21.
22.        # Find the chess board corners
23.        ret, corners = cv.findChessboardCorners(gray, (a, b), None)
24.
25.        # If found, add object points, image points (after refining them)
26.        if ret == True:
27.            objpoints.append(objp)
28.
29.            corners2 = cv.cornerSubPix(gray, corners, (11, 11), (-1, -1), criteria)
30.            imgpoints.append(corners2)
31.
32.    # Calibration
33.    ret, mtx, dist, rvecs, tvecs = cv.calibrateCamera(objpoints, imgpoints, gray.shape[: : -1], None, None)
34.
35.    #Undistortion
36.    img = initial_image
37.    h, w = img.shape[: 2]
38.    newcameramtx, roi = cv.getOptimalNewCameraMatrix(mtx, dist, (w, h), 1, (w, h))
39.    #undistort
40.    rectified_image = cv.undistort(img, mtx, dist, None, newcameramtx)
41.    #crop the image
42.    # x, y, w, h = roi
43.    #rectified_image = rectified_image[y: y+h, x: x+w]
44.
45.    return rectified_image
```

以上代码实现了图像的畸变校正。通过加载棋盘格图片，检测其角点，并利用棋盘格的世界坐标和检测到的角点坐标进行相机标定，获取内参矩阵和畸变系数。随后，使用这些参数对输入图像进行去畸变处理，生成校正后的图像，并返回结果。

11. 分析图像信息

```
1.    def get_binaryOpen_images(cv_raw_image):
2.        #keep the red block only
3.        cv_raw_image[cv_raw_image[:, :, 0]>80] = 0
4.        cv_raw_image[cv_raw_image[:, :, 1]>80] = 0
5.        cv_raw_image[cv_raw_image[:, :, 2]<80] = 0
6.
7.        #get binary image and do open processing
8.        cv_gray_image = cv.cvtColor(cv_raw_image, cv.COLOR_BGR2GRAY)
9.        ret, cv_binary_image = cv.threshold(cv_gray_image, 0, 255, cv.THRESH_BINARY | cv.THRESH_
           TRIANGLE)
10.       cv_image_open = open_mor(cv_binary_image)
11.
12.       return cv_image_open
```

```
13.
14.
15.    def get_centerPoint_angle(open_image):
16.        cnts = cv.findContours(open_image.copy(), cv.RETR_EXTERNAL, cv.CHAIN_APPROX_SIMPLE)
17.        cnts = imutils.grab_contours(cnts)
18.
19.        block_cet_angle = np.zeros((len(cnts), 3), dtype=float)
20.        i = 0
21.        for c in cnts:
22.
23.            M = cv.moments(c)
24.            cx = int(M["m10"]/M["m00"])
25.            cy = int(M["m01"]/M["m00"])
26.
27.            block_cet_angle[i][0] = cx
28.            block_cet_angle[i][1] = cy
29.            block_cet_angle[i][2] = cv.minAreaRect(c)[2]
30.            i = i+1
31.
32.        return block_cet_angle
```

以上代码用于处理输入图像以提取红色区域并分析其几何信息。第一部分（get_binaryOpen_images）通过颜色筛选保留图像中的红色区域，并将结果转为二值图像后进行形态学开运算以消除噪声；第二部分（get_centerPoint_angle）从处理后的图像中提取轮廓，计算每个轮廓的质心坐标和旋转角度，并将结果存储为数组。

12. 像素坐标转换为相机坐标

```
1.    def getCamMat_fromPixMat(intrisic_mat):
2.        Zc = 900
3.        dx_f = 1/intrisic_mat[0, 0]
4.        dy_f = 1/intrisic_mat[1, 1]
5.
6.        pix2cam_matx = intrisic_mat
7.        pix2cam_matx[0, 0] = dx_f
8.        pix2cam_matx[1, 1] = dy_f
9.        pix2cam_matx = Zc * pix2cam_matx
10.       #print(pix2cam_matx[0, 2])
11.
12.       pix2cam_matx[0, 2] = pix2cam_matx[0, 2] * dx_f * (-1)
13.       pix2cam_matx[1, 2] = pix2cam_matx[1, 2] * dy_f * (-1)
14.       pix2cam_matx = np.row_stack((pix2cam_matx, [0, 0, 1]))
15.
16.       return pix2cam_matx
```

上述代码主要是将相机的内参矩阵（intrisic_mat）从像素坐标系转换为相机坐标系。首先，通过提取相机内参矩阵中的焦距信息（dx_f 和 dy_f），然后构建一个新的矩阵，调整焦距值。接着，将该矩阵按一个常数（Zc = 900）进行缩放，并调整主点位置。最后，将其扩展为一个 3×3 的变换矩阵(加上齐次坐标),用于将像素坐标转换为相机坐标。

13. 像素坐标转换为世界坐标

```
1.    def getPosition_fromImage(u, v, cameraIntrisicMtrx):
2.
3.        # input world coordinate to camera coordinate
4.        x = - 5
5.        y = - 54
6.        z = 900
7.        roll = 0
8.        pitch = math.pi
9.        yaw = 0
10.
11.       pixel_vec = np.matrix([u, v, 1]).reshape(3, 1)
12.       wTc = getT_fromPose(x, y, z, roll, pitch, yaw)   # camera coordinate to world coordinate
13.       camera_matrix = getCamMat_fromPixMat(cameraIntrisicMtrx)
14.
15.       cam_posVect = camera_matrix * pixel_vec
16.       pose_vect = wTc * cam_posVect
17.       Xw = float(pose_vect[0])
18.       Yw = float(pose_vect[1])
19.       #Zw = float(pose_vect[2])
20.
21.       return Xw, Yw
```

以上代码是将像素坐标(u, v)转换为世界坐标(X_w, Y_w)的代码。根据给定的像素坐标(u, v)和相机内参矩阵(cameraIntrisicMtrx),计算出对应的世界坐标系中的位置(Xw, Yw)。首先,定义了相机的位姿(包括位置和姿态)。接着,将像素坐标(u, v)转换为一个齐次坐标向量,并计算从世界坐标到相机坐标的变换矩阵。然后,通过相机内参矩阵将像素坐标转换为相机坐标,最后使用世界到相机的变换矩阵将其转换回世界坐标系,得到最终的世界坐标位置(Xw, Yw)。

14. 边界条件

```
1.    def tcp_limit(vector):
2.        x = vector[0]
3.        y = vector[1]
4.        z = vector[2]
5.
6.        R_Max = 0.5000* * 2
7.        R_Min = 0.1000* * 2+0.1000* * 2
8.
9.        X_Desk = 0.4000
10.       Y_Desk = 0.4000
11.
12.       H_Max = 0.8000
```

```
13.       H_Min=0.1900
14.
15.       Truncate=0.2000
16.
17.       cond1=x* * 2+y* * 2+z* * 2<R_Max
18.       cond2=x* * 2+y* * 2>R_Min
19.       cond3=x>Truncate
20.       cond4=(x<X_Desk or y<Y_Desk)
21.
22.       if cond1 and cond2:
23.         if cond3:
24.           return False
25.         if cond4 and (z<H_Min):
26.           return False
27.       return True
```

以上代码是为了限制机械臂抓取动作的边界条件。首先，提取向量中的 x、y、z 坐标值，并定义一系列的限制参数（如最大半径 R_Max、最小半径 R_Min、桌面位置限制 X_Desk 和 Y_Desk、最大高度 H_Max、最小高度 H_Min 以及一个截断值 Truncate）。然后，使用这些限制条件对向量进行检查：如果向量的平方和小于最大半径并大于最小半径，且 x 大于截断值、x 和 y 不小于桌面位置限制，同时 z 值不小于最小高度，则返回 True，否则返回 False。

15. 夹爪位置转换

```
1.   def gripper2TCP(x, y, z, Rx, Ry, Rz):
2.       transformation_T=getT_fromPose(0, 0, - 0.193, 0, 0, 0)
3.       tcp_pose=getPose_fromT(getT_fromPose(x, y, z, Rx, Ry, Rz)* transformation_T)
4.
5.       return tcp_pose
```

上述代码是将给定的机械爪位置和姿态（通过 x、y、z 坐标和 Rx、Ry、Rz 欧拉角表示）转换为工具坐标系（TCP）的位置和姿态。首先，定义了一个从基坐标系到工具坐标系的转换矩阵（transformation_T）。然后，通过计算机械爪的变换矩阵并将其与 transformation_T 相乘，得到工具坐标系中的位置和姿态（tcp_pose）。最终，返回转换后的工具坐标系的位置和姿态。

16. 标定图片及保存

```
1.   def get_chessBoardPictures(camera):
2.       for i in range(15):
3.           img=get_realtime_images(camera)
4.           ifinput("input p to get next calibration picture")= =' p' :
5.               cv.imwrite(f"images/calibrate_images/chessBoard_{i}.png", img)
6.               continue
```

上述代码是从相机获取棋盘格标定图片并保存。通过循环获取 15 张图像，每次获取图像后，等待用户输入"p"来确认是否保存当前图像。如果用户输入"p"，则将当前图像保存为文件，文件名包含索引编号（如 chessBoard_0. png）。每保存一张图像，程序会继续等待下一次用户输入。

17. 图像处理

```
1.   # 1.获取 15 张标定板的图片, 可选择右中左相机, 函数参数对应 0- 1- 2
2.   #get_chessBoardPictures(1)
3.
4.   # 2.从相机实时获取图像, 可选择右中左相机, 函数参数对应 0- 1- 2
5.   image = get_realtime_images(1)
6.   # image = cv.imread(' images/example.png' )
7.
8.   # 3.矫正图像, 二值化处理, 获取目标物在图像上的位置和转角
9.   rectif_image = image_rectify(image)
10.
11.  image_open = get_binaryOpen_images(rectif_image)
12.
13.  blocks_imagePose = get_centerPoint_angle(image_open)
14.
15.  print(blocks_imagePose)
16.  print(len(blocks_imagePose))
17.
18.  # 4.目标物在图像内的像素坐标转换为世界坐标
19.  block_pose = np.zeros((len(blocks_imagePose), 2), dtype = float)
20.  cameraIntrisicMtrx = get_cameraIntrinsicMtrx()
```

以上代码是为了采集图像并进行校正、二值化、轮廓提取, 计算目标像素坐标与角度。

18. 抓取目标物

```
1.   for i in range(len(blocks_imagePose)):
2.
3.       block _ pose [ i ] = getPosition _ fromImage ( blocks _ imagePose [ i ] [ 0 ], blocks _ imagePose [ i ] [ 1 ],
         cameraIntrisicMtrx.copy())
4.   # 建立与机械臂的通信, 并实现激活机械爪的功能
5.   # rtde_c = rtde_control.RTDEControlInterface("127.0.0.1")   # 192.168.1.102
6.   # rtde_r = rtde_receive.RTDEReceiveInterface("127.0.0.1")   # 127.0.0.1
7.
8.   rtde_c = rtde_control.RTDEControlInterface("192.168.1.102")   # 192.168.1.102
9.   rtde_r = rtde_receive.RTDEReceiveInterface("192.168.1.102")   # 127.0.0.1]
10.  print("Connection between UR3 has been established!")
11.  #创建操作机械臂的对象
12.  robot_grip = RobotiqGripper(rtde_c)
13.
14.  # UR3 机械臂与机械爪初始化, Move to initial joint position with a regular moveJ and open the gripper
15.  setUr_init()
16.  robot_grip.activate()
17.  print("Gripper is capable!")
18.
19.  # 实现抓取路径规划, 逐个抓取视野中所有目标物
20.  Zc = 0.1940   # 平面深度, depth
```

```
21.
22.  for i in range(len(blocks_imagePose)):
23.
24.      if (block_pose[i][0]<- 100 and block_pose[i][1] > - 100):
25.          tcp_pose=gripper2TCP(block_pose[i][0]/1000+0.045, block_pose[i][1]/1000+0.050, Zc, math.pi, 0,
         np.radians(blocks_imagePose[i][2])+math.pi/2)
26.
27.      elif (block_pose[i][0]<=- 150 and block_pose[i][1]<=- 100):
28.          tcp_pose=gripper2TCP(block_pose[i][0]/1000+0.050, block_pose[i][1]/1000, Zc, math.pi, 0, np.
         radians(blocks_imagePose[i][2])+math.pi/2)
29.
30.      elif (block_pose[i][0]>- 150 and block_pose[i][1]<- 100):
31.          ifblock_pose[i][0]>- 5:
32.              tcp_pose=gripper2TCP(block_pose[i][0]/1000+0.100, block_pose[i][1]/1000, Zc, math.pi, 0, np.
             radians(blocks_imagePose[i][2]))
33.          else:
34.              tcp_pose=gripper2TCP(block_pose[i][0]/1000+0.080, block_pose[i][1]/1000, Zc, math.pi, 0, np.
             radians(blocks_imagePose[i][2]))
35.
36.      else:
37.          tcp_pose=gripper2TCP(block_pose[i][0]/1000, block_pose[i][1]/1000, Zc, math.pi, 0, np.radians
         (blocks_imagePose[i][2])+math.pi/2)
38.
39.      target_pose=rpy2rv_pose(* tcp_pose)
40.      actru_pose=rv2rpy(* rtde_r.getActualTCPPose())
41.      flag=True
42.
43.      if tcp_limit(target_pose[: 3]):
44.
45.          # 到达目标物所在的平面位置
46.          if abs(target_pose[0])<0.2000:
47.              path_pose=actru_pose
48.              path_pose[0]=abs(target_pose[0])/target_pose[0]* 0.2000
49.              rtde_c.moveL(path_pose, 0.5, 0.3)
50.              path_pose[1]=target_pose[1]
51.              rtde_c.moveL(path_pose, 0.5, 0.3)
52.              path_pose[0]=target_pose[0]
53.          else:
54.              path_pose=actru_pose
55.              path_pose[0]=target_pose[0]
56.              rtde_c.moveL(path_pose, 0.5, 0.3)
57.              path_pose[1]=target_pose[1]
58.              rtde_c.moveL(path_pose, 0.5, 0.3)
59.
60.          # 调整到合适的抓取角度
61.          path_pose[5]+=np.radians(blocks_imagePose[i][2])
62.          path_pose_rv=rpy2rv_pose(* path_pose)
```

```
63.        rtde_c.moveL(path_pose_rv, 0.5, 0.3)
64.
65.        # 下降到目标物所在平面的高度
66.        #path_pose_rv[2]- =(target_pose[2]- actru_pose[2])
67.        path_pose_rv[2]- =0.048
68.        rtde_c.moveL(path_pose_rv, 0.5, 0.3)
69.        robot_grip.close()
70.        time.sleep(1)
71.        path_pose_rv[2] +=0.050
72.        rtde_c.moveL(path_pose_rv, 0.5, 0.3)
73.    else:
74.        print(f"block {i} is out of reaching!", print(target_pose))
75.        flag=False
76.
77.    #place the block
78.    if flag:
79.        setUr_init()
80.        set_position=rtde_r.getActualTCPPose()
81.        set_position[0]+=- 0.060* i
82.        rtde_c.moveL(set_position, 0.5, 0.3)
83.        set_position[2]+=- 0.047
84.        rtde_c.moveL(set_position, 0.5, 0.3)
85.        robot_grip.open()
86.        time.sleep(1)
87.        set_position[2]+=0.047
88.        rtde_c.moveL(set_position, 0.5, 0.3)
89.        print(f"Block {i} has been captured!")
90.
91.        i=i+1
92.        time.sleep(1)
93.
94.    setUr_init()
95.
96.    print("Task has been finished!")
```

以上代码是为了抓取目标物,即遍历目标物,依次将像素坐标转换为世界坐标,规划机械臂路径抓取目标物,并检查抓取动作是否在机械臂的工作范围内,执行抓取动作。首先计算每个目标物的世界坐标并与机械臂建立通信。初始化机械臂并激活机械爪,逐个对目标物进行抓取路径规划,确保每个目标物都能够按照指定的顺序被抓取。对于每个目标物,程序根据其位置计算合适的抓取位置,包括调整位置、角度和高度。机械臂执行移动到目标位置的指令并进行抓取操作,以确保目标物被准确抓取。抓取完成后,目标物被放置到新的位置,机械爪打开,任务继续执行,直到所有目标物都被抓取并放置完毕。

智慧启思

智能技术赋能建造业绿色转型

认知拓展

实践创新

思考题

1. 如何设计一个 Python 函数，使它可以自动计算并存储颗粒级配的直径、面积和体积？

2. 如何使用 NumPy 加速机械臂坐标变换的计算？

3. 如何改进 Python 代码的结构，使其更适合用于智能建造项目？

参考答案

第 9 章

Python 在岩石隧道工程监测项目的应用

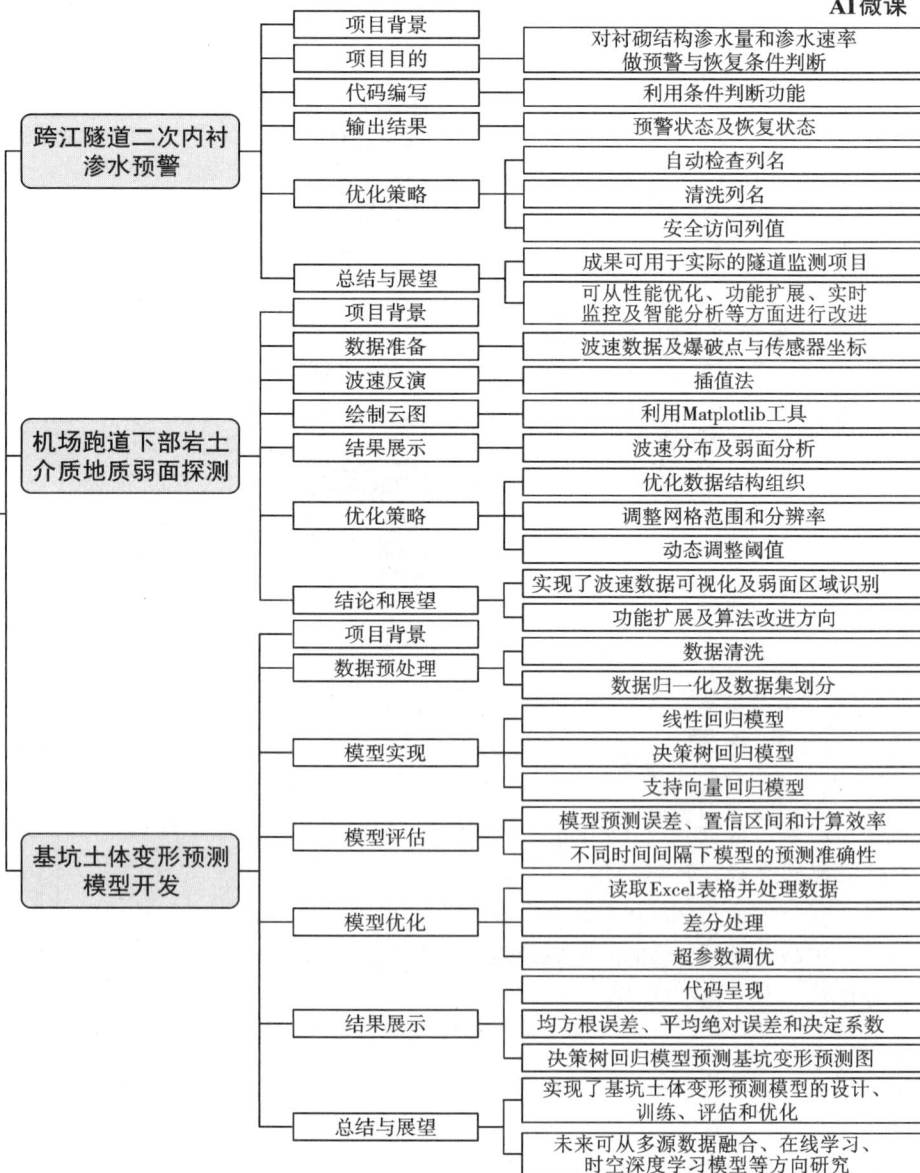

本章思维导图

AI微课

```
                              ┌─ 项目背景
                              ├─ 项目目的 ──── 对衬砌结构渗水量和渗水速率
                              │                做预警与恢复条件判断
                              ├─ 代码编写 ──── 利用条件判断功能
              跨江隧道二次内衬 ─┤─ 输出结果 ──── 预警状态及恢复状态
              渗水预警         │              ┌─ 自动检查列名
                              ├─ 优化策略 ────┼─ 清洗列名
                              │              └─ 安全访问列值
                              │              ┌─ 成果可用于实际的隧道监测项目
                              └─ 总结与展望 ──┤
                                             └─ 可从性能优化、功能扩展、实时
                                                监控及智能分析等方面进行改进
                              ┌─ 项目背景
                              ├─ 数据准备 ──── 波速数据及爆破点与传感器坐标
                              ├─ 波速反演 ──── 插值法
                              ├─ 绘制云图 ──── 利用Matplotlib工具
              机场跑道下部岩土 ─┤─ 结果展示 ──── 波速分布及弱面分析
Python在岩石   介质地质弱面探测 │              ┌─ 优化数据结构组织
隧道工程监测 ──┤                ├─ 优化策略 ────┼─ 调整网格范围和分辨率
项目的应用    │                │              └─ 动态调整阈值
              │                │              ┌─ 实现了波速数据可视化及弱面区域识别
              │                └─ 结论和展望 ──┤
              │                               └─ 功能扩展及算法改进方向
              │                ┌─ 项目背景
              │                ├─ 数据预处理 ──┬─ 数据清洗
              │                │              └─ 数据归一化及数据集划分
              │                │              ┌─ 线性回归模型
              │                ├─ 模型实现 ────┼─ 决策树回归模型
              │                │              └─ 支持向量回归模型
              │                ├─ 模型评估 ────┬─ 模型预测误差、置信区间和计算效率
              │                │              └─ 不同时间间隔下模型的预测准确性
              └─ 基坑土体变形预测─┤              ┌─ 读取Excel表格并处理数据
                 模型开发       ├─ 模型优化 ────┼─ 差分处理
                              │              └─ 超参数调优
                              │              ┌─ 代码呈现
                              ├─ 结果展示 ────┼─ 均方根误差、平均绝对误差和决定系数
                              │              └─ 决策树回归模型预测基坑变形预测图
                              │              ┌─ 实现了基坑土体变形预测模型的设计、
                              └─ 总结与展望 ──┤   训练、评估和优化
                                             └─ 未来可从多源数据融合、在线学习、
                                                时空深度学习模型等方向研究
```

9.1　跨江隧道二次内衬渗水预警

9.1.1　项目背景

为确保跨江隧道工程通行的安全性，市政部门需配备套实时监测系统，该系统主要用于监测隧道断面二次衬砌的渗水情况(图 9-1)。根据规范要求，若渗水速率超过 1 m³/h，重点关注，隧道正常通行；若渗水速率超过 10 m³/h，隧道停止使用，待渗水速率降低至 1 m³/h；隧道恢复通行。若累积渗水量达 10000 m³，隧道停止使用，全面检修，待渗水速率降低至 1 m³/h，隧道恢复通行。

图 9-1　衬砌结构渗水

假设某长江隧道工程全长 2600 m，中间 1000 m 布设在长江底部，需要进行渗水监测，假设以 200 m/点的间隔布置渗水监测器。渗水监测器全天不间断监测，每小时采集数据信息。2023 年 4—6 月为雨季，长江水位暴涨，水压增大的情况下，长江隧道二次衬砌出现渗水情况。表 1-3 以 4—6 月中的 4 月 3 日、5 月 1 日、6 月 19 日下大暴雨期间各测点渗水速率及对应的累积渗水量为例进行说明。

9.1.2　项目目的

根据规范要求，当渗水量和渗水速率达到一定程度时，隧道应停止使用。故本项目基于此用 Python 语言对衬砌结构渗水量和渗水速率做一个条件判断，当达到预警条件时，进行预警；警报后，当监测数据达到恢复条件时，解除报警。具体要求如下。

1. 预警条件

①监测点渗水速率超过 10 m³/h，隧道停止使用；
②监测点累积渗水量达 10000 m³，隧道停止使用，全面检修。

2. 恢复条件

渗水速率降低至 1 m³/h，隧道恢复通行。

9.1.3 代码编写

在 Python 中，条件判断是编程的核心功能之一，用于根据特定条件执行不同的代码块。该功能主要通过控制结构(如 if、elif、else)实现，是 Python 的流程控制机制的一部分。本节采用 Python 语言，在 PyCharm 集成开发环境下进行代码的编写，具体的条件判断代码如下：

```
1.    import pandas as pd
2.    #定义函数以整合多个表的数据，并标注来源
3.    #上传的 Excel 文件包含多个表，我们需要整合它们并添加月份标注
4.    def load_and_combine_sheets(file_path, sheet_names):
5.        data_frames=[ ]
6.        for sheet in sheet_names:
7.            df=pd.read_excel(file_path, sheet_name=sheet)
8.            df['月份']=sheet    # 添加月份标注
9.            data_frames.append(df)
10.       return pd.concat(data_frames, ignore_index=True)
11.
12.   #定义函数以根据预警条件和恢复条件对数据进行评估
13.   def evaluate_alerts(df):
14.       df['预警状态']='正常'    # 初始化预警状态
15.       df['恢复状态']='正常'    # 初始化恢复状态
16.
17.       #定义阈值
18.       cumulative_leakage_threshold=10000    # 累积渗水量阈值(m³)
19.       leakage_rate_threshold=10    # 渗水速率阈值 (m³/h)
20.       recovery_rate_threshold=1    # 恢复阈值 (m³/h)
21.
22.       #遍历每行数据判断，预警和恢复状态
23.       for idx, row in df.iterrows():
24.           #判断预警条件
25.           if row['渗水速率']>leakage_rate_threshold:
26.               df.at[idx, '预警状态']=f"渗水速率超标 ({row['渗水速率']} m³/h)"
27.           if row['累积渗水']>=cumulative_leakage_threshold:
28.               df.at[idx, '预警状态']=f"累积渗水量超标 ({row['累积渗水']} m³)"
29.
```

```
30.     #判断恢复条件
31.         if row['渗水速率']<=recovery_rate_threshold and df.at[idx, '预警状态'] !='正常':
32.             df.at[idx, '恢复状态']=f"渗水速率恢复正常 ({row['渗水速率']} m³/h)"
33.
34.     return df
35.
36. #主程序
37. if __name__=="__main__":
38. #文件路径和表名
39.     file_path='5.1 海太长江大桥二次衬砌监测点渗水率及渗水累积量.xlsx'        sheet_names=['表1-4月', '表2-5月', '表3-6月']   # 表名
40.
41.     #加载并整合数据
42.     combined_df=load_and_combine_sheets(file_path, sheet_names)
43.
44.     #评估预警和恢复状态
45.     evaluated_df=evaluate_alerts(combined_df)
46.
47.     #输出结果
48.     print(evaluated_df.head())   # 打印前几行结果
```

9.1.4　代码输出结果　　　　　　　　　　　　　　　　　　　　　　>>>

本节导入一个 Excel 表格"5.1 海太长江大桥二次衬砌监测点渗水率及渗水累积量.xlsx",其中包括 4—6 月中 4 月 3 日、5 月 1 日、6 月 19 日下大暴雨期间各测点渗水速率及对应的累积渗水量,用于检验代码的正确性和可用性。

相关输出结果如图 9-2 所示,在此因篇幅问题,故本节对代码的输出结果不一一列出,只输出前几行的结果数据。从图上可以看出预警状态和恢复状态都处于正常,说明这三天各检测点的渗水速率和累积渗水量都没有达到预警条件。而通过直接观察分析 Excel 表格,这三天的渗水速率和累积渗水量均没有达到预警条件,证明了上述 Python 条件判断代码准确。

图 9-2　代码输出结果

9.1.5　优化策略 >>>

1.自动检查列名

构建一个函数,用于自动检测目标列是否存在,并提供详细的错误提示。

```
1.  #检查指定列名是否存在于 DataFrame 中
2.  def check_column_exists(df, column_name):
1.  if column_name not in df.columns:
2.    raiseKeyError(f"列名 '{column_name}' 不存在. 现有列名包括: {list(df.columns)}")
3.  return True
```

2.清洗列名

在处理数据时,统一清理列名,避免空格、全角/半角等问题导致的错误。

```
1.  #清理 DataFrame 的列名: 去除多余空格, 转换全角为半角
2.  def clean_column_names(df):
3.  df.columns = df.columns.str.strip().str.replace('　', ' ').str.replace(' ', '')
4.  returndf
```

3.安全访问列值

在操作某列时,添加安全检查和默认行为。

```
1.  #安全地获取行中指定列的值, 如果列不存在或值为 NaN, 则返回默认值
2.  def safe_get_column_value(row, column_name, default=None):
3.  return row.get(column_name, default)
```

上述优化策略能有效提高代码运行的安全性及流畅性,避免出现数据缺失、安全访问等问题,其优点有:

①健壮性:自动检测列名的存在性,避免代码直接崩溃。并且列名清理功能可以统一处理格式问题。

②清晰性:提供详细的错误提示,输出现有列名供参考。

③可维护性:封装功能模块,便于未来扩展和测试。

④默认行为:在列不存在时设置合理的默认值(如 False 或 0),避免逻辑中断。

9.1.6　总结与展望 >>>

1.总结

本小节详细阐述了跨江隧道二次衬砌渗水预警系统的背景、目的及实现方式,采用 pandas 库进行数据处理,包括从 Excel 文件中读取多表数据、整合数据、标注月份信息等,后续通过逻辑判断条件,实现对渗水速率和累积渗水量的预警状态评估及恢复条件判定。

本系统满足工程监测需求,通过科学的设计与合理的优化策略,实现了对隧道二次衬砌

结构中各监测点渗水情况的预警,其可应用于实际的隧道监测项目中,为安全管理提供决策支持。

2. 展望

(1)性能优化:对于更大规模的监测点数据,可优化代码运行效率(如并行处理、自动导入数据)。

(2)功能扩展:加入可视化模块,生成趋势图、热力图等,直观展示监测结果。

(3)实时监控:结合实时数据流处理技术,进一步增强系统的实时性。

(4)智能分析:引入 Python 机器学习技术或统计分析技术,预测潜在风险点,优化维修和资源调度。

9.2 机场跑道下部岩土介质地质弱面探测

9.2.1 项目背景

泸沽湖位于云南和四川交界处,景色优美,四季宜人。为了让更多人欣赏到泸沽湖的美丽景色(图 9-3),拟在丽江市距泸沽湖景区直线距离 25 km 处修建军民两用机场(图 9-4)。机场有一座航站楼,建筑面积为 5000 m²,无廊桥;站坪设 4 个 C 类机位;跑道长 3400 m,宽45 m。建设机场期间,承建方发现石佛山地质复杂,山体内部存在多处溶洞、断层以及破碎带等地质弱面,地质弱面给机场跑道的平整度带来严重影响,为此探测出地质弱面分布成为关键。某单位接到该项任务后,根据地质弱面与岩体的声波传播波速的差异化性质出发,以定点爆破的方式激发应力波,通过爆破应力波在岩体中传播,采集到不同位置应力波波形和波速,通过三次样条插值处理的方式,形成机场跑道影响区域波速三维云图。

假设图 9-5 所示为#500 地质切面示意图,表 9-1 所示为爆破应力波采集器位置坐标和爆点位置坐标。表 9-2 为对应的波速信息。试用表 9-2 中不同爆点对应爆破应力波速统计表反演出#500 的岩体地质弱面分布云图。

图 9-3 泸沽湖实拍图

图 9-4　泸沽湖机场实拍图

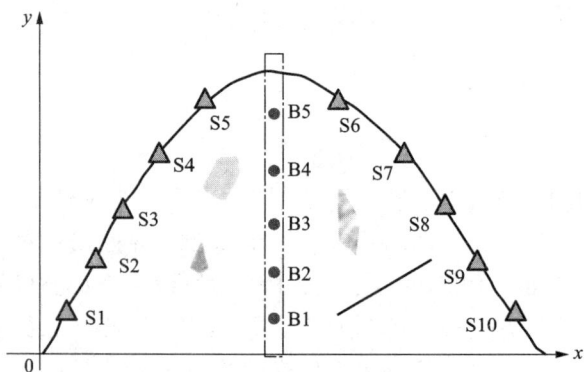

图 9-5　爆破点与应力波采集传感器位置示意图

表 9-1　坐标统计表

编号	坐标	编号	坐标	编号	坐标
S1	[2, 2]	S6	[10, 10]	B1	[8, 2]
S2	[3, 4]	S7	[11, 8]	B2	[8, 4]
S3	[4, 6]	S8	[12, 6]	B3	[8, 6]
S4	[5, 8]	S9	[13, 4]	B4	[8, 8]
S5	[6, 10]	S10	[14, 2]	B5	[8, 10]

表 9-2　不同爆点对应爆破应力波速统计表

爆点	应力波采集器坐标编号	单位	爆点	应力波采集器坐标编号	单位
	S1	10000		S1	10000
	S2	10000		S2	5000
	S3	3000		S3	4000
	S4	2000		S4	10000
B1	S5	1000	B2	S5	2000
	S6	9000		S6	9500
	S7	1500		S7	2000
	S8	9500		S8	9500
	S9	6000		S9	3000
	S10	9800		S10	2500
	S1	2000		S1	1000
	S2	5000		S2	1500
	S3	10000		S3	6000
	S4	6000		S4	3000
B3	S5	5000	B4	S5	12000
	S6	10000		S6	12000
	S7	7000		S7	10000
	S8	7500		S8	3000
	S9	8000		S9	1000
	S10	800		S10	500
	S1	1000		S6	12000
	S2	1500		S7	10000
B5	S3	3000	B5	S8	4000
	S4	10000		S9	2000
	S5	12000		S10	700

9.2.2　数据准备

>>>

将表 9-1 和表 9-2 进行数据整理，建立各传感器与爆点之间的空间位置关系，这一操作可在 Excel 中完成，也可在 Python 中直接进行操作。在得到各传感器与爆点之间的空间位置关系，以及各传感器关于爆点的波速数据后，还需要将这些数据转换成 NumPy 数组，便于后续利用这些数据，对整个岩体地质弱面区域的波速分布进行插值。

针对本项目，这里采用比较简单的方法，即在 PyCharm 集成开发环境下直接进行位置关系编写及转换数据类型操作。具体代码如下：

```
1.   #爆点和传感器位置
2.   explosion_points = {
3.        "B1": [8, 2], "B2": [8, 4], "B3": [8, 6], "B4": [8, 8], "B5": [8, 10]
4.   }
5.   #传感器位置
6.   sensor_points = {
7.        "S1": [2, 2], "S2": [3, 4], "S3": [4, 6], "S4": [5, 8], "S5": [6, 10],
8.        "S6": [10, 10], "S7": [11, 8], "S8": [12, 6], "S9": [13, 4], "S10": [14, 2]
9.   }
10.  #波速数据
11.  wave_speed_data = {
12.       "B1": [10000, 10000, 3000, 2000, 1000, 9000, 1500, 9500, 6000, 9800],
13.       "B2": [10000, 5000, 4000, 10000, 2000, 9500, 2000, 9500, 3000, 2500],
14.       "B3": [2000, 5000, 10000, 6000, 5000, 10000, 7000, 7500, 8000, 800],
15.       "B4": [1000, 1500, 6000, 3000, 12000, 12000, 10000, 3000, 1000, 500],
16.       "B5": [1000, 1500, 3000, 10000, 12000, 12000, 10000, 4000, 2000, 700],
17.  }
18.
19.  #整理爆点和传感器间的空间位置及波速数据
20.  points = [ ]    #传感器位置
21.  values = [ ]    #波速数据
22.  for explosion, explosion_coord in explosion_points.items():
23.       fori, (sensor, sensor_coord) in enumerate(sensor_points.items()):
24.            points.append(sensor_coord)
25.            values.append(wave_speed_data[explosion][i])
26.
27.  #转换为 NumPy 数组
28.  points = np.array(points)
29.  values = np.array(values)
```

9.2.3 波速反演

在本项目中,为了得到#500岩体地质弱面的波速分布云图,需要利用空间位置及波速数据,估算未知数据点的值进而形成分布图,故本节采用插值法对整个区域的波速分布进行插值。

插值,是指在已知数据点之间,使用数学方法估算未知数据点的值,是一种通过已知点的值,推断数据在某一区域内连续分布的方法。其核心思想是假设数据在已知点之间遵循某种规则,然后利用这个规则构建一个函数,用于估算未知点的值。

一般来说,插值法有六种,分别是最近邻插值、线性插值、三次样条插值、克里金插值、反距离加权插值、高斯过程回归,其特性如表9-3所示。

表 9-3　插值法表

方法	平滑性	计算复杂度	数据要求	场景适用性
最近邻插值	差	低	数据稀疏	初步分析，非平滑性数据
线性插值	一般	低	数据分布较稀疏	初步分析
三次样条插值	高	中	数据较均匀	规则且平滑分布的场景
克里金插值	高	高	强相关空间数据	地质、环境科学
反距离加权插值	一般	中	数据稀疏	规律性分布数据
高斯过程回归	高	高	小规模数据	精确分析，含不确定性估计

不同的插值算法基于不同的数学原理和假设条件，这些原理和条件决定了算法如何处理数据点之间的关系。本节拟采用三次样条插值法和反距离加权插值法对整个区域的波速分布进行插值处理，下面对这两种插值方法在本项目中是否具有可行性进行简单讨论。

三次样条插值，它是通过构造一系列三次多项式来逼近任意两个数据点之间的曲线，这些多项式在每个数据点附近达到最优，从而形成光滑的插值曲线。这种平滑性在地质勘探中尤为重要，因为地质构造和地层分布往往具有复杂性和连续性。通过三次样条插值，可以生成一条既通过所有数据点又保持平滑性的曲线，从而更准确地反映地质特征。

三次样条插值是一种局部拟合方法，它只依赖于相邻的几个数据点来构造插值多项式，这种局部性使得三次样条插值对数据的局部变化具有较高的敏感性，能够更好地捕捉地质勘探中的细微特征。同时，它还具有较好的适应性，可以处理不规则分布的数据点，这对于地质勘探中复杂的地质构造和地层分布尤为重要。

而反距离加权插值法，它是根据每个已知点到插值点的距离赋予一个权重，这个权重与距离成反比，即距离插值点越近的点被赋予的权重越大，而距离插值点越远的点被赋予的权重越小。

这种权重分配策略反映了反距离加权插值法的一个核心假设：离某个点越近的已知数据点对该点的影响越大，而这个影响随着距离的增加而减小。这一假设在许多自然现象和实际应用中都是合理的，因为近处的点往往与插值点在空间上更为接近，所以它们之间的相关性可能更强，对插值结果的贡献也就更大。

但本项目中的所有检测点选择是没有随机差异性的，原则上不会存在不同的结果，反距离加权插值法的核心假设不一定成立。所以在这里仅采用三次样条插值对整个区域波速进行反演，下面简单介绍一下三次样条插值的数学原理和相关代码。

三次样条插值是一种利用三次多项式拟合数据点的方法，其代码如下：

```
1.  #使用 CubicSpline 进行三次样条插值
2.  cs＝CubicSpline(x, y, bc_type='natural')  # 'natural' 表示自然边界条件
3.
4.  #生成插值点
5.  #网格范围(start, stop), 划分 num 段
6.  x_new＝np.linspace(start, stop, num)
7.  y_new＝cs(x_new)
```

其主要目的就是生成一条平滑且连续的曲线，准确通过所有已知点，其数学原理如下：

给定 $n+1$ 个已知数据点：
$$(x_0, y_0), (x_1, y_1), \cdots, (x_n, y_n);$$

三次样条插值的目标是找到一组分段三次多项式 $S_i(x)$，其在每个区间 $[x_i, x_{i+1}]$ 上定义为：
$$S_i(x) = a_i + b_i(x - x_i) + c_i(x - x_i)^2 + d_i(x - x_i)^3$$

其中 a_i、b_i、c_i、d_i 是每段的系数。

而后进行条件约束，包括通过数据点的条件约束、连续性条件约束、边界条件约束。通过这些条件约束，可以推出 a_i、b_i、c_i、d_i 这些系数的具体数值。约束内容如下：

①通过数据点的条件约束：每个分段多项式在已知数据点处的值需与对应 y 值相等，即
$$S_i(x_i) = y_i, \ S_i(x_{i+1}) = y_{i+1}$$

②连续性条件约束：相邻分段多项式的一阶导数和二阶导数需在交点处连续，即

一阶导数连续：$S_i'(x_{i+1}) = S_{i+1}'(x_{i+1})$

二阶导数连续：$S_i''(x_{i+1}) = S_{i+1}''(x_{i+1})$

③边界条件：需要额外的条件来确定两端点的二阶导数值，常用的边界条件包括自然边界、固定边界、周期性边界。

9.2.4　绘制云图

关于绘制#500 岩体地质弱面的波速分布云图，可采用三维可视化工具（例如 Matplotlib 或 PyVista）进行绘制，可直观展示地质弱面分布。在这里采用 Matplotlib 工具，下面对该工具进行简单介绍。

Matplotlib 是 Python 中常用的数据可视化库之一，广泛应用于数据科学、工程、科研等领域。它使得用户能够轻松地创建各种图表，帮助分析数据背后的趋势和模式。Matplotlib 以其高度的灵活性和强大的定制功能，在数据可视化领域占据了核心地位。

Matplotlib 的基础部分是 pyplot 模块，它提供了一种命令式的绘图接口，类似于 MATLAB 的风格，极大地方便了用户创建图表。用户可以通过 pyplot 中的基本函数绘制折线图、柱状图、散点图、饼图等常见图表，这些图表能够帮助用户快速获得数据的直观展示。除了基础的二维图形，Matplotlib 还支持三维图形的绘制。通过 Axes3D 模块，用户可以绘制三维散点图、三维曲面图、三维线条图等，帮助用户在复杂的三维空间中分析和展示数据。

Matplotlib 的另一大优势是它的可扩展性。它支持将图表保存为多种格式，包括 PNG、PDF、SVG、EPS 等，方便用户将可视化结果用于报告、论文、网站等。此外，Matplotlib 还与 NumPy 和 Pandas 等库紧密集成，用户可以直接对 NumPy 数组或者 Pandas DataFrame 进行绘图，避免了数据转换的麻烦。

相关代码如下。

1. 初始化画布和图形大小

```
1.　　plt.figure(figsize=(10, 6))
```

plt. figure(figsize=(10, 6)) 用于创建一个新的图形，并设定图形的大小为 10 英寸×6 英寸。这有助于确保图形能够容纳更多的数据，特别是当数据点较多时。

2. 绘制填充等高线图

```
1.    plt.contourf(grid_x, grid_y, grid_z, levels=100, cmap="viridis")
```

plt. contourf( )用于绘制填充的等高线图。grid_x 和 grid_y 是网格坐标，grid_z 是相应坐标上的波速，levels=100 表示将波速分成 100 个等级进行绘制，cmap=" viridis" 设置了一个颜色映射（viridis 是一个常用的渐变色图，颜色从紫色到黄色，适用于展示数值密度和变化）。等高线图能有效地展示波速分布的变化。

3. 为图中的颜色映射添加一个颜色条，并加上标签

```
1.    plt.colorbar(label="Wave Speed (m/s)")
```

plt. colorbar( )为图中的颜色映射添加一个颜色条，并给它加上标签 "Wave Speed/（m·s^{-1}）"，该标签表示图中每种颜色对应的波速，这有助于用户理解颜色与波速之间的关系。

4. 绘制等高线

```
1.    plt.contour(grid_x, grid_y, weak_zones, levels=[0.5], colors="red", linewidths=1.5, linestyles="- -")
```

plt. contour( )用于绘制等高线，这里绘制的是地质弱面的分布。weak_zones 是一个布尔矩阵（或值大于某个阈值的区域），在这个区域中值为 0.5 的部分用红色虚线来表示（colors=" red"，linewidths=1.5），这条虚线表示可能的地质弱面区域。

5. 绘制散点图

```
1.    plt.scatter(points[:, 0], points[:, 1], color="red", label="Sensor Locations")
```

plt. scatter( )用于绘制散点图，points[:，0] 和 points[:，1] 分别是所有传感器的位置的 X 和 Y 坐标，color=" red" 表示传感器用红色显示，并用 label=" Sensor Locations" 添加图例说明。

6. 设置标题和轴标签

```
1.    plt.title("Refined Wave Speed Distribution and Weak Zones")
2.    plt.xlabel("X Coordinate")
3.    plt.ylabel("Y Coordinate")
```

设置图表的标题以及 X 和 Y 坐标轴的标签，帮助理解图表的含义。

7. 显示图例和图表

```
1.    plt.legend()
2.    plt.show()
```

plt. legend( )显示图例，它将根据之前设置的标签（如 " Sensor Locations" 和 " Explosion Points"）自动创建一个图例，帮助用户区分不同的图形元素。

plt. show( )会显示所有绘制的图形。这是 Matplotlib 中绘图的标准方式，通常在创建图形并添加所有元素之后调用。

9.2.5 结果展示

1. 完整代码

```
1.   import numpy as np
2.   import matplotlib.pyplot as plt
3.   from scipy.interpolate import griddata
4.   from pykrige.ok import OrdinaryKriging
5.
6.   #爆点和传感器位置
7.   explosion_points = {
8.        "B1": [8, 2], "B2": [8, 4], "B3": [8, 6], "B4": [8, 8], "B5": [8, 10]
9.   }
10.  #传感器位置
11.  sensor_points = {
12.        "S1": [2, 2], "S2": [3, 4], "S3": [4, 6], "S4": [5, 8], "S5": [6, 10],
13.        "S6": [10, 10], "S7": [11, 8], "S8": [12, 6], "S9": [13, 4], "S10": [14, 2]
14.  }
15.  #波速数据
16.  wave_speed_data = {
17.        "B1": [10000, 10000, 3000, 2000, 1000, 9000, 1500, 9500, 6000, 9800],
18.        "B2": [10000, 5000, 4000, 10000, 2000, 9500, 2000, 9500, 3000, 2500],
19.        "B3": [2000, 5000, 10000, 6000, 5000, 10000, 7000, 7500, 8000, 800],
20.        "B4": [1000, 1500, 6000, 3000, 12000, 12000, 10000, 3000, 1000, 500],
21.        "B5": [1000, 1500, 3000, 10000, 12000, 12000, 10000, 4000, 2000, 700],
22.  }
23.
24.  #整理爆点和传感器间的空间位置及波速数据
25.  points = [ ]   #传感器位置
26.  values = [ ]   #波速数据
27.  for explosion, explosion_coord in explosion_points.items():
28.       for i, (sensor, sensor_coord) in enumerate(sensor_points.items()):
29.            points.append(sensor_coord)
30.            values.append(wave_speed_data[explosion][i])
31.
32.  #转换为 NumPy 数组
33.  points = np.array(points)
34.  values = np.array(values)
35.  #创建规则网格
36.  grid_x_vals = np.linspace(0, 16, 200)   # 网格范围和分辨率
37.  grid_y_vals = np.linspace(0, 12, 200)
38.  grid_x, grid_y = np.meshgrid(grid_x_vals, grid_y_vals)
39.
40.  #三次样条插值
41.  grid_z = griddata(points, values, (grid_x, grid_y), method = "cubic")
```

```
42.
43.    #设置波速阈值(低于该值的区域可能为地质弱面)
44.    threshold=4000   #假设弱面波速阈值为 4000 m/s
45.    weak_zones=grid_z<threshold
46.
47.    #统计弱面区域的面积和占比
48.    grid_area=(16/200)* (12/200)   # 每个网格的面积
49.    total_area=8* (12+4)/2   # 总面积
50.
51.    weak_zone_area=np.sum(weak_zones)* grid_area
52.    weak_zone_percentage=(weak_zone_area/total_area)* 100
53.
54.
55.    #输出统计结果
56.    print(f"地质弱面区域面积: {weak_zone_area: .2f} 平方米")
57.    print(f"地质弱面区域占比: {weak_zone_percentage: .2f}% ")
58.
59.    #绘制更细化的波速分布图, 并标注地质弱面
60.    plt.figure(figsize=(10, 6))
61.    plt.contourf(grid_x, grid_y, grid_z, levels=100, cmap="viridis")
62.    plt.colorbar(label="Wave Speed (m/s)")
63.    plt.contour(grid_x, grid_y, weak_zones, levels=[0.5], colors="red", linewidths=1.5, linestyles="- - ")
64.    plt.scatter(points[: , 0], points[: , 1], color="red", label="Sensor Locations")
65.    plt.scatter(
66.        [v[0] for v in explosion_points.values()],
67.        [v[1] for v in explosion_points.values()],
68.        color="blue",
69.        label="Explosion Points",
70.    )
71.    plt.legend()
72.    plt.title("Refined Wave Speed Distribution and Weak Zones")
73.    plt.xlabel("X Coordinate")
74.    plt.ylabel("Y Coordinate")
75.    plt.show()
```

2. 输出结果

本节采用三次样条插值处理的方式得到分析结果并绘制出机场跑道影响区域波速云图，结果如图 9-6 和图 9-7 所示。

```
C:\Users\pc\PycharmProjects\code\.venv\Scripts\python.exe C:\Users\pc\PycharmProjects\code\5.2.1.py
地质弱面区域面积: 18.70 平方米
地质弱面区域占比: 29.21%

进程已结束, 退出代码为 0
```

图 9-6　地质弱面分析结果

第9章

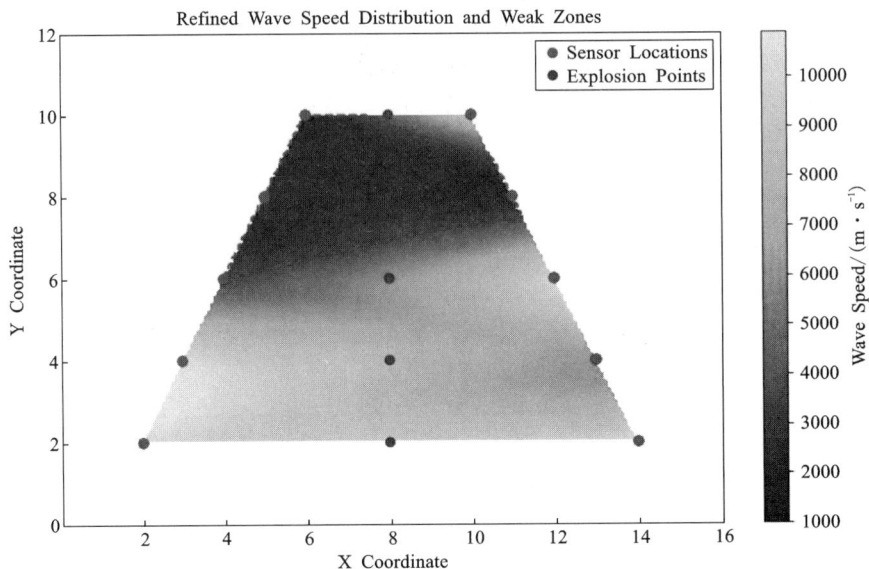

图 9-7　地质波速云图

9.2.6　优化策略

1. 优化数据结构组织

当前将爆点、传感器位置和波速数据分开存储，可以将其整合为一个统一的结构，例如字典嵌套字典，这样可以在遍历数据时更加高效地访问相关属性，以便更清晰地处理数据。代码调整如下：

```
1.   data = {
2.       "B1": {"coord": [8, 2], "wave_speeds": [10000, 10000, 3000, 2000, 1000, 9000, 1500, 9500, 6000, 9800]},
3.       "B2": {"coord": [8, 4], "wave_speeds": [10000, 5000, 4000, 10000, 2000, 9500, 2000, 9500, 3000, 2500]},
4.       #其余类似                                    }
```

2. 调整网格范围和分辨率

当前网格范围被固定为（0，16）和（0，12），可根据传感器和爆点的最小/最大坐标动态计算优化网格范围，当监测点范围变大或变小时，能够进行相应的动态自动调整。代码调整如下：

```
1.   x_min, x_max = min(p[0] for p in sensor_points.values()), max(p[0] for p in sensor_points.values())
2.   y_min, y_max = min(p[1] for p in sensor_points.values()), max(p[1] for p in sensor_points.values())
3.   grid_x_vals = np.linspace(x_min- 1, x_max+1, 200)
4.   grid_y_vals = np.linspace(y_min- 1, y_max+1, 200)
```

3. 动态调整阈值

将 threshold(即地质弱面阈值)设置为用户输入参数，支持交互。这里可以使用 matplotlib 工具，其提供了相关的交互式绘图工具，如滑块和按钮，可以用来动态调整阈值。代码如下：

```
1.   #添加滑块控件
2.   ax_slider=plt.axes([0.2, 0.1, 0.65, 0.03], facecolor="lightgoldenrodyellow")
3.   threshold_slider=Slider(ax_slider, "Threshold", 1000, 12000, valinit=initial_threshold, valstep=500)
4.
5.   #更新函数
6.   def update(val):
7.       threshold=threshold_slider.val
8.       ax.collections=[c for c in ax.collections if c not in weak_contour.collections]
9.       weak_zones=grid_z<threshold
10.      weak_contour=ax.contour(grid_x, grid_y, weak_zones, levels=[0.5], colors="red", linewidths=1.5,
         linestyles="- - ")
11.      #重绘图像
12.      fig.canvas.draw_idle()
13.
14.  #将更新函数绑定到滑块
15.  threshold_slider.on_changed(update)
```

9.2.7　总结与展望　　　　　　　　　　　　　　　　　　　　　　　>>>

1. 总结

在该项目中以定点爆破的方式激发应力波，通过爆破应力波在岩体中传播，采集到不同位置的应力波波形和波速。首先，本节实现了波速数据的可视化，通过三次样条插值处理的方式实现了空间波速分布的精确拟合并绘制出机场跑道影响区域的波速云图。其次，进行了弱面区域识别，基于波速阈值自动识别地质弱面区域，同时在波速云图中标注出范围，并统计其面积和占比，提供定量评估依据。

2. 展望

（1）功能扩展方向。

当前分析基于单一波速数据，可引入其他变量（如密度、湿度、弹性模量等）进行联合分析，以更全面地刻画地质特征；进行动态区域划分，提供用户定义多重阈值功能，识别和标注不同程度的地质弱面区域；添加深度维度，将分析从二维拓展到三维，更直观地展示地质弱面在空间中的分布。

（2）算法改进方向。

使用 Python 中的机器学习模型（如随机森林、神经网络）对地质弱面进行预测，结合更多特征变量提升识别精度，且对大规模数据可以引入分布式计算框架（如 Dask），提升插值和分析的效率。

9.3 基坑土体变形预测模型开发

>>>

9.3.1 项目背景

>>>

在基坑开挖工程中,土体变形的预测和监测是确保工程安全的关键。传统的分析方法如有限元模型在面对复杂的动态变形时,往往无法准确反映现场的实际情况。因此,借助机器学习技术,能够实现对土体变形(如应变)的精确预测。通过构建回归模型,预测基坑开挖过程中土体变形的变化趋势,提升工程监测的精度。

该项目依托一个高 39.00 m 的体育馆[图 9-8(a)]。整个场地地下有 2 层停车场,深度为 11.25 m,底板设计标高为-6 m。设计使用 800 mm 厚的连续地下墙作为挡土墙。为便于对墙体水平变形进行有效监测,保证施工时支护结构及时调整,该工程采用了 YT-610F 型主动垂直倾角仪。总共监测了 28 个点。这些点均匀分布在基坑的 8 个边缘上。图 9-8 说明了详细的布局。每天监测一次,对 28 个数据点进行持续监测,持续监测时间为 5 个月。图 9-9 展示了 4 个监测点的长期土体变化。

(a)体育馆整体建筑示意图

(b)体育馆基坑实拍图

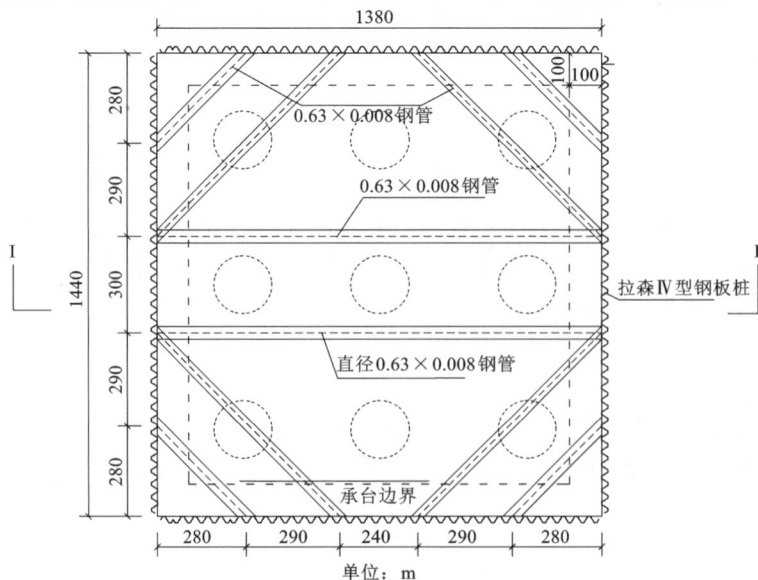

(c)体育馆基坑平面图

图 9-8 基坑平面图及测斜管布置

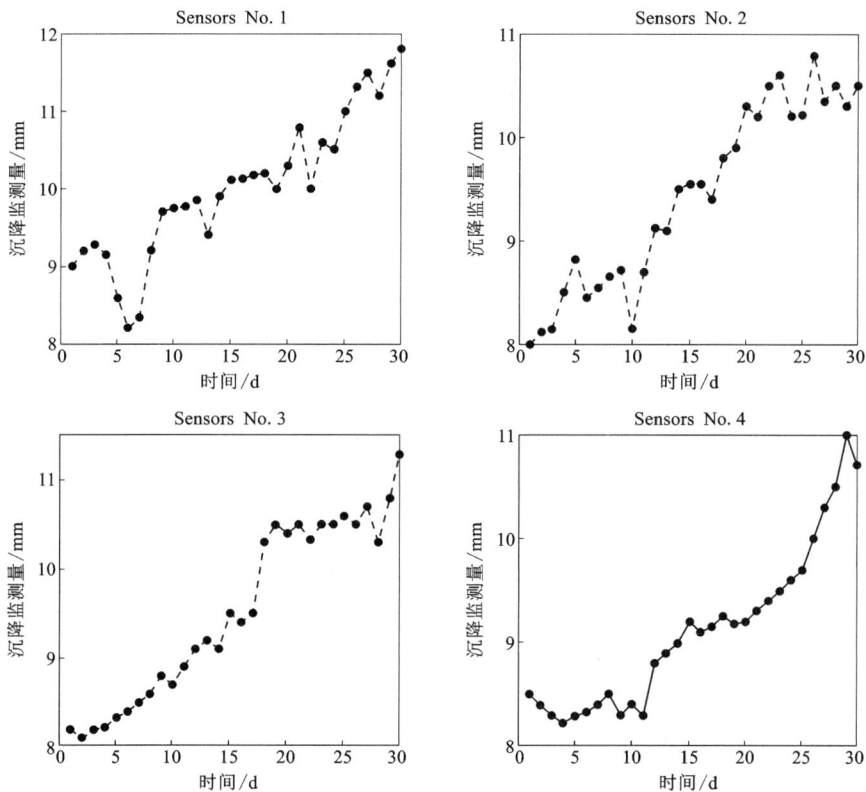

图 9-9　记录的长期土体变形

9.3.2　数据预处理

1. 监测数据集

本项目使用的数据集包含 1 个监测点连续 2 个月的基坑土体变形应变响应数据，如表 9-4 所示。

表 9-4　监测点 30 d 土体变形

时间 /d	累积沉降量 /mm	时间 /d	累积沉降量 /mm	时间 /d	累积沉降量 /mm
1	11.43	11	10.26	21	11.80
2	11.01	12	/	22	11.25
3	11.08	13	11.26	23	11.40
4	11.11	14	11.38	24	11.70
5	10.82	15	11.65	25	11.82
6	10.75	16	11.28	26	11.98
7	20.01	17	11.17	27	12.15
8	10.74	18	11.25	28	12.23
9	10.73	19	11.13	29	12.31
10	10.77	20	11.47	30	12.37

2. 进行数据清洗，处理缺失值和异常数据

（1）处理缺失值。

删除缺失值行：如果缺失值较少，可以直接删除包含缺失值的行，方法为 data. dropna( )。

填充缺失值：如果缺失值较多，可以用以下方式填充：

①用均值填充：适用于数值型数据。

②用中位数填充：适用于含有离群值的数据。

③用特定值填充：例如填充 0 或其他有意义的值。

（2）检测和处理异常值。

①使用箱线图检测：箱线图可以直观地显示数据的异常值。

②I_{QR} 方法检测异常值：使用四分位距（interquartile range，IQR）方法检测离群值。

$$四分位距公式：I_{QR} = Q_3 - Q_1$$

$$异常值范围：下界 = Q_1 - 1.5 \times I_{QR}$$

$$上界 = Q_3 + 1.5 \times I_{QR}$$

（3）处理异常值。

可以选择删除异常值或者用中位数填充异常值，具体代码如下：

```
1.  data[col] = np.where(
2.      (data[col]<lower_bound)|(data[col]>upper_bound),
3.      data[col].median(),
4.      data[col]
5.  )
```

3. 对数据进行归一化处理，并划分为训练集、验证集和测试集

为了消除不同特征之间的量纲差异，要对数据进行归一化处理，因为不同的特征（例如身高、体重、收入等）的数值范围可能差异很大。如果我们不进行处理，模型可能会更偏向数值范围大的特征，导致模型训练效果不佳。因此，归一化是为了让每个特征在相同的尺度上，确保模型公平地关注每个特征。

最常用的归一化方法是 Min-Max 归一化，也叫 最小-最大归一化。它将数据按比例缩放到 [0, 1] 的范围内。

Min-Max 归一化的公式：

$$归一化后的数值 = (X - X_{min}) / (X_{max} - X_{min})$$

其原始数据值：

X_{min}：数据中的最小值；

X_{max}：数据中的最大值。

具体代码如下：

```
1.  from sklearn.model_selection import train_test_split
2.  #数据归一化
3.  scaler = MinMaxScaler()
4.  df["Scaled_Deformation"] = scaler.fit_transform(df[["Cumulative_Deformation"]])
5.  #按 80% 训练、10% 验证、10% 测试的比例划分
```

6.　X_train, X_temp, y_train, y_temp＝train_test_split(X, y, test_size＝0.2, random_state＝42)　＃80%训练集

7.　X_val, X_test, y_val, y_test＝train_test_split(X_temp, y_temp, test_size＝0.5, random_state＝42)　＃10%验证集，10%测试集

9.3.3　模型实现　　>>>

使用 Python 中的 Scikit-learn 库实现这些回归模型。

1.线性回归模型：使用线性回归方法来预测土体变形的趋势

线性回归(linear regression)是较简单的回归模型之一，目标是通过学习输入特征与目标变量之间的关系来进行预测。它假设目标变量(y)是输入特征(X)的线性组合，公式如下：

$$y=\beta_0+\beta_1 \cdot X_1+\beta_2 \cdot X_2+\cdots\beta_n \cdot X_n+\varepsilon$$

式中：y 是预测值；ε 是误差项；X_1, X_2, $\cdots$, X_n 是特征值；β_0, β_1, $\cdots$, β_n 是回归系数。

代码如下：

```
1.  #建立线性回归模型
2.  model=LinearRegression()
3.  #模型训练
4.  model.fit(X_train, y_train)
```

基于线性回归模型，使用 Python 中的 Scikit-learn 库对本项目一个月的基坑土体变形数据进行模型训练和预测，得到基坑土体变形预测图(图 9-10)。

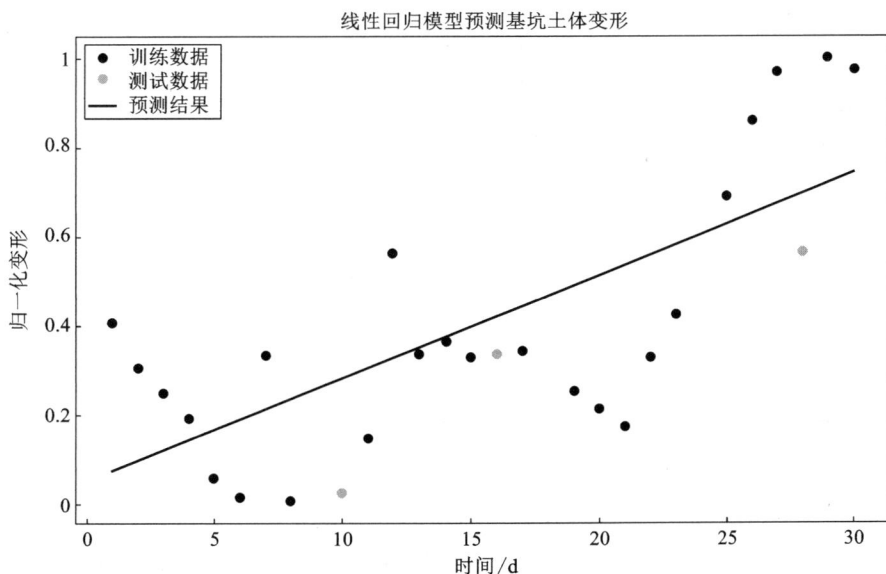

图 9-10　线性回归基坑土体变形预测图

2. 决策树回归模型：实现基于决策树的回归模型

决策树(decision tree)是一种常用的机器学习模型，广泛应用于分类和回归任务。它通过一系列的决策规则将输入特征映射到输出结果，能够直观地表示如何基于特征作出决策。决策树是一个非常易于理解和解释的模型，适用于处理复杂的非线性关系。

决策树的核心思想是通过递归将数据分割成若干个子集，直到数据满足某种停止条件为止。

代码如下：

```
1.  #建立决策树回归模型
2.  model=DecisionTreeRegressor(random_state=42)
3.  #模型训练
4.  model.fit(X_train, y_train)
```

本项目基于决策树回归模型，可得到相应的基坑土体变形预测图，如图9-11所示。

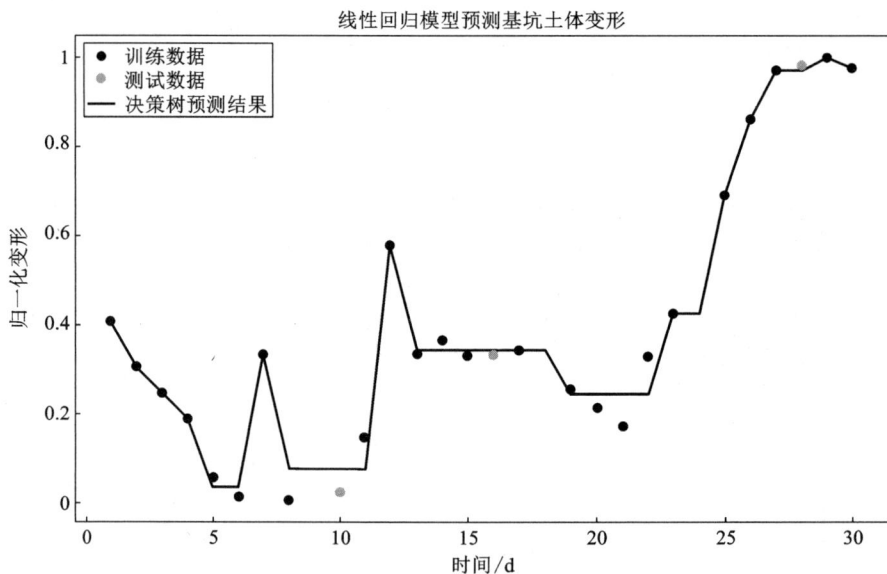

图 9-11　决策树回归基坑土体变形预测图

3. 支持向量回归：使用支持向量机回归模型

支持向量机回归模型(support vector regression，SVR)是基于支持向量机(SVM)的回归问题解决方法，广泛应用于非线性回归分析。SVR的目标是找到一个函数，使得大多数数据点的偏差不超过一个预定的阈值(ε)，同时最大限度地平滑函数。以下是SVR的主要概念和实现方法。

SVR的优化目标函数：

$$\min \frac{1}{2} \parallel \omega \parallel^{2} + c \sum (\xi_i + \xi_i^*)$$

约束条件：

$$y_i - (\omega \cdot x_i + b) \leqslant \in + \xi_i,$$

$$(\omega \cdot x_i + b) - y_i \leqslant \in + \xi_i^*,$$

$$\xi_i + \xi_i^* \geqslant 0.$$

式中：$\in$ 是在误差范围内的点不被计算为损失；C 是惩罚系数，控制模型对误差的容忍程度与复杂度的权衡；ξ，ξ^* 是松弛变量，表示超出 $\in$ 范围的偏差。

利用 Python 语言，支持向量机回归模型代码如下：

```
1.  #定义 SVR 模型
2.  svr=SVR(kernel='rbf')  # 使用 RBF 核
3.
4.  #超参数调优
5.  param_grid={'C': [0.1, 1, 10], 'epsilon': [0.1, 0.2, 0.5], 'gamma': ['scale', 'auto']}
6.  grid_search=GridSearchCV(svr, param_grid, cv=5, scoring='neg_mean_squared_error')
7.  grid_search.fit(X_train, y_train)
8.
9.  #预测
10.  best_svr=grid_search.best_estimator_
11.  y_pred=best_svr.predict(X_test)
```

通过支持向量机的回归模型方法，本项目可以得到如图 9-12 所示的基坑土体变形预测图。

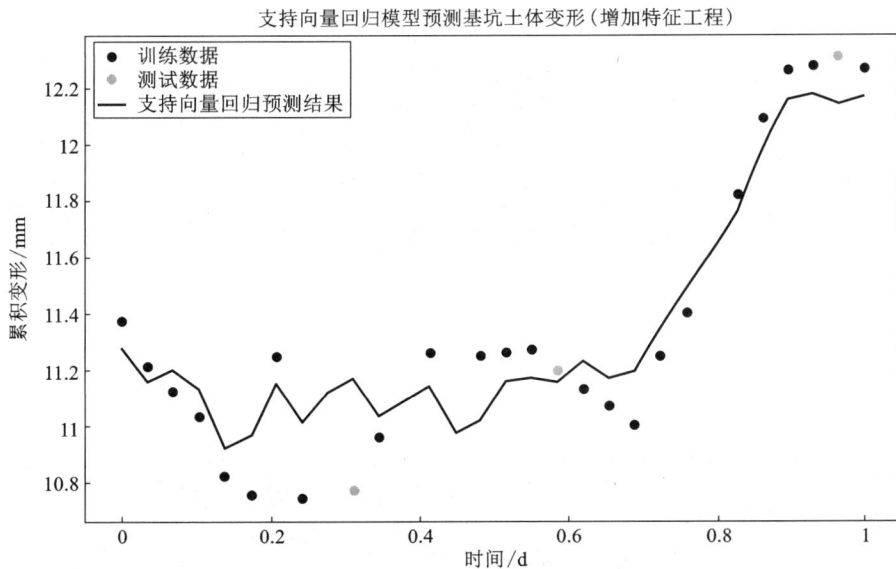

图 9-12　支持向量机回归基坑土体变形预测图

9.3.4　模型评估

1. 模型预测误差、置信区间和计算效率

（1）预测误差评估指标。

①均方误差（MSE）：测量预测值与实际值之间的差异平方的平均值。

②均方根误差（RMSE）：MSE 的平方根，更直观地表示误差范围。

③平均绝对误差（MAE）：每次预测值与实际值之间的平均绝对差。

④决定系数（R^2）：衡量模型对数据变异的解释程度，范围在（0，1），R^2 越接近 1 说明模型拟合得越好。

（2）置信区间分析。

置信区间用来量化模型预测结果的不确定性。线性回归模型和支持向量机模型都有内置的置信区间估计能力，而决策树回归本身没有相关的估计能力，但可以通过 Bootstrap 方法或其他统计方法估计预测置信区间。为了得到决策树回归模型的置信区间，这里采用 Bootstrap 方法。

（3）计算效率分析。

①训练时间复杂度。

决策树的训练复杂度为 $O(n \cdot d \cdot \lg(n))$，其中 n 是样本数，d 是特征数。

②预测时间复杂度。

单次预测复杂度为 $O(\lg(n))$。

通过上述三种回归模型分析，可以得到三个不同的回归模型，并得到相应的模型预测误差、置信区间和计算效率。具体如下：

（1）线性回归模型，如图 9-13 所示。

```
C:\Users\pc\PycharmProjects\code\.venv\Scripts\python.exe C:\Users\pc\PycharmProjects\code\5.3.1.py
训练集MSE: 0.0416,训练集 RMSE: 0.2039, R2: 0.5091
测试集MSE: 0.0302,测试集 RMSE: 0.1737, R2: 0.3791
训练集置信区间: (np.float64(-0.08332494371957268), np.float64(0.08332494371957265))
测试集置信区间: (np.float64(-0.2578813345910971), np.float64(-0.05837991753060755))

进程已结束, 退出代码为 0
```

图 9-13　线性回归模型分析结果

（2）决策树回归模型，如图 9-14 所示。

```
C:\Users\pc\PycharmProjects\code\.venv\Scripts\python.exe C:\Users\pc\PycharmProjects\code\5.3.2.py
决策树回归 - 训练集 RMSE: 0.0323, MAE: 0.0178, R2: 0.9877
决策树回归 - 测试集 RMSE: 0.0305, MAE: 0.0237, R2: 0.9941
模型训练时间: 0.001636 秒
单次预测时间: 0.000245 秒
交叉验证的均方误差估计: 0.03829865267578634
交叉验证的标准误差: 0.019000100315826947
均方误差的 95% 置信区间: [0.0011, 0.0755]

进程已结束, 退出代码为 0
```

图 9-14　决策树回归模型分析结果

（3）支持向量机回归模型，如图 9-15 所示。

```
C:\Users\pc\PycharmProjects\code\.venv\Scripts\python.exe C:\Users\pc\PycharmProjects\code\SVR. 加一个特征.py
支持向量回归 - 训练集 RMSE: 0.1284, MAE: 0.1162, R2: 0.9234
支持向量回归 - 测试集 RMSE: 0.2510, MAE: 0.0630, R2: 0.8503
模型训练时间: 0.000420 秒
单次预测时间: 0.000063 秒
交叉验证的均方误差估计: 0.1063277395501853
交叉验证的标准误差: 0.039749561674061254
均方误差的 95% 置信区间: [0.0284, 0.1842]

进程已结束，退出代码为 0
```

图 9-15　支持向量机回归模型分析结果

2. 评估不同时间间隔下模型的预测准确性

通过上述三种回归模型，评估这一月下模型的预测准确性，可通过决定系数（R^2）和均方根误差（RMSE）来衡量模型对数据变异的解释程度。

（1）决定系数（R^2）。

决定系数是一种衡量模型拟合效果的参数，其范围在（0，1），其值越接近 1 说明模型拟合得越好。根据代码的输出结果显示：

①线性回归模型：$R^2 = 0.3791$。

②决策树回归模型：$R^2 = 0.9941$。

③支持向量机回归模型：$R^2 = 0.2510$。

（2）均方根误差（RMSE）。

均方根误差是均方误差（MSE）的平方根，其能更直观地表示预测值和实际值的误差范围，并且其值越小说明模型预测效果越好。根据上述代码的输出结果显示：

①线性回归模型：RMSE = 0.1737。

②决策树回归模型：RMSE = 0.0305。

③支持向量机回归模型：RMSE = 0.2510。

从上面各模型决定系数可以看出决策树回归模型对数据的拟合效果最好，同时对于预测的数据值而言，决策树回归模型的误差也比线性回归、支持向量机回归的误差更小。故在此认定该决策树模型的预测准确性最高。

9.3.5　模型优化

在这里我们选择拟合效果最好的决策树回归模型，对于该模型，还可以对其进行一定的优化，使其更加符合项目的需要，具体优化如下。

1. 读取 Excel 表格并处理数据

一般而言，土体的监测数据存储于 Excel 表格内，但本项目土体的监测数据全展示于 Word 上，这是为了更直观地体现数据，便于初学者的理解与学习。一般，需要运用 Python 语

言读取 Excel 表格,并自动识别所需的内容,继而进行数据的处理和归一化操作等。代码如下:

```
1.  #加载 Excel 文件
2.  file_path=' 文件名'
3.  data=pd.ExcelFile(file_path)
4.
5.  #查看所有工作表
6.  sheet_names=data.sheet_names
7.  print("工作表名称: ", sheet_names)
8.
9.  #加载每个工作表的数据
10. data_sheet1=pd.read_excel(file_path, sheet_name=sheet_names[0], engine=' openpyxl' )
11. data_sheet2=pd.read_excel(file_path, sheet_name=sheet_names[1], engine=' openpyxl' )
12. data_sheet n=pd.read_excel(file_path, sheet_name=sheet_names[2], engine=' openpyxl' )
```

2. 差分处理

差分运算是对一个数列或时间序列求相邻项之间的差值,其能够准确地反映离散数据点之间的变化量,在一定程度上突出数据的特性,方便进行进一步的分析。对于一个数列 x_1, x_2, $\cdots$, x_n,其差分序列定义为:

$$\Delta x_i = x_{i+1} - x_i (i=1, 2, \cdots, n-1)$$

差分的结果是一个新序列:

$$\Delta x = [x_2 - x_1, x_3 - x_2, \cdots, x_n - x_{n-1}]$$

具体代码如下:

```
1.  #一阶差分
2.  diff- 1=np.diff(x)
3.  print("一阶差分: ", diff- 1)
4.
5.  #二阶差分(对差分序列继续进行差分)
6.  diff- 2=np.diff(diff1)
7.  print("二阶差分: ", diff- 2)
```

在时间序列分析中,差分可以帮助识别数据的趋势、季节性和不规则成分。另外,差分运算可减轻数据之间的不规律波动,使其波动曲线更平稳,这将有助于观察和理解数据的变化规律。

3. 超参数调优

超参数调优是机器学习中通过试验和选择最佳参数组合来提高模型性能的过程。超参数不同于模型在训练过程中自动学习的参数(如线性回归的权重或神经网络的权值),它是在训练之前由用户设置的、影响模型训练过程和结果的参数。它可以提高模型性能,让模型更好地拟合数据,降低误差,如在决策树回归模型中,调整决策树的最大深度这一超参数,可以防止模型过拟合或欠拟合。其次,超参数调优适应不同的数据集,通过使用适合数据特点的超参数组合提升模型的泛化能力。

超参数调优流程:确定目标(如最小化均方误差)→定义超参数的搜索范围→使用交叉验

证评估每组超参数的性能→选择性能最优的超参数组合。

下面以决策树最大深度这一超参数调整为例：

```
1.   #决策树模型
2.   dt=DecisionTreeRegressor(random_state=42)
3.
4.   #定义超参数搜索范围
5.   param_grid={
6.       "max_depth": [3, 5, 10, None],
7.       "min_samples_split": [2, 5, 10],
8.       "min_samples_leaf": [1, 2, 4],
9.   }
10.
11.  #网格搜索
12.  grid_search=GridSearchCV(estimator=dt, param_grid=param_grid, cv=5, scoring="neg_mean_squared_
     error", n_jobs=-1)
13.  grid_search.fit(X_train, y_train)
14.
15.  #最优超参数和得分
16.  print("最佳超参数: ", grid_search.best_params_)
17.  print("最佳得分: ", -grid_search.best_score_)
```

9.3.6　结果展示　　　　　　　　　　　　　　　　　　　　　　　>>>

1. 代码呈现

本节仅展示决策树回归模型的具体代码，如下：

```
1.   #输入数据
2.   data={
3.       "Time/day": [1, 2, 3, 4, 5, 6, 7, 8, 9, 10, 11, 12, 13, 14, 15,
4.                    16, 17, 18, 19, 20, 21, 22, 23, 24, 25, 26, 27, 28, 29, 30],
5.       "Cumulative Deformation/mm": [
6.           11.37, 11.21, 11.12, 11.03, 10.82, 10.75, 20.01, 10.74, 10.73, 10.77,
7.           10.96, None, 11.26, 11.31, 11.25, 11.26, 11.27, 11.20, 11.13, 11.07,
8.           11.00, 11.25, 11.40, 11.70, 11.82, 12.09, 12.26, 12.28, 12.31, 12.27
9.       ]
10.  }
11.
12.  #转换为 DataFrame
13.  df=pd.DataFrame(data)
14.
15.  #数据清洗: 填充缺失值(均值填充)
16.  df["Cumulative Deformation/mm"]=df["Cumulative Deformation/mm"].fillna(df["Cumulative Deformation/
     mm"].mean())
17.
18.  #检测并处理异常值(使用 IQR 方法替换为中位数)
```

```
19.   Q1 = df["Cumulative Deformation/mm"].quantile(0.25)
20.   Q3 = df["Cumulative Deformation/mm"].quantile(0.75)
21.   IQR = Q3 - Q1
22.   lower_bound = Q1 - 1.5 * IQR
23.   upper_bound = Q3 + 1.5 * IQR
24.
25.   df["Cumulative Deformation/mm"] = np.where(
26.       (df["Cumulative Deformation/mm"] < lower_bound) | (df["Cumulative Deformation/mm"] > upper_bound),
27.       df["Cumulative Deformation/mm"].median(),
28.       df["Cumulative Deformation/mm"]
29.   )
30.
31.   #数据归一化
32.   scaler = MinMaxScaler()
33.   df["Scaled Deformation"] = scaler.fit_transform(df[["Cumulative Deformation/mm"]])
34.
35.   #划分特征和目标变量
36.   X = df[["Time/day"]]
37.   y = df["Scaled Deformation"]
38.
39.   #数据集划分
40.   X_train, X_temp, y_train, y_temp = train_test_split(X, y, test_size=0.2, random_state=42)
41.   X_val, X_test, y_val, y_test = train_test_split(X_temp, y_temp, test_size=0.5, random_state=42)
42.
43.   #决策树回归模型
44.   tree_model = DecisionTreeRegressor(random_state=42, max_depth=5)
45.
46.   #测试训练时间
47.   start_train_time = time.time()
48.   tree_model.fit(X_train, y_train)   # 模型训练
49.   train_time = time.time() - start_train_time
50.
51.   #测试预测时间
52.   start_predict_time = time.time()
53.   y_train_pred_tree = tree_model.predict(X_train)
54.   y_test_pred_tree = tree_model.predict(X_test)
55.   predict_time = time.time() - start_predict_time
56.
57.   #模型评估
58.   train_mse_tree = mean_squared_error(y_train, y_train_pred_tree)
59.   test_mse_tree = mean_squared_error(y_test, y_test_pred_tree)
60.   train_rmse_tree = np.sqrt(train_mse_tree)
61.   test_rmse_tree = np.sqrt(test_mse_tree)
62.   train_mae_tree = mean_absolute_error(y_train, y_train_pred_tree)
63.   test_mae_tree = mean_absolute_error(y_test, y_test_pred_tree)
64.   train_r2_tree = r2_score(y_train, y_train_pred_tree)
```

```
65.  test_r2_tree=r2_score(y_test, y_test_pred_tree)
66.
67.  #输出评估结果
68.  print(f"决策树回归-训练集 RMSE: {train_rmse_tree: .4f}, MAE: {train_mae_tree: .4f}, R2: {train_r2_
         tree: .4f}")
69.  print(f"决策树回归-测试集 RMSE: {test_rmse_tree: .4f}, MAE: {test_mae_tree: .4f}, R2: {test_r2_tree: .
         4f}")
70.  print(f"模型训练时间: {train_time: .6f} 秒")
71.  print(f"单次预测时间: {predict_time / len(X_test): .6f} 秒")
72.
73.  #置信区间估算: 使用交叉验证
74.  #计算标准误差近似(可以通过多次训练模型估算)
75.  from sklearn.model_selection import cross_val_score
76.
77.  cross_val_errors=cross_val_score(tree_model, X_train, y_train, cv=5, scoring='neg_mean_squared_error')
78.  mean_error=- np.mean(cross_val_errors)
79.  std_error=np.std(cross_val_errors)
80.
81.  #使用 95% 的置信区间
82.  conf_interval_lower=mean_error- 1.96* std_error
83.  conf_interval_upper=mean_error+1.96* std_error
84.  print("交叉验证的均方误差估计: ", mean_error)   # 打印交叉验证的均方误差估计
85.  print("交叉验证的标准误差: ", std_error)   # 打印交叉验证的标准误差
86.  print("均方误差的 95% 置信区间: [{: .4f}, {: .4f}]".format(conf_interval_lower, conf_interval_upper))   #
         打印 95% 置信区间
87.
88.
89.  rcParams['font.sans- serif']=['SimHei']   # 使用黑体
90.  rcParams['axes.unicode_minus']=False   # 避免负号显示问题
91.
92.  #可视化决策树预测结果
93.  plt.figure(figsize=(10, 6))
94.  plt.scatter(X_train, y_train, color="blue", label="训练数据")
95.  plt.scatter(X_test, y_test, color="green", label="测试数据")
96.  plt.plot(X, tree_model.predict(X), color="red", label="决策树预测结果", alpha=0.7)
97.  plt.xlabel("时间/d")
98.  plt.ylabel("归一化变形")
99.  plt.title("决策树回归模型预测基坑土体变形")
100. plt.legend()
101. plt.show()
```

2. 分析结果

决策树回归模型, 其分析结果如下:

①均方根误差(RMSE): 0.0305。

②平均绝对误差(MAE): 0.0237。

③决定系数(R^2): 0.9941。

根据 RMSE 和 MAE 的数值,可知决策树回归模型测量预测值与实际值之间的差异很小,且决定系数 R^2 高达 0.9941,说明该模型拟合效果好,预测准确性高。

3. 决策树回归模型预测基坑变形预测图(图 9-16)

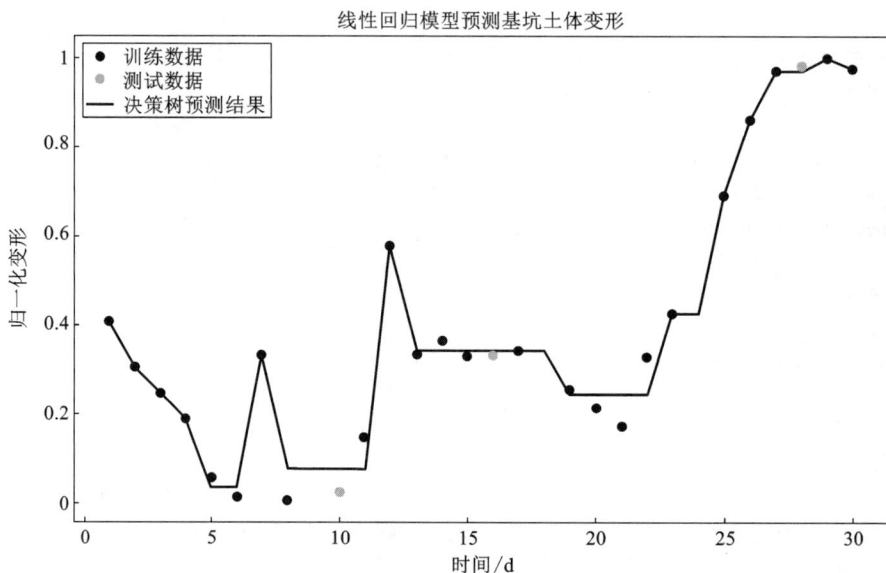

图 9-16　决策树回归模型预测基坑变形预测图

9.3.7　总结与展望

1. 总结

本项目成功实现了基坑土体变形预测模型的设计、训练、评估和优化。通过对比不同回归模型的性能,发现决策树模型在预测精度上表现最优。同时,通过调整模型参数和优化数据处理流程,进一步提高了模型的预测性能。

2. 展望

(1)数据驱动与多源数据融合。

当前的预测模型大多依赖单一类型的监测数据,如基坑变形数据。未来可以引入多源数据融合技术,将环境因素(如降雨、温度)、施工参数(如开挖深度、支护形式)以及其他物联网传感器数据整合到模型中,进一步提高预测精度。

(2)模型的动态适应性与在线学习。

基坑土体变形过程复杂且动态变化显著,静态的机器学习模型可能难以应对长期变化。未来可以引入在线学习和自适应算法,使模型能够实时更新,适应施工环境和条件的动态变化。

（3）深度学习与时空分析的结合。

随着深度学习技术的发展，可以尝试将时间序列预测模型（如 LSTM、Transformer）与空间分析模型（如卷积神经网络）相结合，构建能够捕捉时空特性的变形预测模型，从而更准确地刻画基坑开挖过程中的变形规律。

智慧启思

科技报国与工匠精神

认知拓展

实践创新

参考文献

[1] 高心宇, 江晓峰, 吴族平, 等. 基于 Python 的超限报告自动生成软件开发[J]. 工程建设与设计, 2025(3): 149-153.

[2] 黄育华, 吴念辉, 陈杰, 等. 基于数字孪生的工程项目智慧化管理[C]//2024 年全国土木工程施工技术交流会论文集(上册). 北京, 2024: 955-958.

[3] 杨佑发, 王子琦, 黄振宇. 新工科背景下智能建造课程教学思考[J]. 高教学刊, 2025, 11(15): 56-59, 64.

[4] 刘宝存, 彭婵娟. 未来产业发展格局下高等教育学科布局的全球视野与中国行动[J]. 国家教育行政学院学报, 2025(5): 23-32.

[5] 刘飞禹, 徐金明. 土木工程 Python 程序设计基础[M]. 北京: 清华大学出版社, 2024.

[6] Holland J H. Adaptation in natural and artificial systems: an introductory analysis with applications to biology, control, and artificial intelligence[M]. Cambridge: MIT Press, 1992.

[7] de Jong K A. Analysis of the behavior of a class of genetic adaptive systems[D]. Ann Arbor: University of Michigan, 1975.

[8] Golberg D E. Genetic algorithms in search, optimization, and machine learning[M]. Boston, MA: Addison-Wesley Pub. Co, 1989.

源代码下载

第9章